Studienbücher Chemie

Herausgegeben von
Prof. Dr. Jürgen Heck
Prof. Dr. Burkhard König
Prof. Dr. Roland Winter

Weitere Bände in dieser Reihe
http://www.springer.com/series/12700

Die Studienbücher der Reihe Chemie sollen in Form einzelner Bausteine grundlegende und weiterführende Themen aus allen Gebieten der Chemie umfassen. Sie streben nicht unbedingt die Breite eines umfassenden Lehrbuchs oder einer umfangreichen Monographie an, sondern sollen den Studierenden der Chemie – durch ihren Praxisbezug aber auch den bereits im Berufsleben stehenden Chemiker – kompakt und dennoch kompetent in aktuelle und sich in rascher Entwicklung befindende Gebiete der Chemie einführen. Die Bücher sind zum Gebrauch neben der Vorlesung, aber auch anstelle von Vorlesungen geeignet. Es wird angestrebt, im Laufe der Zeit alle Bereiche der Chemie in derartigen Texten vorzustellen. Die Reihe richtet sich auch an Studierende anderer Naturwissenschaften, die an einer exemplarischen Darstellung der Chemie interessiert sind.

Gerhard Hilt
Universität Marburg
Marburg
Deutschland

Peter Rinze
Universität Hamburg
Hamburg
Deutschland

Die Reihe Studienbücher für Chemie wurde bis 2013 herausgegeben von:

Prof. Dr. Christoph Elschenbroich, Universität Marburg
Prof. Dr. Friedrich Hensel, Universität Marburg
Prof. Dr. Henning Hopf, Universität Braunschweig

Produkthaftung:

Die Autoren haben die Angaben in diesem Praktikumsbuch nach bestem Wissen zusammengestellt. Dennoch sind fehlerhafte Angaben und Druckfehler nicht völlig auszuschließen. Deshalb kann für die Richtigkeit und Unbedenklichkeit der Angaben über den Umgang mit Chemikalien und deren Einstufung nach der Gefahrstoffverordnung keine Haftung übernommen werden. Bezüglich der dabei einzuhaltenden Vorschriften wird auf diese direkt verwiesen. Die Verantwortung für zu erstellende Betriebsanweisungen usw. tragen die jeweiligen Unterzeichner dieser Anweisungen.

ISBN 978-3-658-00410-1   ISBN 978-3-658-00411-8 (eBook)
DOI 10.1007/978-3-658-00411-8

Die Deutsche Nationalbibliothek verzeichnet diese Publikation in der Deutschen Nationalbibliografie; detaillierte bibliografische Daten sind im Internet über http://dnb.d-nb.de abrufbar.

Springer Spektrum
© Springer Fachmedien Wiesbaden 1991, 1993, 1997, 1999, 2001, 2007, 2009, 2015

Springer Spektrum ist eine Marke von Springer DE. Springer DE ist Teil der Fachverlagsgruppe Springer Science+Business Media
www.springer-spektrum.de

Gerhard Hilt · Peter Rinze

Chemisches Praktikum für Mediziner

8., überarbeitete Auflage

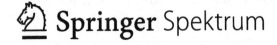 Springer Spektrum

Der Philosoph, der tritt herein
Und beweist euch, es müsst so sein:
Das Erst' wär so, das Zweite so,
Und drum das Dritt' und Vierte so;
Und wenn das Erst' und Zweit nicht wär',
Das Dritt und Viert' wär' nimmermehr.
Das preisen die Schüler aller Orten,
Sie sind aber keine Weber geworden.
Wer will was Lebendigs erkennen und beschreiben,
Sucht erst den Geist herauszutreiben,
Dann hat er die Teile in seiner Hand.
Fehlt, leider! nur das geistige Band.
Encheiresin naturae nennt's die Chemie,
Spottet ihrer selbst und weiß nicht wie.
J.W. Goethe, „Faust" 1808

Vorwort

Die Kenntnisse der Grundlagen der Chemie sind für den Mediziner unerlässlich zum Verständnis der biochemischen Prozesse bei allen wichtigen Lebensvorgängen. Ein *Chemisches Praktikum für Studierende der Medizin oder der Zahnmedizin* hat daher zwei Aufgaben zu erfüllen:

- Die Studierenden müssen mit den in der Chemie angewandten Methoden vertraut gemacht werden und praktische Kenntnisse über experimentelles Arbeiten vermittelt bekommen.
- Gleichzeitig dient das Chemiepraktikum dazu, die in Vorlesungen und Übungen sowie durch Lehrbücher vermittelten chemischen Grundkenntnisse durch aktive Auseinandersetzung mit dem Stoff zu festigen und zu vertiefen.

Aus der großen Stofffülle, die auch durch die „Stoffgrundlagen für die schriftlichen ärztlichen Prüfungen" gegeben ist, können in einem Praktikum nur einzelne Problemkreise schwerpunktmäßig ausgewählt werden.

Bei der Auswahl der exemplarischen Versuche haben wir vorrangig solche ausgewählt, die für stoffbezogene Lebensvorgänge besonders bedeutsam sind. Soweit es der Rahmen eines Praktikumsbuches zulässt, wird auch auf entsprechende Zusammenhänge hingewiesen.

Das vorliegende Praktikumsbuch profitiert von den langjährigen Erfahrungen mit dem „Chemischen Praktikum für Mediziner" an der Philipps-Universität Marburg, dessen grundlegendes Konzept in den fünfziger Jahren von Prof. Dr. K. Dimroth in Zusammenarbeit mit Prof. Dr. C. Mahr entwickelt wurde:

An nach Themenschwerpunkten gegliederten Kurstagen wurden den Studierenden wenige, aber dafür anspruchsvolle und vom Ergebnis her überprüfbare Aufgaben gestellt, deren Lösung die aktive Mitarbeit erforderte. Bei der Auswahl der Aufgaben wurde darauf geachtet, dass der Chemikalienverbrauch möglichst gering gehalten wurde. Letzteres gewinnt heute im Zusammenhang mit dem Gebot der Sonderabfallvermeidung eine besondere Bedeutung.

1961 wurden die Kurstage und Versuche erstmals zu einem Praktikumsbuch zusammengefasst, das in der Zwischenzeit von einigen anderen Hochschulen übernommen wurde oder als Anregung für ein eigenes Praktikumsbuch diente. Das Buch wurde im Laufe der Jahre mehrfach ergänzt und neuen Anforderungen angepasst. Zu diesen haben neben den verschiedenen Praktikumsleitern auch viele Assistenten beigetragen, so dass eine echte Gemeinschaftsarbeit entstanden ist.

Für die jetzt vorliegende neue Form wurde der gesamte Stoff gründlich überarbeitet, an dem von Dimroth und Mahr aufgestellten Grundkonzept des „Marburger Praktikums" jedoch festgehalten.

Den Erfordernissen zur Vermittlung des sicheren Umgangs mit Gefahrstoffen wurde durch eine ausführliche Einleitung in die Problematik und die Aufnahme entsprechender Hinweise und Anweisungen bei den einzelnen Versuchen Rechnung getragen.

Ein Chemisches Praktikum, das als Nebenfachpraktikum für eine große Zahl von Teilnehmern innerhalb einer nur kurzen Zeitspanne durchzuführen ist, muss in der Regel als Kurspraktikum konzipiert sein. Dabei können aus wirtschaftlichen und auch aus didaktischen Gründen die modernen analytischen Laboreinrichtungen („Black Boxes") nicht im Vordergrund stehen. Die Betonung muss vielmehr auf der Vermittlung der Prinzipien dieser heute angewandten Labormethoden liegen, auch wenn in Einzelfällen die Einführung etwas aufwendigerer moderner Techniken in das Praktikum durchaus sinnvoll sein mag. Das Buch versucht daher, mit ganz einfachen Mitteln die Prinzipien solcher Verfahren zu vermitteln und bereitet so auch auf die Anwendung aufwendigerer Methoden wie z. B. der Photometrie oder moderner chromatographischer Methoden vor. Die ^{1}H-Kernresonanzspektroskopie, die in Form der Kernspintomographie in der Medizin besondere Bedeutung erhält, wird dadurch in das Praktikum eingeführt, dass anhand vorgelegter Messergebnisse (Spektren) einige einfache Aufgaben zur Strukturermittlung zu lösen sind. Der Aufbau von Molekülmodellen einfacher Naturstoffe soll eine Vorstellung vom räumlichen Bau dieser Verbindungen und den damit verbundenen Wirkungs- und Reaktionsprinzipien vermitteln.

Bei der Auswahl und Zusammenstellung der Versuche sind wir von zehn bis elf Kurstagen zu je 4 h reiner Labortätigkeit ausgegangen. Durch die Beschränkung auf bestimmte Versuche ist jedoch eine Anpassung an zeitliche und örtliche Gegebenheiten möglich, ohne dass dadurch das Gesamtkonzept des Praktikums geändert werden muss.

Unser besonderer Dank gilt Herrn Prof. Dr. K. Dimroth für die Anregung, das von ihm eingeführte Praktikum als Grundlage unseres Buches zu benutzen.

Den vielen Ungenannten, die im Laufe der Jahre an der ständigen Weiterentwicklung des Praktikums beteiligt waren, sei an dieser Stelle ebenfalls gedankt. Unseren Kollegen Prof. Dr. A. Berndt und Prof. Dr. H. Perst sowie den Herausgebern dieser Studienbuchreihe danken wir für wertvolle Diskussionen und kritische Anmerkungen. Herrn Dr. M. Julius sind wir für die Durchführung einer Reihe neuer Versuche, Frau I. Bublys, Frau A. Bamberger, Frau H. Burdorf und Frau H. Rinze für ihre Mithilfe bei der Gestaltung des Manuskriptes dankbar.

Die Leser dieses Praktikumsbuches bitten wir um kritische Kommentare und Anregungen.

Marburg, April 1991   H. G. Aurich
                                                                                       P. Rinze

Vorwort zur 7. Auflage

Für die *6./7. Auflage* fand ein Wechsel in der Betreuung des organisch-chemischen Teils des Praktikumsbuches statt was zu einer teilweisen Umgestaltung dieses Teils führte. In diesem Zusammenhang wurde die Relevanz der ^{1}H Kernresonanzspektroskopie als explizit zu besprechende Analysenmethode für die Ausbildung der Medizinstudent(inn)en nicht mehr in dem Maß wahrgenommen, wie es der vorangehende Autor des organisch-chemischen Teils empfand. Daher wurden die entsprechenden Aufgaben aus dem Praktikumsbuch entfernt und die Darstellungsformen über das gesamte Buch weitestgehend vereinheitlicht.

Alle mit Gefahrstoffen im Zusammenhang stehenden Ausführungen und Hinweise mussten aktualisiert werden. Leider können zum gegenwärtigen Zeitpunkt die zukünftig in diesem Zusammenhang erfolgenden Änderungen noch nicht berücksichtigt werden.

Marburg und Buchholz
Dezember 2008

G. Hilt
P. Rinze

Vorwort zur 8. Auflage

Für die 8. Auflage wurden die Sicherheitshinweise für die im Praktikum verwendeten Chemikalien auf den aktuellen Stand gebracht. Für die tatkräftige Unterstützung dabei möchte ich mich bei Frau Natalia Fritzler bedanken. Mein Dank gilt auch all den interessierten und kritischen Lesern, denen noch Fehler in der 6./7. Auflage aufgefallen sind. Die Umgestaltung des Layouts wurde von Frau Kerstin Hoffmann vom Springer Verlag vorgenommen, der ich an dieser Stelle ebenfalls danken möchte.

Marburg, Februar 2014   G. Hilt

Wichtiger Hinweis zur Kursvorbereitung

Bevor Sie Versuche mit Chemikalien und damit auch mit potentiellen Gefahrstoffen in den in diesem Buch beschriebenen Versuchsreihen der jeweiligen Kurstage durchführen, haben Sie als Nutzer dieses Buches die Pflicht sich mit den Regeln zum ordnungsgemäßen Umgang mit Gefahrstoffen vertraut zu machen. Dies gilt auch für die am Beginn jedes Kurstages aufgeführten H- und P-Sätze, die Ihnen Hinweise auf die Gefahreneinstufung für die jeweiligen Chemikalien geben. Weitere Hinweise zu Schutzmaßnahmen finden Sie im Anhang dieses Buches.

Inhaltsverzeichnis

1. Kurstag: Maßanalyse – Säuren und Basen

Herstellung von Lösungen bestimmter Konzentration, Konzentrationsmaße und -angaben, Volumenmessung von Flüssigkeiten, Volumen-Messgeräte, Titer von molaren Lösungen, Durchführung von Titrationen, Endpunktsbestimmungen, Berechnung von Analysenergebnissen.

Grundlagenwissen
Stoffmenge, Mol, Säuren und Basen (Definitionen nach Brönsted und Lewis), Gleichgewichtsreaktionen, Massenwirkungsgesetz, Anwendung des Massenwirkungsgesetzes auf Protolysereaktionen, Säurekonstante und Protolysegrad α, pH- und pK-Werte, starke und schwache Säuren und Basen, ein- und mehrprotonige Säuren, korrespondierende (konjugierte) Säure-Base-Paare, Ionenprodukt des Wassers, Säure-Base-Farbindikatoren.

Benutzte Lösungsmittel und Chemikalien mit Gefahrenhinweisen und Sicherheitsratschlägen:

	H-Sätze	P-Sätze
Natronlauge 1 molar (ca. 4 % NaOH in H_2O)	314	280/305 + 351 + 338/310
Natronlauge 0,1 molar (ca. 0,4 %)	314	280/305 + 351 + 338/310
Natriumacetatlösung, 0,1 molar	–	–
Salzsäure 0,1 molar (ca. 0,4 % HCl in H_2O)	–	–
Essigsäure ca. 2 molar (ca. 12 % CH_3CO_2H in H_2O)	315/319	305 + 351 + 338
Methylorange (0,1 % in H_2O)	226	–
Phenolphthalein (0,1 % in 60 % Ethanol/Wasser)	226	–

G. Hilt, P. Rinze, *Chemisches Praktikum für Mediziner*, Studienbücher Chemie,
DOI 10.1007/978-3-658-00411-8_1, © Springer Fachmedien Wiesbaden 2015

Zusätzlich benötigte Geräte

50 ml Bürette mit Stativ und Stativklemmen, 500 ml Enghalsflasche mit Gummi-
bzw. Kunststoff-Stopfen, Etiketten, Millimeterpapier, Rundfilter als Titrierunterlage,
pH-Indikatoren als Teststäbchen (Abstufung 0,5 pH-Einheiten, Bereiche pH 0–6,0,
pH 5,0–10,0 und pH 7,5–14).

Entsorgung

Die an diesem Kurstag verwandten Lösungen können, in den nach den Versuchsbeschreibungen anfallenden Mengen, dem Abwasser beigegeben werden.

Aufgaben

1. Aufgabe

▶   Durch Verdünnen vorrätiger etwa 1 molarer Natronlauge wird eine ungefähr
      0,1 molare Natronlauge hergestellt. Der Titer dieser Lösung wird durch wieder-
      holte Titration genau 0,1 molarer Salzsäure-Proben bestimmt.

Jede Arbeitsgruppe erhält in einem 500 ml Messkolben ca. 50 ml einer 1 molaren Natronlauge. Diese wird *unter Schütteln* mit destilliertem bzw. entsalztem Wasser („dest. Wasser")
verdünnt. Zuletzt wird bis zur Eichmarke des Messkolbens aufgefüllt. Der Kolbeninhalt
wird in eine mit dest. Wasser gereinigte 500 ml Enghalsflasche gefüllt und darin noch
einmal gut durchmischt.

Aus dieser Vorratsflasche wird die Bürette mit Hilfe eines passenden Trichters befüllt.
Dabei ist darauf zu achten, dass der Trichter nicht bündig auf den Bürettenrand gesetzt
wird, sondern die durch die Flüssigkeit verdrängte Luft zwischen Trichter und Bürettenrand entweichen kann. Vor der Einstellung des Flüssigkeitsspiegels („Meniskus") auf die
Nullmarke und der Durchführung von Titrationen ist der zum Einfüllen benutzte Trichter
zu entfernen.

Die erste Füllung der Bürette wird in ein Becherglas abgelassen und verworfen. Dabei
achte man darauf, dass die Bürettenspitze vollständig mit der Lösung gefüllt ist und der
Hahn dicht schließt. Anschließend wird die Bürette erneut gefüllt und der Flüssigkeitsme-
niskus, wie in Abb. 1 gezeigt, auf die Nullmarke der Bürette eingestellt.

In einem sauberen und trockenen Becherglas holt man sich ca. 100 ml der ausstehenden 0,1 molaren Salzsäure. Davon gibt man mit Hilfe einer Vollpipette genau 25 ml in ein
Titriergefäß, z. B. einen 250 ml Erlenmeyer-Weithalskolben. Sollte die Pipette nicht sauber
und trocken sein, spült man sie zweimal mit einer geringen Menge (ca. 3 ml) 0,1 molarer

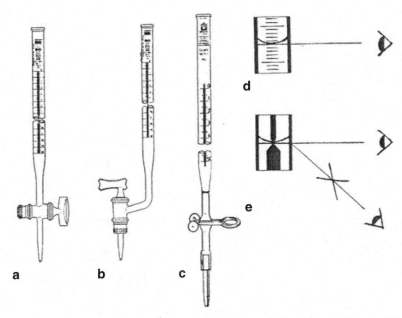

Abb. 1 Büretten: **a** Bürette mit geradem Hahn. **b** Bürette mit seitlichem Hahn. **c** Bürette mit Quetschhahn. **d** Ablesen des Füllstandes am Meniskus der Flüssigkeit. **e** Ablesehilfe durch Schellbachstreifen

Salzsäure unter Drehen und Neigen vollständig durch. Beim Ansaugen der Lösung in die Pipette ist darauf zu achten, dass nichts in die reine Lösung zurückfließt. Die Spüllösungen sind zu verwerfen.

▶ Bei allen Pipettiervorgängen im Praktikum ist eine Pipettierhilfe zu benutzen, z. B. ein Peleusball (Abb. 2).

Diese darf nicht mit der zu pipettierenden Flüssigkeit in Berührung kommen. Es ist also peinlichst darauf zu achten, dass die Flüssigkeit nicht zu hoch gezogen wird. Zur vollständigen Entleerung der Pipette ist die Pipettierhilfe zu entfernen

Die im Titriergefäß vorgelegten 25 ml 0,1 molare HCl werden mit 3 Tropfen der Indikatorlösung (Methylorange) versetzt. Nun lässt man die NaOH-Lösung zunächst in ziemlich rascher, zuletzt jedoch langsamer Tropfenfolge in die zu titrierende Lösung fließen. Zur besseren Durchmischung wird das Titriergefäß ständig umgeschwenkt. Der Endpunkt der Titration (Äquivalenzpunkt) ist erreicht, wenn die anfangs rote Farbe des Indikators gerade nach gelb umschlägt. Man notiert das Volumen der aus der Bürette ausgelaufenen NaOH-Lösung („Verbrauch").

Dieser Vorgang wird mit einer zweiten Probe von 25 ml 0,1 molarer HCl wiederholt. Stimmen die verbrauchten ml NaOH bei beiden Titrationen auf mindestens 0,5 % überein, so berechnet man den Titer (Titrationsfaktor) aus dem Mittelwert der Ergebnisse. Im anderen Fall wiederholt man die Titration bis zur befriedigenden Übereinstimmung der

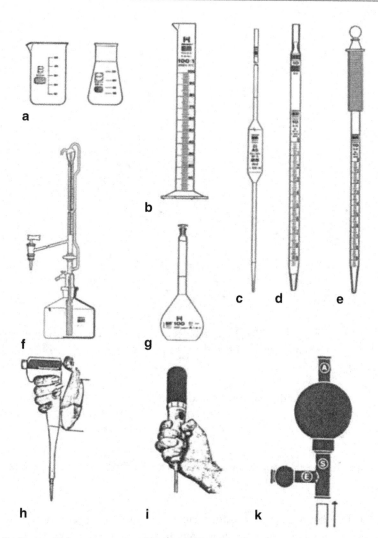

Abb. 2 Geräte zur Volumenmessung, Pipettierhilfen: **a** Becherglas und Erlenmeyer-Weithalskolben mit Graduierung zur Abschätzung von Volumina. **b** Messzylinder. **c** Vollpipette. **d** Messpipette. **e** Saugkolben-Messpipette. **f** Automatische Bürette („Titrierapparat"). **g** Messkolben. **h** Kolbenhub-Mikropipette. **i** Makro-Pipettierhilfe. **k** Peleusball (Pipettierhilfe)

Ergebnisse. Man achte auf jeden Fall auf Fehler beim Ablesen des Bürettenstandes und vermeide es, zuviel NaOH-Lösung durch „Übertitrieren" über den Äquivalenzpunkt hinaus zuzusetzen.

Der „Titer" ist der Faktor, mit dem die verbrauchte Menge an ca. 0,1 molarer NaOH multipliziert werden muss, um daraus einen Verbrauch von genau 0,1 molarer NaOH zu ermitteln. Er ist also ein Korrekturfaktor, der den Fehler der Maßlösung auszugleichen hat.

Zur Berechnung des Titers der NaOH überlege man, dass zur vollständigen Reaktion 25 ml 0,1 molarer HCl auch genau 25 ml 0,1 molarer NaOH verbraucht würden. Werden mehr als 25 ml NaOH verbraucht, ist diese verdünnter als eine 0,1 molare Lösung, der Titer also kleiner als 1. Bei einem geringeren Verbrauch an NaOH-Lösung ist diese konzentrierter als 0,1 molar. Folglich ist der Titer größer als 1.

▶ Man mache es sich zur Gewohnheit, alle Ergebnisse von Berechnungen auf ihre sinngemäße Richtigkeit zu prüfen.

Sind z. B. **26,25 ml** der ca. 0,1 molaren NaOH die äquivalente Menge zu **25,00 ml** genau 0,1 molarer HCl, errechnet man den Titer f auf folgende Weise:

$$26,25 \cdot f = 25,00; \quad f = 25,00/26,25; \quad f = 0,9524$$

Man beachte, dass der Titer sich immer auf die aktuelle Konzentrationsangabe bezieht, in diesem Fall also 0,1 mol/l! Anschließend wird die Vorratsflasche vorschriftsmäßig beschriftet:

Natronlauge, 0,1 molar in Wasser	
NaOH	
f = 0,9524	Datum:............
Theodora Allwissend	Labor Nr.:..........

Ein Gefäß, in dem sich ein Stoff oder eine Lösung („Zubereitung") befinden, ist stets mit den folgenden Informationen zu kennzeichnen:

- Bezeichnung des Stoffes mit dem systematischen Namen. Bei Lösungen: Bezeichnung des gelösten Stoffes sowie des Lösungsmittels sowie die Konzentration der Lösung,
- Formel des Stoffes bzw. des gelösten Stoffes,
- bei analytischen Maßlösungen zusätzlich der Titer der Lösung sowie das Datum der Titerbestimmung,
- Identifikationsmerkmale, z. B. Name des Benutzers, Labornummer oder ähnliches.

Handelt es sich bei dem Stoff bzw. der Zubereitung um einen Gefahrstoff, ist das Gefäß zusätzlich mit dem Gefahrensymbol und der zugehörigen Gefahrenbezeichnung zu kennzeichnen. Soll im Gefäß der Stoff bzw. die Zubereitung gelagert werden, müssen ebenfalls die R- und S-Sätze in der Kennzeichnung aufgeführt werden.

2. Aufgabe

▶ Mit der eingestellten 0,1 molaren NaOH wird eine vom Assistenten ausgegebene Salzsäuremenge durch Titration bestimmt.

In einem sauberen, frisch mit dest. Wasser ausgespülten 200 ml Weithalskolben, der nicht trocken sein muss (warum?), erhält man eine abgemessene Probe verdünnter HCl. Ihr Gehalt soll durch Titration mit der soeben eingestellten NaOH bestimmt werden (Angabe des Ergebnisses in mg HCl). Die Menge der HCl ist so bemessen, dass etwa 25–40 ml der 0,1 molaren NaOH zur Neutralisation benötigt werden. Man titriert, genau wie bei der zuvor erledigten Aufgabe, unter Zusatz von 2–3 Tropfen Methylorange-Lösung zur Bestimmung des Äquivalenzpunktes, wobei die Farbtiefe des Indikators etwa der des vorangegangenen Versuches entsprechen soll (warum?).

Zur Berechnung der umgesetzten Menge HCl stellt man nach

$$HCl + NaOH \quad \rightarrow \quad H_2O + NaCl \tag{1}$$

fest, dass 1 mol NaOH auch 1 mol HCl entsprechen. Aus dem notierten Titrationsergebnis (Verbrauch an ca. 0,1 molarer NaOH) wird mit Hilfe des vorher ermittelten Titers der Lösung errechnet, wie viel mol OH$^-$ der Stoffmenge an HCl äquivalent sind, die man vom Assistenten erhalten hat.

Betrug z. B. der Verbrauch **39,25 ml** 0,1 molare NaOH mit dem Titer **f = 0,9524**, so sind dieses

$$39,25 \text{ ml} \cdot 0,9524 \cdot 0,1 \text{ mmol/ml} = 3,738 \cdot 10^{-3} \text{mol} \ (3,738 \text{ mmol) HCl}$$

Die molare Masse von HCl beträgt $1,008 + 35,46 = 36,47$ g/mol.

Also waren in der Probe enthalten:

$$36,47 \text{ g/mol} \cdot 3,738 \cdot 10^{-3} \text{mol} = 0,1363 \text{ g} \ (136,3 \text{ mg) HCl}$$

Da auch bei sorgfältiger Titration der Endpunkt auf höchstens 1 Tropfen genau (ca. 0,05 ml) festgelegt werden kann, ist eine Angabe des Ergebnisses nur mit einem relativen Fehler von 0,2 bis 0,5 % möglich. Damit erweist sich die Angabe des Zehntel Milligramms als Schätzung.

Aufgrund dieses in der Meßmethode liegenden Fehlers wäre man bei der Rechnung mit aufgerundeten Zahlen (um eine Dezimalstelle) zu einem gleich genauen Ergebnis gekommen: $36,5 \cdot 3,74 = 136,5$.

Die **Abschätzung von Fehlergrößen** ist bei allen Messungen von großer Bedeutung. Es soll mit der größtmöglichen Genauigkeit gemessen werden. Die Messwerte sind mit soviel Dezimalstellen zu ermitteln, dass die letzte angegebene Stelle um höchstens einige Einheiten unsicher ist. Die Zahl der Dezimalstellen in einem experimentellen Ergebnis gibt so auch einen Hinweis auf die Genauigkeit des Messverfahrens. Beispielsweise kann man mit einem 50 ml Messzylinder allenfalls 40,0 ml Lösung, mit einer genaueren 50 ml Bürette jedoch 40,00 ml abmessen.

Die Angabe von Dezimalstellen bei einem experimentellen Ergebnis, die nicht durch die Genauigkeit des Messverfahrens gerechtfertigt ist, bedeutet insofern eine Verfälschung dieses Ergebnisses, als sie eine nicht zutreffende Genauigkeit des Experiments vorgaukelt.

Sie ist zu vermeiden, auch wenn man – nicht zuletzt durch die Benutzung elektronischer Rechner – zu solchen Angaben verführt wird.

3. Aufgabe

▶ Es wird die Probe einer wässrigen Schwefelsäurelösung ausgegeben, deren Gehalt an H_2SO_4 in mg, deren molare Konzentration und deren Massengehalt in % auszurechnen sind.

Die zu analysierende Probe der verdünnten H_2SO_4 wird bei dem Assistenten in einem gut mit dest. Wasser ausgewaschenen 200 ml Erlenmeyer-Weithalskolben abgeholt. Die gegebenenfalls zu verdünnende Lösung titriert man mit der eingestellten ca. 0,1 molaren NaOH-Lösung nach Zugabe von 2–3 Tropfen der Methylorange-Lösung. Bei der Berechnung der ursprünglichen Menge H_2SO_4 (molare Masse M = 98,08) ist zu beachten, dass nach

$$H_2SO_4 + 2\,HO^- \quad \rightarrow \quad 2\,H_2O + SO_4^{2-} \tag{2}$$

für die Neutralisation von 1 mol der zweiprotonigen H_2SO_4 2 mol NaOH benötigt werden.

Beispiel: Verbrauch: 11,35 ml ca. 0,1 molare NaOH (f = 0,9524)
11,35 ml · 0,9524 · 0,1 mmol/ml = 1,081 mmol H^+
1,081 mmol H^+/2 = 0,540 mmol H_2SO_4
98,08 mg/mmol · 0,540 mmol = 53,0 mg H_2SO_4

Ist die Analyse richtig angegeben worden, nennt der Assistent das Volumen und die Dichte der von ihm ausgegebenen H_2SO_4-Probe. Unter Verwendung dieser Angaben wird die molare Konzentration („Stoffmengenkonzentration") und der Massengehalt der analysierten Schwefelsäurelösung in % berechnet.

Beispiel: Volumen der Probe: 5,00 ml; Dichte der Lösung bei 20 °C: 1005 kg/m³
(SI-Einheit, aber praktischer: 1,005 g/ml).
0,540 mmol in 5,00 ml; $c(H_2SO_4) = 0,108$ mmol/ml bzw. 0,108 mol/l
5,00 ml · 1,005 g/ml = 5,025 g; 5025 mg/100 % = 53,0 mg/X%
→ Massengehalt X = 1,055 %

4. Aufgabe

▶ Eine schwache Säure (Essigsäure) wird mit 0,1 molarer NaOH unter Verwendung von Methylorange als Indikator titriert. Der Äquivalenzpunkt ist nicht zu ermitteln.

Von der ausstehenden etwa 2 molaren Essigsäure, CH_3CO_2H werden mit einer Vollpipette 10 ml in einen mit dest. Wasser ausgespülten 100 ml Messkolben pipettiert. Anschließend wird dieser bis zur Marke mit dest. Wasser unter Schütteln aufgefüllt. Nach dem sorgfältigen Durchmischen der Lösung spült man die Pipette mit kleinen Teilen der so hergestellten Essigsäure und pipettiert 10 ml der CH_3CO_2H-Lösung in ein Titriergefäß. Nach Zusatz von 3 Tropfen Methylorange-Lösung als Indikator versucht man, die CH_3CO_2H mit der hergestellten ca. 0,1 molaren NaOH zu titrieren. Schon nach Zugabe von wenigen ml der NaOH tritt jedoch ein allmählicher Farbwechsel auf: Die Titration ist bei Anwendung von Methylorange als Indikator nicht durchführbar.

5. Aufgabe

▶ Die Titrationskurven der Salzsäure sowie die der Essigsäure werden mit Hilfe von pH-Indikator-Teststäbchen aufgenommen und grafisch dargestellt. (Steht eine elektrochemische pH-Bestimmungsmöglichkeit zur Verfügung, ist diese den pH-Indikator-Teststäbchen vorzuziehen; der pH-Wert kann dann genauer und mit geringeren Zugabeschritten aufgezeichnet werden).

Man nimmt hintereinander die Titrationskurven von 20 ml der 0,1 molaren HCl und von 10 ml der zuvor hergestellten etwa 0,2 molaren Essigsäure unter Verwendung der selbst hergestellten ca. 0,1 molaren NaOH (Titer beachten) auf.

Hierzu gibt man jeweils zuerst mit einem sauberen Glasstab einen Tropfen der verdünnten Säuren auf ein pH-Indikator-Teststäbchen und notiert möglichst genau den gefundenen pH-Wert. Danach tropft man aus der Bürette 2 ml der ca. 0,1 molare NaOH zu, schwenkt gut um und bestimmt den pH-Wert durch Befeuchten eines pH-Indikator-Teststäbchens mit einem sehr kleinen Tropfen der Titrationslösung. Dieser Vorgang wird solange wiederholt, bis die Lösung einen pH-Wert von etwa 11 erreicht hat. Es ist dabei darauf zu achten, dass immer die für den jeweiligen pH-Bereich geeigneten pH-Indikator-Teststäbchen benutzt werden.

Die gemessenen pH-Werte trägt man auf der Ordinate eines Millimeterpapiers auf (1 pH-Einheit = 1 cm), während auf der Abszisse die zugegebene Menge an ca. 0,1 molarer NaOH in ml (1 ml = 1 cm) aufgetragen wird. Durch die eingetragenen Punkte, die wegen der Ungenauigkeit und der Fehler des gewählten Verfahrens nicht verbunden werden – es würde eine „Zick-Zack"-Kurve ergeben –, zeichnet man eine **Ausgleichskurve** mit der geringsten Abweichung von den einzelnen Messpunkten. Stark herausfallende Werte werden dabei nicht berücksichtigt.

So erhält man Titrationskurven der Salzsäure und der Essigsäure, wie sie für die Titration einer starken (HCl) und einer schwachen Säure (CH_3CO_2H) mit einer starken Base charakteristisch sind.

▶ Anschließend wird der pH-Wert einer ca. 0,1 molaren wässrigen Natriumacetat-
lösung (CH_3CO_2Na) mit einem pH-Indikator-Teststäbchen bestimmt. Das Ergebnis wird mit dem pH-Wert am Äquivalenzpunkt der Essigsäure-Titrationskurve
verglichen. Wie ist dieses Ergebnis zu erklären?

Erläuterungen

1. Maßanalyse

1.1 Allgemeines. Der Maßanalyse kommt zur quantitativen Bestimmung einer Substanzmenge wegen ihrer vielseitigen Anwendbarkeit, raschen Durchführbarkeit und relativ großen Genauigkeit große Bedeutung zu. Man lässt aus einer Bürette genau soviel einer in ihrer molaren Konzentration (mol/l) bekannten Reagenzlösung zufließen, wie zur vollständigen Umsetzung der zu bestimmenden Substanz erforderlich ist. Man misst also nicht
direkt die Menge der zu bestimmenden Substanz, sondern das verbrauchte Volumen der
Reagenzlösung, das zur quantitativen Umsetzung erforderlich ist („**Titration**").

    1.2 Folgende **Voraussetzungen** müssen für eine genaue Maßanalyse erfüllt sein:

- Die für die Analyse benutzte **Reaktion muss rasch und stöchiometrisch eindeutig**
  (griechisch: stoicheia = Grundstoff, Element u. metron = Maß) **verlaufen**, d. h. es sind
  nur solche Reaktionen geeignet, bei denen das chemische Gleichgewicht annähernd
  vollständig auf der Seite der Reaktionsprodukte liegt. Die Geschwindigkeit der Reaktion
  muss so hoch sein, dass die Zugabe des Reagenzes bei Einhaltung des thermodynamischen Gleichgewichts in kurzen Zeitabständen erfolgen kann.
- Alle Geräte (Bürette, Pipette, Messkolben u. a.) müssen sauber, vor allem fettfrei sein
  und ein genaues Abmessen der Volumina ermöglichen. Bevorzugt sind **geeichte Geräte**
  zu verwenden.
- Der Gehalt der Reagenzlösungen, ihr „**Titer**", muss **genau bekannt** sein.
- Das **Ende der Reaktion**, d. h. die vollständige Umsetzung des zu bestimmenden Stoffes
  muss **klar erkennbar** sein. Diese Endpunktsindikation wird im modernen Labor in der
  Regel mit Hilfe physikalisch-chemischer Messinstrumente durchgeführt.

1.3 Endpunktsindikation. Als physikalisch-chemische Methoden zur Endpunktsindikation sind die Messung des Redoxpotentials (siehe 5. Kurstag), des elektrischen Widerstandes
der Lösungen, die Absorption charakteristischer Frequenzen („Banden") elektromagnetischer Wellen (Strahlung) im Bereich des infraroten (IR), sichtbaren (VIS) oder ultravio-
letten (UV) Lichtes oder anderer für den Ablauf der Reaktion charakteristischer Parameter
geeignet. Diese Messungen erfordern meistens kostspielige und empfindliche Apparaturen
und werden besonders bei Reihenuntersuchungen in der klinischen Chemie verwandt.

In Einzelfällen ist es jedoch auch üblich, wie in diesem Praktikum einfache Methoden einzusetzen. Bei der Verwendung von Farbindikatoren wird das menschliche Auge als optisches Messinstrument eingesetzt.

2. Messgefäße

2.1 Büretten oder **Mikrobüretten** sind mit einer genauen, für das Volumen geeichten Einteilung versehene Rohre. Ihre zur Spitze ausgezogenen Enden am Verschluss („Hahn") erlauben es, die in ihnen vorhandenen Reagenzlösungen in kleinen Tropfen (oder durch Nachspülen mit dest. Wasser sogar Teile eines Tropfens) in die zu analysierende Lösung zu geben. Im Praktikum werden in der Regel 50 ml Büretten verwandt, die in 1/10 ml unterteilt sind. Wegen des Bruchrisikos, der damit verbundenen Kosten und der besonderen Eignung für alkalische Lösungen sind preiswerte Quetschhahnbüretten zu bevorzugen. Vor ihrer Benutzung zu Titrationen ist darauf zu achten, dass sie bis zur Spitze des Ausflusses mit der Reagenzlösung gefüllt sind. Nach Entfernen des Einfülltrichters wird die Reagenzlösung genau mit dem unteren Meniskus auf Augenhöhe auf ein bestimmtes Volumen (z. B. 0,00 ml) eingestellt. Ein auf dem Bürettenhintergrund angebrachter senkrechter Streifen (Schellbachstreifen) erleichtert das Einstellen und Ablesen des Füllstandes. In analoger Weise wird nach dem Abschluss der Titration das Volumen der bis zum Äquivalenzpunkt verbrauchten Reagenzlösung abgelesen. Die Genauigkeit beträgt bei den 50 ml Büretten 1/10 ml, wobei der Betrag zum nächsten Teilstrich in 1/100 ml abgeschätzt wird. Dies entspricht einer Angabe auf der 2. Stelle hinter dem Komma, wobei zugleich durch die 2. Stelle auch die Messgenauigkeit angegeben wird (siehe 1. Aufgabe). Liegt z. B. der Meniskus der Lösung genau bei 15,1 ml, so werden 15,10 ml angegeben.

Titrationsverfahren mit physikalisch chemischer Endpunktsindikation werden meistens mit automatischen Synchronmotor-betriebenen Kolbenbüretten durchgeführt. Dabei kann die Titrationsgeschwindigkeit der Änderung des gemessenen Parameters automatisch angepasst werden. Büretten dieser Art sind zur exakten Bestimmung kleinster Flüssigkeitsmengen geeignet.

2.2 Als **Vollpipetten** werden in der Mitte erweiterte Saugrohre verwendet, deren Volumen durch einen Strich oberhalb der Erweiterung gekennzeichnet ist. Die meisten Pipetten sind auf „Auslauf" geeicht, sie dürfen nicht ausgeblasen werden. Zum Ansaugen der Flüssigkeit verwendet man hierzu konstruierte **Pipettierhilfen**, z. B. einen Peleusball. **Das Ansaugen von Flüssigkeiten und Lösungen darf grundsätzlich nicht mit dem Mund vorgenommen werden.** Zum Entleeren legt man die zuvor außen mit Filterpapier abgewischte und bis zur Pipettenspitze gefüllte Pipette mit ihrer Spitze an die Wand des Gefäßes, öffnet das entsprechende Ventil der auf die Pipette aufgesetzten Pipettierhilfe, wartet nach dem groben Auslaufen einige Sekunden – dabei wird die Pipettierhilfe abgenommen – bis die noch in der Pipette vorhandene Flüssigkeit nachgelaufen ist und streicht dann die Pipettenspitze an der Gefäßwand ab.

Neben dieser einfachen Pipettenform gibt es noch eine Vielzahl verschiedener Pipetten, insbesondere Kolbenhubpipetten mit fest eingestelltem oder variablem Hub, die auch zur exakten Dosierung von Mikroliter-Mengen geeignet sind (z. B. „Eppendorf-Pipetten").

2.3 Messpipetten sind graduierte Rohre mit ausgezogener Glasspitze, die ebenfalls mit Pipettierhilfen zu benutzen sind. Mit ihnen können Volumina nicht so genau bestimmt werden, wie mit Vollpipetten; sie sind deshalb „nicht eichfähig".

An die Stelle von Messpipetten treten heute verstärkt Dosiergeräte in Form von Saugkolbenpipetten mit fest einstellbarem oder variablem Hub. Mit ihnen können Flüssigkeitsmengen mit einer Reproduzierbarkeit von ±0,5 % schnell und komfortabel abgemessen werden.

2.4 Messkolben dienen zur Herstellung von Lösungen, die in einem bestimmten Volumen eine bekannte oder unbekannte Stoffmenge enthalten. Das Volumen des Messkolbens ist durch einen Eichstrich am Kolbenhals festgelegt. Alle Messgefäße sind bei einer **bestimmten Temperatur** (meist 20 °C, auf dem Messkolben vermerkt) geeicht. Diese Temperatur muss auch bei der Volumenbestimmung (beim Auffüllen des Kolbens) sorgfältig eingehalten werden. Lösungen können beim Verdünnen in einem Messkolben nur solange durch Schütteln richtig vermischt werden, wie der Kolben nicht vollständig gefüllt ist. Des Weiteren muss bei der Herstellung konzentrierter Lösungen mit Volumenveränderungen gerechnet werden. Deshalb ist auf eine kontinuierliche Durchmischung der eingefüllten Lösungen zu achten.

3. Molare Lösungen

Zur Titration benötigt man Lösungen, deren genauer Gehalt an reagierender Substanz bekannt sein muss. Die Einheit der Stoffmenge ist das Mol (Einheitszeichen: mol), das $6{,}022 \cdot 10^{23}$ Teilchen enthält (Avogadro-Konstante $N_A = 6{,}022 \cdot 10^{23}$ mol^{-1}; Anzahl der Atome in 0,012 kg des Nuklids ^{12}C). Die Teilchen können Atome, Moleküle oder Gruppen von Teilchen wie die aus Ionen bestehenden Salze (z. B. NaCl) sein.

Obwohl die Basiseinheit der molaren Masse (Symbol M; → die Masse, die $N_A = 6{,}022 \cdot 10^{23}$ Teilchen einer bestimmten Art enthält) eigentlich kg/mol ist, verwendet man besser die Einheit g/mol, da der Zahlenwert von M dann der relativen Teilchenmasse (abgeleitet von 12 **g**^{12}C!) entspricht. Ebenso benutzt man in der Chemie für die Einheiten von Volumen und Masse häufig die Untereinheiten l und ml bzw. g und mg statt der Basiseinheiten m^3 und kg, da diese zu „unhandlich" sind.

Zur Herstellung einer 1 molaren wässrigen NaCl-Lösung (der Ausdruck „Lösung" sowie die Art des Lösungsmittels werden meistens unterschlagen: „1 molare NaCl") werden z. B. genau 1 mol NaCl = 22,99 + 35,43 = 58,42 g NaCl in H$_2$O in einem 1 l Messkolben gelöst und das Volumen bis zur Eichmarke mit Wasser aufgefüllt. Viele Lösungen genau bekannter molarer Konzentration sind durch den Chemikalienhandel beziehbar. Eine Lösung von NaOH („Natronlauge") genau bekannter molarer Konzentration lässt sich jedoch nicht durch Abwiegen von NaOH herstellen, da dieser kristalline Feststoff an der

Luft Wasser und Kohlendioxid (CO_2) aufnimmt. Da auch die Reagenzlösung selbst mit CO_2 reagiert, ist ihr Titer von Zeit zu Zeit zu kontrollieren. Dagegen lässt sich z. B. eine 0,1 molare Oxalsäure als „Urtiter-Lösung" im Laboratorium durch Abwiegen von genau 12,647 g der mit 2 mol H_2O kristallisierenden Oxalsäure und Lösen in H_2O zu 1 L Lösung herstellen und über längere Zeit aufbewahren. Mit dieser Lösung kann der Titer einer ca. 0,1 molaren NaOH durch Titration bestimmt werden (siehe 2. Aufgabe, in der eine wässrige HCl-Lösung dazu benutzt wird).

4. Säuren und Basen

4.1 Säure-Base-System nach *Brönsted*. Nach *Brönsted* sind Säuren Verbindungen, die H^+-Ionen (Protonen) abgeben können: **Protonendonoren**. Basen sind Stoffe, die Protonen aufnehmen können: **Protonenakzeptoren**.

$$HB \quad \rightarrow \quad H^+ + B^- \tag{3}$$

Die Eigenschaft eines Stoffes, als Säure oder Base zu wirken, ist keine absolute Eigenschaft, sondern wird von der relativen Stärke und Konzentration der miteinander reagierenden Protonen-Donoren und -Akzeptoren bestimmt. Eine Säure benötigt zur Protonenabgabe also eine Base, wie umgekehrt eine Base eine Säure benötigt, um die Eigenschaft einer Base zeigen zu können. Auch Lösungsmittel können Säuren oder Basen sein. Das für die anorganische Chemie und alle Lebensvorgänge wichtigste Lösungsmittel ist Wasser. Der Mensch besteht durchschnittlich zu 68 % aus Wasser, die Körperflüssigkeiten Blut und Lymphe zu 93 %.

Gasförmiger Chlorwasserstoff, HCl, zerfällt („dissoziiert") beim Lösen in einem Alkan (Kohlenwasserstoff C_nH_{2n+2}) nicht in H^+ und Cl^--Ionen. Dagegen tritt beim Lösen in Wasser so gut wie vollständige Protolyse der HCl unter Bildung der starken Salzsäure ein:

$$HCl + H_2O \quad \rightarrow \quad H_3O^+ + Cl^- \tag{4}$$

Allgemein ist demnach zu formulieren:

$$HB + H_2O \quad \rightarrow \quad H_3O^+ + B^- \tag{5}$$

Diese Reaktion wird in vielen Lehrbüchern „Dissoziation" genannt. Sie ist jedoch eine Säure-Base-Reaktion, bei der H_2O die Funktion der Base erfüllt. Besser ist sie als „Protolysereaktion" zu bezeichnen.

Wasser kann aber auch als Säure reagieren:

$$NH_3 + H_2O \quad \rightarrow \quad NH_4^+ + OH^- \tag{6}$$

Als Folge dieser amphoteren (griechisch: amphoteros = beiderlei) Eigenschaft des Wassers findet im Wasser selbst in geringem Maße eine Autoprotolyse statt. Wasser reagiert in einer Gleichgewichtsreaktion mit sich selbst:

$$2\,H_2O \;\rightarrow\; H_3O^+ + HO^- \tag{7}$$

Das H_3O^+-Kation ist in Wasser mehr oder weniger stark „solvatisiert" (z. B. $H_7O_3^+ = H_3O^+ \cdot 2\,H_2O$ etc.), d. h. von elektrostatisch gebundenen Lösungsmittelmolekülen umgeben. Auch Wasser selbst ist nicht aus unverbundenen H_2O-Molekülen aufgebaut, sondern über „H-Brücken" zwischen einer unbestimmten Zahl H_2O-Molekülen zu größeren Aggregaten gebunden. Wir werden in diesem Praktikumsbuch meistens anstelle des hydratisierten Hydronium-Ions (auch Oxonium-Ion genannt) $H_3O^+ \cdot n\,H_2O$, wie auch bei anderen Ionen, dieses Phänomen vernachlässigen und nur H_3O^+ schreiben. Zusätzlich dazu werden wir dann, wenn dieses nicht zum Verständnis der Reaktion erforderlich ist, die Reaktion

$$H^+ + H_2O \;\rightarrow\; H_3O^+ \tag{8}$$

unberücksichtigt lassen, da bei allen durchzuführenden Berechnungen die molare Konzentration des Wassers, $c(H_2O)$, in den verdünnten Reaktionslösungen als konstant angenommen werden kann. Danach vereinfachen sich die Gl (1.4) und (1.7) zu

$$HCl \;\rightarrow\; H^+ + Cl^- \tag{9}$$

$$H_2O \;\rightarrow\; H^+ + HO^- \tag{10}$$

Stoffpaare, die sich in ihrer Zusammensetzung nur um ein Proton (H^+) unterscheiden, nennt man **korrespondierende oder konjugierte Säure-Base-Paare**.
   Beispiele für Säure-Base-Paare:

Säure	$\rightarrow$	Proton	+	Konjugierte Base	Säure	$\rightarrow$	Proton	+	Konjugierte Base
H_3O^+	$\rightarrow$	H^+	+	H_2O	HPO_4^{2-}	$\rightarrow$	H^+	+	PO_4^{3-}
HCl	$\rightarrow$	H^+	+	Cl^-	$H_2C_2O_4$	$\rightarrow$	H^+	+	$HC_2O_4^-$
H_2SO_4	$\rightarrow$	H^+	+	HSO_4^-	CH_3CO_2H	$\rightarrow$	H^+	+	$CH_3CO_2^-$
HSO_4^-	$\rightarrow$	H^+	+	SO_4^{2-}	NH_4^+	$\rightarrow$	H^+	+	NH_3
HNO_3	$\rightarrow$	H^+	+	NO_3^-	H_2O	$\rightarrow$	H^+	+	HO^-
H_3PO_4	$\rightarrow$	H^+	+	$H_2PO_4^-$	HCN	$\rightarrow$	H^+	+	CN^-
$H_2PO_4^-$	$\rightarrow$	H^+	+	HPO_4^{2-}	HS^-	$\rightarrow$	H^+	+	S^{2-}

4.2 Säure-Base-Systeme nach *Lewis*. Nach *Lewis* sind Säuren **Elektronenpaar-Akzeptoren** und Basen **Elektronenpaar-Donoren**. Diese Definition besitzt den Vorteil, unabhängig von einem Bezugsmedium (bei Brönsted-Säuren ist dieses Wasser) zu sein. Während die Basendefinition mit der nach *Brönsted* kongruent ist – jeder Protonenakzeptor muss ein Elektronenpaar-Donor sein – unterscheiden sich die Säure-Definitionen grundsätzlich. Nach Lewis können auch Moleküle und Ionen, die über keinen gebundenen Wasserstoff verfügen, Säuren sein. Nach *Brönsted* können Säuren nur Stoffe mit gebundenem Wasserstoff sein. Sie können als Protonendonoren fungieren, während das Proton selbst eine Lewis-Säure ist. Auch Kohlendioxid (O=C=O) ist eine Lewis-Säure und keine Brönsted-Säure. CO_2 reagiert mit der Base Hydroxyl-Ion unter Bildung von Hydrogencarbonat:

$$CO_2 \; + \; HO^- \; \rightarrow \; HCO_3^- \tag{11}$$
$$\text{Lewis-Säure} \quad \text{Base} \quad \text{Brönsted-Säure}$$

Bringt man Lewis-Säuren in Wasser, reagieren diese unter Bildung einer Brönsted-Säure:

$$CO_2 \; + \; H_2O \; \rightarrow \; H_2CO_3 \tag{12}$$
$$\text{Lewis-Säure} \quad \text{Base} \quad \text{Brönsted-Säure}$$

Finden Säure-Base-Reaktionen in nicht-wässrigen Medien statt, wie dies in der organischen Chemie häufiger der Fall ist, wird die Lewis-Säuredefinition die adäquate sein. In wässrigen Systemen, wie sie überwiegend auch im physiologischen Bereich vorkommen, ist die Säuredefinition nach *Brönsted* jedoch voll ausreichend.

5. Gleichgewichtsreaktionen und Massenwirkungsgesetz

5.1 Chemische Reaktionen sind in der Regel **Gleichgewichtsreaktionen**. Der energetisch günstigste Zustand lässt sich im **geschlossenen System** (kein Austausch von Materie mit der Umgebung) als **dynamisches Gleichgewicht** beschreiben. Das bedeutet, dass zwar Reaktionen zwischen den Ausgangsstoffen (Edukten) und den entstandenen Stoffen (Produkten) ablaufen, die Geschwindigkeiten dieser „Hin-" und „Rückreaktionen" jedoch gleich groß sind. Das führt dazu, dass sich an den Stoffmengen, die im Gleichgewichtszustand vorliegen, nichts ändert. In homogenen Lösungen bleiben somit auch die molaren Konzentrationen der Stoffe konstant. Gleichgewichtsreaktionen werden in Reaktionsgleichungen durch einen Doppelpfeil gekennzeichnet:

$$a\,A + b\,B \; \rightleftharpoons \; x\,X + y\,Y \tag{13}$$

$$H_2SO_4 + 2\,H_2O \; \rightleftharpoons \; 2\,H_3O^+ + SO_4^{2-} \tag{14}$$

Stört man das Gleichgewicht durch die Änderung eines Parameters (Parameter: Konzentration eines beteiligten Stoffes, Temperatur, Druck), stellt es sich durch eine entsprechende Änderung der Parameter neu ein. Die Störung des Gleichgewichts ist als Zwang zu betrachten, dem das Gleichgewicht durch die Anpassung der Parameter begegnet („Prinzip des kleinsten Zwanges" von *Le Chatelier*).

Wird z. B. aus dem Reaktionsgleichgewicht nach Gl. (14) durch Zugabe des Stoffes A dessen Konzentration erhöht, reagiert A mit B unter Bildung von X und Y, bis der Gleichgewichtszustand erneut erreicht ist.

5.2 Diese Situation des Chemischen Gleichgewichtes lässt sich durch das **Massenwirkungsgesetz** von *Guldberg* und *Waage* beschreiben.

In homogenen Lösungen ist im Gleichgewichtszustand bei einer bestimmten Temperatur T der Quotient aus dem Produkt der Konzentrationsterme der Produkte und dem Produkt der Konzentrationsterme der Edukte konstant:

$$K = \frac{c(X)^x \cdot c(Y)^y}{c(A)^a \cdot c(B)^b}$$

$$K = \frac{c(H^+)^2 \cdot c(SO_4^{2-})}{c(H_2SO_4) \cdot c(H_2O)^2}$$

Am Beispiel der Protolyse der Schwefelsäure nach Gl. (1.14) lässt sich dieses mit Hilfe von Wahrscheinlichkeitsüberlegungen verstehen:

Grundvoraussetzung für den Ablauf einer Reaktion in Lösung ist, dass die an der Reaktion beteiligten Teilchen zu einem „Reaktionskomplex" an einem Ort zur gleichen Zeit zusammentreffen. Unter der Voraussetzung, dass sich die Teilchen in der Lösung unabhängig voneinander und zufällig (d. h. nur stochastischen Regeln unterworfen) bewegen, ist die Wahrscheinlichkeit des Zusammentreffens und damit die Geschwindigkeit der Reaktion abhängig von der jeweiligen Teilchendichte, also der molaren Konzentration in der Lösung.

$$v_1 = k_1 \cdot c(H_2SO_4) \cdot c(H_2O) \cdot c(H_2O)$$

$$v_2 = k_2 \cdot c(H^+) \cdot c(H^+) \cdot c(SO_4^{2-})$$

$$v_1 = v_2$$

$$\frac{k_1}{k_2} = \frac{c(H^+)^2 \cdot c(SO_4^{2-})}{c(H_2SO_4) \cdot c(H_2O)^2} = K$$

Da die molare Konzentration von Wasser in stark verdünnten wässrigen Lösungen als konstant anzusehen ist, kann diese Konzentration im Massenwirkungsgesetz unberücksichtigt bleiben. Vereinfacht wird formuliert:

$$K_s = \frac{c(H^+)^2 \cdot c(SO_4^{2-})}{c(H_2SO_4)}$$

Es muss aber dabei beachtet werden, dass der Zahlenwert und die Dimension der so berechneten Konstante K_S nicht identisch ist mit der zuerst berechneten Konstante K.

Für das Massenwirkungsgesetz (Abkürzung: MWG) gelten die folgenden Rahmenbedingungen und Regeln:

- Nur Reaktionspartner, die sich in der homogenen Phase „Lösung" befinden, weisen in der Gleichung des MWG einen Konzentrationsterm auf.
- Die Konstante K des MWG ist temperaturabhängig.
- Das MWG gilt exakt nur für Lösungen, in denen sich die gelösten Teilchen nicht gegenseitig beeinflussen, da sie ansonsten keine rein zufälligen Bewegungen unabhängig voneinander ausführen.
- Besitzen gelöste Gase im geschlossenen System über der Lösung einen Partialdruck, der zur molaren Konzentration des Gases in der Lösung proportional ist, können statt der Konzentrationen auch die Partialdrucke der Gase in die Gleichung des MWG eingesetzt werden. Die Konstante besitzt jedoch dann einen anderen Zahlenwert und eine andere Dimension als bei der Berechnung mit molaren Konzentrationen.
- Die stöchiometrischen Faktoren in Reaktionsgleichungen erscheinen als Exponenten für die molaren Konzentrationen im MWG.

6. Massenwirkungskonstanten von Protolysereaktionen

Die Massenwirkungskonstanten von Protolysereaktionen werden als „Säurekonstanten" (K_S) bezeichnet. Die bislang allgemein übliche Bezeichnung als „Dissoziationskonstanten" sollte aufgegeben werden, da es sich bei Säurereaktionen nicht um „Dissoziationen" im eigentlichen Sinn handelt (siehe oben).

6.1 Bezugssystem für Säure-Base-Reaktionen in wässrigen Lösungen ist das **Autoprotolysegleichgewicht des Wassers** [Gl. (1.7) bzw. (1.10)]. Aus den oben dargelegten Gründen wird Gl. (1.10) zur Berechnung der Gleichgewichtskonstante dieser Reaktion herangezogen, die molare Konzentration des Wassers in verdünnten wässrigen Lösungen also als konstant angesehen.

Der **experimentell ermittelte Wert der Gleichgewichtskonstante** beträgt

$$K_w = c(H^+) \cdot c(HO^-) = 1 \cdot 10^{-14} \ mol^2/l^2 \ (T = 298 \ K; = 25 \ °C)$$

und wird **Ionenprodukt** des Wassers genannt. Bei T = 310 K (= 37 °C, Körpertemperatur des Menschen) hat K_W den Wert $2,42 \cdot 10^{-14} \ mol^2/l^2$.

Es ist üblich, die Werte für $c(H^+)$ [eigentlich $c(H_3O^+)$], $c(HO^-)$ und K_W in Form **negativer dekadischer Logarithmen** anzugeben. Diese Werte werden mit einem „p" vor der Bezeichnung gekennzeichnet:

$$pH = -\log c(H^+), \quad pOH = -\log c(HO^-), \quad pK_S = -\log(K_S)$$

Aus

$$K_W = c(H^+) \cdot c(HO^-) = 10^{-14} \, mol^2/l^2$$

wird damit

$$pK_W = pH + pOH = 14$$

Wässrige Lösungen werden dann als „**neutral**" bezeichnet, wenn die molaren Konzentrationen der Protonen und der Hydroxylionen gleichgroß sind.

Neutrale Lösung: $c(H^+) = c(HO^-)$

Der pH-Wert einer neutralen Lösung beträgt immer $K_W^{1/2}$ ($\sqrt{K_W}$), bei 298 K also 7, bei 310 K aber 6,81. Lösungen, die mehr Protonen (bzw. Hydronium-Ionen H_3O^+) enthalten als Hydroxylionen HO^-, werden als „sauer" bezeichnet. Enthalten sie mehr Hydroxylionen als Protonen, bezeichnet man sie als „basisch".

6.2 Der Begriff der **Säurestärke** bezieht sich auf die Lage des Protolyse-Gleichgewichtes

$$HB \xrightleftharpoons{K_S} H^+ + B^- \quad K_S = \text{Säurekonstante} \tag{3}$$

$$K_S = \frac{c(H^+) \cdot c(B^-)}{c(HB)}$$

Ist $K_S > 10^{-4}$ mol/l, wird die Säure als stark bezeichnet. Ist $K_S < 10^{-4}$ mol/l, bezeichnet man sie als schwache Säure. Diese weitgehend unscharfe Einstufung der Säurestärke bezieht sich bei mehrprotonigen Säuren wie H_2SO_4 oder H_3PO_4 immer nur auf die erste Deprotonierungsstufe.

6.3 Ionogen abspaltbarer Wasserstoff. Die Eigenschaft, Wasserstoff von einem Molekül als Proton an eine Base abzugeben, ist von dem Molekülrest abhängig, an den das H-Atom gebunden ist. Je stärker die **Elektronegativität des Bindungspartners** von Wasserstoff und die **Stabilität des entstehenden anionischen Restes** ist, umso stärker ist die Abgabe des kovalent gebundenen H-Atoms als H^+ begünstigt. Vor allem aus Bindungen mit den stark elektronegativen Elementen der 6. und 7. Hauptgruppe des Periodensystems wie O oder Cl lassen sich Protonen relativ leicht entfernen. Dabei entstehen Anionen. Die spezifischen Eigenschaften dieser Anionen sind ebenfalls bestimmend für die Protolysereaktion. So ist beim Wasser das nach Abspaltung des Protons vorliegende HO^--Ion eine sehr starke Base, so dass die Säurekonstante K_S des Wassers (nicht mit dem Ionenprodukt K_W verwechseln!) sehr klein ist ($K_S = 1,8 \cdot 10^{-16}$ mol/l bei 25 °C). Für Essigsäure, CH_3CO_2H, ist K_S mit $1,8 \cdot 10^{-5}$ mol/l bereits erheblich größer. Die gegenüber Wasser leichtere Abspaltbarkeit des Protons aus Essigsäure ist vor allem durch die geringere Bindungsenergie der O–H -Bindung und durch die Stabilisierung des delokalisierten Anions $CH_3CO_2^-$ zu erklären. Die Ladungsdichte ist im Anion HO^- größer als im Anion $CH_3CO_2^-$.

Dementsprechend ist Chlorwasserstoff, HCl, eine stärkere Säure als Fluorwasserstoff, HF, obwohl Fluor das elektronegativere Element ist. Die Bindungsenergie in H-Cl ist kleiner als in H–F, und Cl^- besitzt einen größeren Ionenradius und damit eine geringere Ladungsdichte als F^-. Insgesamt sind die Parameter, die die Säurestärke von Wasserstoffverbindungen beeinflussen, sehr komplex. In jedem Fall ist die Säurestärke jedoch vom Lösungsmittel abhängig. Es ist zu beachten, dass alle Aussagen zu Brönsted-Säuren sich auf das System in Wasser beziehen.

6.4 Nach der Anzahl der als Protonen von einer Säure abspaltbaren Wasserstoffatome unterscheidet man **ein- und mehrprotonige Säuren**. Es ist leicht einzusehen, dass nach der Abspaltung des ersten Protons von einer mehrprotonigen Säure die Abspaltung des 2. Protons und ggf. der weiteren zunehmend erschwert ist. Jede Stufe der Protolyse stellt ein chemisches Gleichgewicht mit einer bestimmten Gleichgewichtskonstante (Säurekonstante) dar:

Phosphorsäure

$$H_3PO_4 \rightleftharpoons H^+ + H_2PO_4^- \quad K_S(1) = 7{,}5 \cdot 10^{-2}\,mol/l \tag{15}$$

$$H_2PO_4^- \rightleftharpoons H^+ + HPO_4^{2-} \quad K_S(2) = 2{,}0 \cdot 10^{-8}\,mol/l \tag{16}$$

$$HPO_4^{2-} \rightleftharpoons H^+ + PO_4^{3-} \quad K_S(3) = 1{,}0 \cdot 10^{-12}\,mol/l \tag{17}$$

$$H_3PO_4 \rightleftharpoons 3\,H^+ + PO_4^{3-} \quad K_S\,(gesamt) \tag{18}$$
$$K_S(gesamt) = K_S(1) \cdot K_S(2) \cdot K_S(3) = 1{,}5 \cdot 10^{-21}\,(mol/l)$$

Die Massenwirkungskonstante der Gesamtreaktion (18) kann als Produkt der Säurekonstanten der einzelnen Protolysegleichgewichte errechnet werden, wie sich aus den für die einzelnen Reaktionen aufzustellenden Massenwirkungsgleichungen leicht ergibt. Diese Größe, die sich nicht nur im Zahlenwert sondern auch in der Dimension von den üblichen Säurekonstanten unterscheidet, ist jedoch wenig aussagekräftig.

6.5 Die **Basenstärke** von Basen steht in reziproker Beziehung zur Säurestärke der konjugierten Säuren:

B^- sei gemäß Gl. (1.3a) die konjugierte Base zur Säure HB. Die Basenreaktion von B^- in Wasser wird durch Gl. (1.19) beschrieben:

$$B^- + H_2O \underset{K_B}{\rightleftharpoons} HB + HO^- \quad K_B = Basenkonstante \tag{19}$$
$$K_B = \frac{c(HO^-) \cdot c(HB)}{c(B^-)}$$

In Wasser lässt sich die Protonenkonzentration aus der Hydroxylionenkonzentration über das Ionenprodukt des Wassers berechnen:

$$K_W = c(H^+) \cdot c(HO^-) = 1 \cdot 10^{-14}\,mol^2/l^2$$
$$c(HO^-) = K_W/c(H^+)$$

$$K_B = \frac{K_W \cdot c(HB)}{c(H^+) \cdot c(B^-)} = K_W \cdot \frac{c(HB)}{c(H^+) \cdot c(B^-)}$$

In Verbindung mit der Gleichung für die Säurekonstante K_S der Säure HB

$$K_S = \frac{c(H^+) \cdot c(B^-)}{c(HB)}; \quad 1/K_S = \frac{c(HB)}{c(H^+) \cdot c(B^-)}$$

erkennt man, dass die Beziehung zwischen Säurekonstante und der Basenkonstante der konjugierten Base durch $\mathbf{K_B = K_W/K_S}$ auszudrücken ist. Daraus ersieht man, dass konjugierte Säure-Base-Paare in wässriger Lösung ausreichend über die Säurekonstante beschrieben sind, die entsprechende Basenkonstante lässt sich aus ihr jeweils berechnen:

$$pK_B + pK_S = 14 \text{ (bei } T = 298\,K)$$

7. Protolysegrad schwacher Säuren

7.1 Aktuelle und potentielle Acidität. Die experimentell gefundene Säurekonstante der Essigsäure CH_3CO_2H beträgt $1{,}8 \cdot 10^{-5}$ mol/l (T = 298 K). Aus diesem Wert lässt sich näherungsweise errechnen, dass $c(H^+)$ in einer 0,1 molaren Essigsäure $\sim 1{,}3 \cdot 10^{-3}$ mol/l beträgt. Nur 1,3 % der gelösten Essigsäure ist protolysiert.

$$CH_3CO_2H \rightleftharpoons H^+ + CH_3CO_2^- \tag{20}$$

$$K_S = \frac{c(H^+) \cdot c(CH_3CO_2^-)}{c(CH_3CO_2H)}$$

Nach Gl. (1.20) ist $c(H^+) = c(CH_3CO_2^-)$. Für eine 0,1 molare CH_3CO_2H gilt also unter der Näherungsannahme $c(CH_3CO_2H) \approx 0{,}1$ mol/l:

$$c(H^+) \approx \sqrt{1{,}8 \cdot 10^{-5}\,mol/l \cdot 0{,}1\,mol/l} = 1{,}3 \cdot 10^{-3}\,mol/l$$

$c(H^+)$ wird als **aktuelle Acidität** bezeichnet. Werden jedoch Reaktionen mit einer starken Base (z. B. HO^-) durchgeführt, reagieren alle von der Essigsäure abspaltbaren Protonen mit der Base. Die **potentielle Acidität** wird somit durch die Gesamtkonzentration der Säure und damit der potentiell abspaltbaren Protonen beschrieben. Bei einer starken Säure, etwa einer 0,1 molaren HCl, die in wässriger Lösung praktisch vollständig protolysiert ist, sind potentielle und aktuelle Acidität faktisch gleichgroß (0,1 mol/l).

7.2 Die obige Aussage, dass nur 1,3 % einer 0,1 molaren CH_3CO_2H bei Raumtemperatur protolysiert sind, wird durch den **Protolysegrad α** („Dissoziationsgrad") der Brönsted-Säure erfasst. α bezeichnet den Bruchteil der Stoffmengenkonzentration einer Säure in wässriger Lösung, der mit Wasser nach Gl. (1.5) reagiert hat. Die Stoffmengenkonzentration der Reaktionsprodukte wird durch $c(H^+)$ bzw. $c(B^-)$ repräsentiert, da diese nach der Reaktionsgleichung gleichgroß sind. Die Stoffmengenkonzentration der gelösten Säure $c(gesamt)$ entspricht der Summe von $c(H^+)$ und $c(HB)$:

$$\alpha = \frac{c(H^+)}{c(H^+) + c(HB)} = \frac{c(H^+)}{c(gesamt)}$$

$$c(H^+) = \alpha \cdot c(gesamt)$$
$$c(gesamt) - c(H^+) = c(HB)$$
$$1 - c(H^+)/c(gesamt) = c(HB)/c(gesamt)$$
$$c(HB) = (1-\alpha) \cdot c(gesamt)$$

$$K_S = \frac{\alpha \cdot c(gesamt) \cdot \alpha \cdot c(gesamt)}{(1-\alpha) \cdot c(gesamt)} \quad \textit{daraus ergibt sich:}$$

$$\frac{c(gesamt)}{K_S} = \frac{(1-\alpha)}{\alpha^2} \; \textit{Ostwaldsches Verdünnungsgesetz}$$

Aus dem Ostwaldschen Verdünnungsgesetz kann der Grenzwert von α für extrem verdünnte Lösungen und der Wert von α für konzentrierte Lösungen näherungsweise ermittelt werden:

a) extrem verdünnte Lösungen [$c(gesamt) \to 0$]: $\alpha = 1$

b) konzentrierte Lösungen [$c(gesamt) > 0,1$ mol/l]:

$$(1-\alpha) \approx 1 \Rightarrow \alpha^2 \approx K_S/c(gesamt) \quad \alpha \approx \sqrt{K_S/c(gesamt)}$$

Rechenbeispiele: 1 molare CH_3CO_2H ($K_S = 1{,}8 \cdot 10^{-5}$ mol/l): $\alpha = \sqrt{1{,}8 \cdot 10^{-5}/1} = 4{,}2 \cdot 10^{-3}$

0,1 molare CH_3CO_2H $\alpha = \sqrt{1{,}8 \cdot 10^{-5}/0{,}1} = 1{,}34 \cdot 10^{-2}$

0,01 molare CH_3CO_2H $\alpha = \sqrt{1{,}8 \cdot 0{,}01^{-5}/0{,}01} = 4{,}2 \cdot 10^{-2}$

Wie die Ergebnisse zeigen, ist Essigsäure in einer 1 molaren Lösung nur zu 0,42 % protolysiert, d. h. von 1.000 Molekülen CH_3CO_2H haben im Gleichgewicht nur etwa 4 ihr Proton abgegeben. Man erkennt ferner, dass mit zunehmender Verdünnung die Dissoziation deutlich zunimmt.

Tab. 1 Theoretische Titrationskurve der Titration von 0,1 molarer HCl mit 0,1 molarer NaOH

Stoffmenge H$^+$ in Vorlage/mmol	Zugabe von HO$^-$ 0,1 molar/ml	Lösungsvolumen in Vorlage/ml	c(H$^+$) in der Vorlage/mol · l^{-1}	pH in Vorlage
1,000	0	10	0,100	1,00
0,500	5,00	15	0,0333	1,48
0,100	9,00	19	0,00526	2,28
0,010	9,90	19,9	0,00050	3,30
0,001	9,99	19,99	0,00005	4,30
0,0001	9,999	19,999	0,000005	5,30
Stoffmenge HO$^-$ in Vorlage/mmol	**Zugabe von HO$^-$ 0,1 molar/ml**	**Lösungsvolumen in Vorlage/ml**	**c(HO$^-$) in der Vorlage/mol · l^{-1}**	**pH in Vorlage**
0,0001	10,001	20,001	0,000005	8,70
0,001	10,01	20,01	0,00005	9,70
0,010	10,10	20,10	0,00050	10,70
0,100	11,00	21,00	0,00476	11,68
0,500	15,00	25,00	0,02000	12,30
1,000	20,00	30,00	0,03333	12,52

8. Säure-Base-Titrationen

8.1 Titrationskurven. Unter Titration ist die allmähliche Zugabe einer Reagenzlösung bekannten molaren Gehalts zu einer Lösung des Reaktionspartners unbekannten Gehalts unter Kontrolle des Zugabevolumens zu verstehen (siehe: 1. Maßanalyse). Führt man die Titration diskontinuierlich durch, misst nach der Zugabe einer bestimmten Menge des Reagenzes einen von der Konzentration eines Reaktionspartners abhängigen Parameter (pH-Wert, Leitfähigkeit, Redoxpotential usw.) in der Lösung und trägt die gefundenen Werte gegen die ml zugegebener Reagenzlösung graphisch auf, so erhält man eine **Titrationskurve**.

Beispiel: 10 ml 0,1 molarer HCl sollen mit 10 ml 0,1 molarer NaOH titriert werden. Die Abhängigkeit des pH-Wertes der Reaktionslösung von der zugegebenen Menge an NaOH-Lösung ist in Tab. 1 dargestellt.

Am Anfang der Titration bewirkt die Zugabe der Natronlauge zur Salzsäure nur eine geringe Änderung des pH-Wertes. In der Nähe des Äquivalenzpunktes – wenn die zugegebene Stoffmenge an HO$^-$ der ursprünglich vorhandenen Stoffmenge an H$^+$ entspricht – steigt die Titrationskurve jedoch steil an und flacht anschließend wieder ab. In Abb. 3 ist die Titrationskurve graphisch dargestellt. Die Titrationskurven, die bei Titrationen schwacher Säuren wie Essigsäure mit starken Basen wie HO$^-$ erhalten werden, zeigen einen anderen Verlauf. Sie zeigen eine größere Steigung und einen ausgeprägten Wendepunkt im Bereich des flachen Kurvenanstiegs. Der Äquivalenzpunkt liegt nicht bei pH = 7, sondern bei höheren pH-Werten (Abb. 4).

Abb. 3 Titration von 10 ml
0,1 molarer Salzsäure mit
0,1 molarer Natronlauge

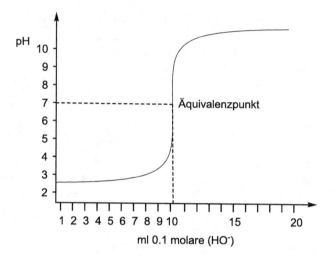

Abb. 4 Titration von 10 ml
0,1 molarer Essigsäure mit
0,1 molarer Natronlauge. Abbildung 4 zeigt als Beispiel für
einen solchen Kurvenverlauf die
Titrationskurve von 0,1 molarer CH_3CO_2H mit 0,1 molarer
NaOH

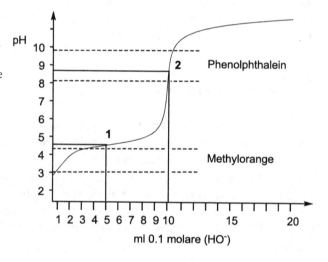

8.2 Farbindikatoren für Säure/Base-Titrationen. Da die meisten Säuren und ihre korrespondierenden Basen farblos sind, setzt man für die pH-Bestimmung oder für Titrationen
eine sehr kleine Menge einer schwachen Säure bzw. ihrer konjugierten Base zu, bei der
sich die Farbe der Säure und die der Base gut unterscheiden. Solche **pH-Indikatoren** sind
in der Regel organische Verbindungen, z. B. Methylorange oder Phenolphthalein (Abb. 5).

   Diese unterschiedlich gefärbten, schwachen Säuren (HInd oder HInd$^+$) bzw. deren konjugierte Basen (Ind$^-$ oder Ind) werden ebenfalls durch ihre Säurekonstante K_{Ind} charakte-
risiert:

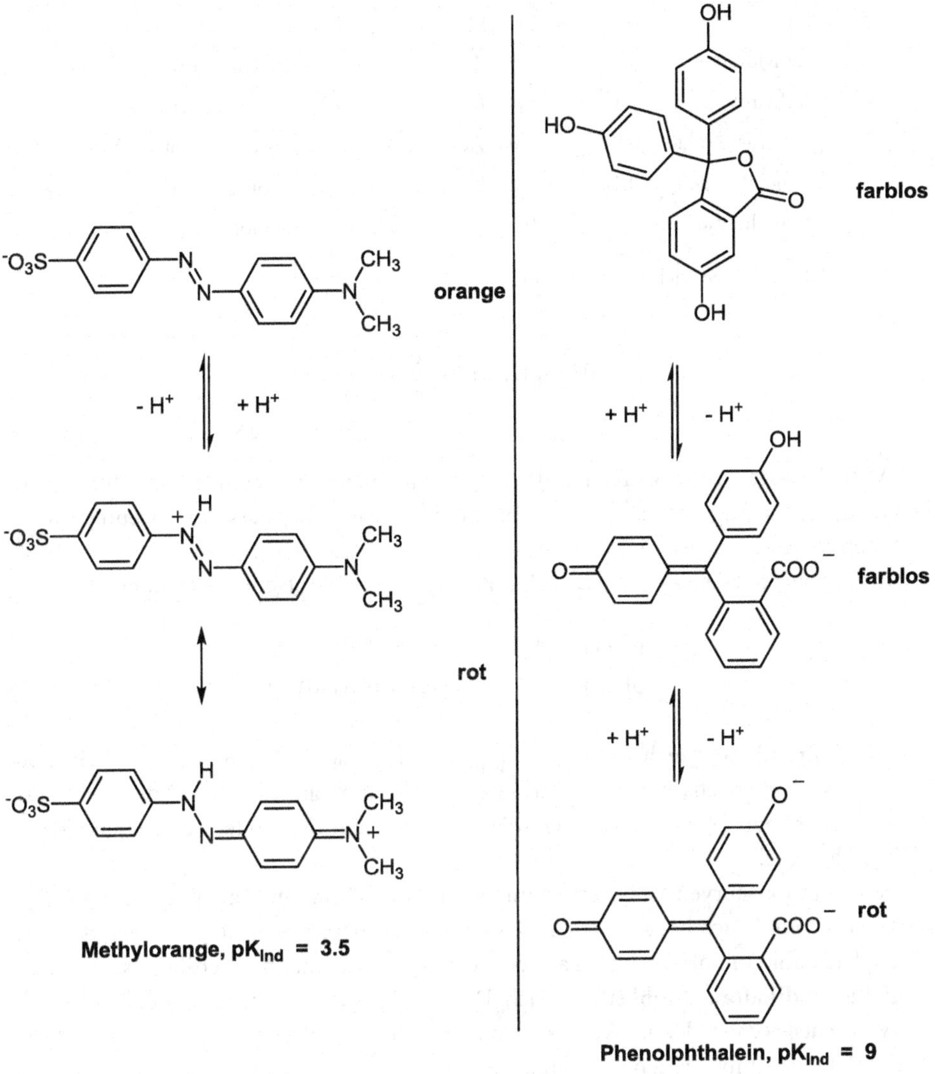

Abb. 5 Beispiele für pH-Indikatorsysteme Methylorange und Phenolphthalein

$$K_{Ind} = \frac{c(H^+) \cdot c(Ind^-)}{c(HInd)} \quad \text{logarithmieren:}$$

$$\log K_{Ind} = \log c(H^+) + \log \frac{c(Ind^-)}{c(HInd)} \quad \text{umformen:}$$

$$-\log c(H^+) = -\log K_{Ind} + \log \frac{c(Ind^-)}{c(HInd)} \qquad \begin{aligned} -\log c(H^+) &= pH \\ -\log c(H^+) &= pK_{Ind} \end{aligned}$$

Stoff	pK_{Ind}	Umschlagsbereich (pH)	Farbe
Methylorange	3,2	3,1 – 4,4	rot → orange
Methylrot	5,1	4,4 – 6,2	rot → gelb
Bromthymolblau	6,9	6,0 – 7,6	gelb → blau
Phenolphthalein	9,1	8,2 – 9,8	farblos → rot
Thymolphthalein		9,3 – 10,5	farblos → blau

Tab. 2 Einige wichtige Indikatoren

$$pH = pK_{Ind} + \log \frac{c(Ind^-)}{c(HInd)}$$

Bei Methylorange ist die Säure (HInd) rot und die korrespondierende Base (Ind⁻) gelb. Das menschliche Auge erfasst die reine Farbe der Säure bzw. der Base dann, wenn etwa ein Konzentrationsverhältnis c(HInd): c(Ind⁻) = 10: 1 bzw. 1: 10 vorliegt.

Aus der obigen Gleichung ergibt sich für diesen Wechsel folgendes pH-Intervall:

$$pH(1) = pK_{Ind} + \log 10 = pK(Ind) + 1$$
$$pH(2) = pK_{Ind} + \log 0,1 = pK(Ind) - 1$$

In einem **Umschlagsbereich** von pH = $pK_{Ind} \pm 1$ wechselt der Indikator die Farbe. Die Breite des Umschlagbereichs ist von der Farbintensität der Indikatorfarben und der Farbstärke des Auges abhängig (Achtung: 10 % der Männer zeigen eine mehr oder weniger ausgeprägte Farbschwäche!).

Den Titrationskurven ist zu entnehmen, dass bei Titrationen im Konzentrationsbereich $> 10^{-3}$ mol/l auch bei schwachen Säuren ein so großer pH-Sprung vorliegt, dass der Äquivalenzpunkt mit pH-Farbindikatoren angezeigt werden kann. Allerdings ist dazu eine sorgfältige **Indikatorauswahl** erforderlich. Der pK_{Ind} des Indikators muss annähernd dem pH-Wert entsprechen, der am Äquivalenzpunkt der durchzuführenden Titration vorliegt. Andernfalls erhält man einen falschen oder unscharfen Farbumschlag (siehe 4. Aufgabe).

In Abb. 4 sind die Umschlagsbereiche von Methylorange und Phenolphthalein gezeichnet. Nur wenn der Äquivalenzpunkt im Umschlagsbereich des Indikators liegt, gibt der Indikator auch richtige Werte für den Verbrauch an Säure bzw. Base für die äquivalente Menge an. Eine starke Säure lässt sich wegen des steilen pH-Anstiegs noch mit Indikatoren titrieren, deren Zahlenwerte ihrer Säurekonstante pK_{Ind} stärker vom Zahlenwert des pH am Äquivalenzpunkt der Titration abweicht.

Die Titrationskurve der Essigsäure schneidet in ihrem steil ansteigenden Teil nur den Umschlagsbereich des Phenolphthaleins, in den des Methyloranges tritt sie dagegen viel zu früh ein.

Da der Indikator selbst als schwache Säure bzw. Base mittitriert wird, darf nur eine sehr kleine Menge (ca. 2 Tropfen einer 0,1 % Lösung) zugesetzt werden. Der durch das Mittitrieren verursachte Fehler ist dann so klein, dass er noch unterhalb der Messgenauigkeit liegt (Tab. 2).

Durch eine Mischung geeigneter Indikatoren verschiedener pK-Werte mit abgestuften Umschlagsbereichen lassen sich so genannte „**Universalindikatoren**" herstellen, mit deren Hilfe man den pH-Wert einer Lösung mit dem Vergleich der beigegebenen Farbskala ungefähr ermitteln kann. Wird Filterpapier mit diesen Lösungen getränkt und anschließend getrocknet, erhält man **Universalindikatorpapier**.

2. Kurstag: Aktivität – Schwache Säuren und Basen – Pufferlösungen

Lernziele

Untersuchung des Einflusses von Aktivitätsänderungen auf die Gleichgewichtskonstante K_C, Untersuchung der Pufferwirkung von Säure-Base-Gemischen, Berechnung und Herstellung von Pufferlösungen, experimentelle Bestimmung von Säurekonstanten schwacher Säuren.

Grundlagenwissen

Massenwirkungsgesetz, Aktivitäten, Aktivitätskoeffizienten, Anwendung des Massenwirkungsgesetzes auf die Titration schwacher Säuren und Basen, Diskussion der Titrationskurven, Puffersysteme, Puffergleichung, Pufferbereich, Pufferkapazität, physiologische Puffersysteme.

Benutzte Lösungsmittel und Chemikalien mit Gefahrenhinweisen und Sicherheitsratschlägen:

	H-Sätze	P-Sätze
Natronlauge 1 molar (ca. 4 % NaOH in H_2O)	314	280/305 + 351 + 338/310
Natronlauge 0,1 molar (ca. 0,4 % NaOH)	314	280/305 + 351 + 338/310
Ammoniak-Lösung 2 molar (ca. 3,5 % NH_3 in H_2O)	319/315	280/302 + 352/305 + 351 + 338
Natriumacetatlösung, 2 molar	319	305 + 351 + 338
Natriumacetat (Trihydrat), fest	–	–
Salzsäure, 2 molar (7,1 % HCl in H_2O)	315/319	280/305 + 351 + 338/302 + 352
Salzsäure 0,1 molar (ca. 0,4 % HCl in H_2O)	–	–
Essigsäure ca. 2 molar (ca. 12 % CH_3CO_2H in H_2O)	319/315	280/302 + 352/305 + 351 + 338/ 301 + 330 + 331

G. Hilt, P. Rinze, *Chemisches Praktikum für Mediziner*, Studienbücher Chemie,
DOI 10.1007/978-3-658-00411-8_2, © Springer Fachmedien Wiesbaden 2015

	H-Sätze	P-Sätze
Magnesiumsulfat, $MgSO_4$, fest	–	–
Eisen(III)thiocyanat 0,005 molar (0,11 % $Fe(SCN)_3$ in H_2O)	–	–
Methylorange (0,1 % in H_2O)	226	–
Phenolphthalein (0,1 % in 60 % Ethanol/H_2O)	226	–
Thymolphthalein (0,1 % in Ethanol)	225	210/243/280

Zusätzlich benötigte Geräte

50 ml Bürette mit Stativ und Stativklemmen, 500 ml Enghalsflasche mit ca. 0,1 molarer NaOH vom 1. Kurstag, Rundfilter als Titrierunterlage, Waagen, pH-Meter mit Einstabmessketten (Glaselektroden, frisch geeicht), Pufferlösungen zum Nacheichen der Glaselektroden, Abfallgefäße für $Fe(SCN)_3$-Lösungen.

Entsorgung

Die $Fe(SCN)_3$ -Abfälle sind in einem speziell aufgestellten Gefäß zu sammeln. Sie werden später oxidativ zerstört.

Die weiteren an diesem Kurstag verwandten Lösungen können in den nach den Versuchsbeschreibungen anfallenden Mengen dem Abwasser beigegeben werden.

Aufgaben

6. Aufgabe

▶ In einer Lösung von Eisenthiocyanat werden durch Zugabe von festem Magnesiumsulfat die Ionenaktivitäten verändert.

Einige ml 0,005 molarer wässriger $Fe(SCN)_3$-Lösung werden im Reagenzglas mit 1 bis 2 Spatelspitzen festem Magnesiumsulfat, $MgSO_4$, versetzt. Was ist zu beobachten, wie ist der Vorgang zu erklären?

7. Aufgabe

▶ Analog zur 1. Aufgabe (1. Kurstag) wird der Titer der hergestellten ca. 0,1 molaren NaOH mit Phenolphthalein als Indikator durch die Titration genau 0,1 HCl frisch bestimmt.

Die am 1. Kurstag hergestellte 0,1 molare NaOH wird zweimal mit je 10 ml einer ausgegebenen 0,1 molaren HCl gegen Phenolphthalein (jeweils genau 3 Tropfen zur Lösung hin-
zufügen) als Indikator titriert und der Titer berechnet. Wie aus der am 1. Kurstag abgeleiteten Titrationskurve einer starken Säure ersichtlich ist (Kapitel 1 „1. Kurstag: Maßanalyse
– Säuren und Basen", Abb. 3), sollte das mit Phenolphthalein erhaltene Ergebnis nur wenig
von dem gegen Methylorange bestimmten Titer abweichen. Stärkere Abweichungen sind
auf einen Gehalt an Natriumcarbonat zurückzuführen. In jedem Fall ist bei den weiteren
Aufgaben der frisch ermittelte Titer zu benutzen.

8. Aufgabe

▶ Eine vom Assistenten auszugebende Probe verdünnter Essigsäure wird mit der
   frisch eingestellten 0,1 molaren NaOH maßanalytisch bestimmt. Die ermittelte
   Menge an Essigsäure wird in mg angegeben.

In einem 250 ml Erlenmeyer-Weithalskolben erhält man eine Probe verdünnter Essigsäure, in der die Menge an Essigsäure durch Titration mit der 0,1 molaren NaOH nach Zusatz
von 3 Tropfen Phenolphthalein-Lösung zu bestimmen ist. Man titriert, bis die Lösung gerade schwach rosa ist. Zum besseren Erkennen der Färbung ist eine weiße Unterlage unter
den Titrationskolben zu legen. Die Farbe soll etwa 30 s sichtbar bleiben. Da die Lösung am
Äquivalenzpunkt der Titration jedoch alkalisch ist, nimmt sie aus der Luft CO_2 auf, was
zur erneuten Absenkung des pH-Wertes der Lösung führt. Es ist deshalb falsch, erneut
NaOH zuzugeben, wenn die Rotfärbung nach etwa 30 s verschwindet.

Berechnungsbeispiel: Verbrauch: 15,30 ml ca. 0,1 molare NaOH (f = 0,9524)
   15,30 ml · 0,9524 · 0,1 mmol/ml = 1,457 mmol H^+ = 1,457 mmol CH_3CO_2H
   $M(CH_3CO_2H)$ = 60,0 g/mol;
   1,457 mmol CH_3CO_2H = 1,457 mmol · 60 mg/mmol = 87,4 mg CH_3CO_2H.

9. Aufgabe

▶ Die Wirkungsweise zweier Puffersysteme wird durch qualitative Versuche
   geprüft. Die Ergebnisse sind im Protokoll zu erläutern.

Man gibt in ein Reagenzglas 11 ml Wasser und 2 Tropfen Methylorange-Lösung. In ein
zweites Reagenzglas gibt man 10 ml 2 molare Natriumacetat-Lösung und 1 ml 2 molare
Essigsäure. Versetzt man auch diese Lösung mit 3 Tropfen der Methylorange-Lösung, wird
sie die gleiche Farbe zeigen wie in reinem Wasser.
   Bringt man nun in beide Reagenzgläser tropfenweise 2 molare HCl, so schlägt die Farbe
in dem Reagenzglas, das nur H_2O enthielt, **sofort** nach rot um, während bei der Essigsäu-

re/Acetat-Mischung der Farbumschlag zunächst ausbleibt und erst nach Zugabe einer weit größeren Menge HCl eintritt.

In analoger Weise vergleicht man in Reagenzgläsern das Verhalten von 11 ml Wasser mit 2 Tropfen Thymolphthalein-Lösung (Umschlagsbereich pH 9,4–10,6, von farblos nach blau) mit einer Lösung, die aus 1 ml 2 molarer Ammoniaklösung und 10 ml 2 molarer Ammoniumchloridlösung und 2 Tropfen Thymolphthaleinlösung besteht, wenn tropfenweise 2 molare NaOH zugefügt wird. Wie sind die Versuchsergebnisse zu interpretieren?

10. Aufgabe

▶   Die Zusammensetzung eines Essigsäure-Acetat-Puffers wird für einen vorgegebenen pH-Wert berechnet. Nach dieser Berechnung wird die Puffer-Lösung hergestellt.

Jede Arbeitsgruppe erhält die Aufgabe einen Essigsäure-Natriumacetat-Puffer mit einem bestimmten pH-Wert herzustellen. Für Lösungen mit pH > 5 wird dabei von 10 ml 1 molarer Essigsäure, für solche mit pH < 5 von 25 ml 1 molarer Essigsäure ausgegangen. Die erforderliche Menge an Essigsäure wird mit einer 10 ml bzw. 25 ml Vollpipette in einen sauberen 50 ml Messzylinder pipettiert.

Die Berechnung erfolgt mit Hilfe der **Puffergleichung** (nach *Henderson* und *Hasselbalch*):

$$pH = pK_S + \log \frac{c(CH_3CO_2^-)}{c(CH_3CO_2H)}$$

Da sich sowohl Essigsäure als auch die konjugierte Base Acetat im selben Flüssigkeitsvolumen befinden, kann der Quotient der Stoffmengenkonzentrationen durch den Quotienten der Stoffmengen von Base und konjugierter Säure ersetzt werden:

$$pH = pK_S + \log \frac{mol\ CH_3CO_2^-}{mol\ CH_3CO_2H}$$

Das zur Herstellung der Pufferlösung benötigte Natriumacetat (Base) wird als festes Trihydrat auf einer Waage möglichst genau abgewogen und in den Messzylinder mit der abgemessenen Menge Essigsäure gegeben. Dazu wird erst die Hauptmenge ggf. mit Hilfe eines Trichters aus dem Wägegefäß in den Messzylinder überführt und anschließend der am Wägegefäß, Spatel und Trichter anhaftende Rest mit wenig H_2O aus der Spritzflasche in den Messzylinder gespült. Nach dem vollständigen Auflösen des Salzes wird der Inhalt des Gefäßes mit H_2O auf 50 ml aufgefüllt und dabei mit einem sauberen Glasstab gut durchmischt. In der hergestellten Pufferlösung wird der pH-Wert mit Hilfe einer pH-Einstabmesskette („Glaselektrode", Messinstrument: „pH-Meter") gemessen. Messprinzip und Wirkungsweise der Glaselektrode werden im Zusammenhang mit Redox-Reaktionen im 5. Kurstag behandelt.

Rechenbeispiel: Aufgabe: pH-Wert der Pufferlösung: pH = 4,90;
System: $CH_3CO_2H/CH_3CO_2^-$; $pK_S = 4,75$
Menge der Pufferlösung: 50 ml; Gehalt an Säure: 25 mmol Säure

$$4,90 = 4,75 + \log \frac{X \text{ mmol } CH_3CO_2^-}{25 \text{ mmol } CH_3CO_2H};$$

$$0,15 = \log \frac{X \text{ mmol } CH_3CO_2^-}{25 \text{ mmol } CH_3CO_2H}$$

$$1,4125 = \frac{X \text{ mmol } CH_3CO_2^-}{25 \text{ mmol } CH_3CO_2H}; \quad X = 35,31 \text{ mmol } CH_3CO_2^-$$

Molare Masse von $CH_3CO_2Na \cdot 3\,H_2O = 136,1$ g/mol;
$136,1$ g/mol $\cdot 35,31 \cdot 10^{-3}$ mol $= 4,805$ g $CH_3CO_2Na \cdot 3\,H_2O$

11. Aufgabe

Die Pufferkapazität gegen Basen der hergestellten Pufferlösung sowie einer 1:10-Verdünnung der Pufferlösung wird jeweils geprüft.

10 ml der hergestellten Pufferlösung werden mit einer sauberen und trockenen Vollpipette in einen 100 ml Messkolben gegeben. Anschließend wird auf 100 ml Volumen mit H_2O aufgefüllt.

▶ Ist die Vollpipette nicht trocken, muss sie vor der Abmessung der 10 ml mehrmals mit kleinen Portionen des Puffers gespült werden. Die Spüllösung ist zu verwerfen. Dafür dürfen jedoch höchstens 5 ml der ursprünglichen Pufferlösung benutzt werden! Bei diesem Versuch soll auch geübt werden, mit einer begrenzten Lösungsmenge (Probe) auszukommen. Gelingt dieses nicht, ist die Herstellung der Pufferlösung zu wiederholen.

Jeweils 25 ml der hergestellten Pufferlösung und des verdünnten Puffers werden mit der 25 ml Vollpipette in zwei 100 ml Bechergläser pipettiert. Zwischen den Pipettiervorgängen ist die Pipette mit H_2O zu reinigen und einer geringen Menge der abzumessenden Lösung zu spülen (siehe oben). Anschließend werden aus der Bürette zu beiden Lösungen in den Bechergläsern (10/f) ml (f = Titer der NaOH-Lösung) ca. 0,1 molare NaOH zugefügt (=1 mmol HO^-). Nach dem Durchmischen werden die pH-Werte der Lösungen mit dem pH-Meter bestimmt. Dazu kann es wegen der notwendigen Eintauchtiefe der Glaselektrode erforderlich sein, die Lösungen in den mit H_2O gereinigten 50 ml Messzylinder umzufüllen. Vergleichen Sie die gefundenen pH-Werte mit den theoretisch errechneten pH-Werten und berechnen Sie die Pufferkapazität β der beiden Pufferlösungen gegen Basen!

Die Pufferkapazität β einer Pufferlösung ist die molare Menge einer starken Säure oder Base, die in 1 L dieser Lösung eine pH-Wert-Änderung um eine Einheit hervorruft:

$$\beta = \frac{1 \text{ mmol } (HO^-) / 25 \text{ ml (Pufferlösung)}}{\Delta pH}$$

12. Aufgabe

▶   Aus jeweils 2 molaren Lösungen von Ammoniak und Salzsäure wird eine äquimolare NH_3/NH_4^+-Lösung hergestellt. Aus ihrem pH-Wert wird die Dissoziationskonstante des NH_4^+-Ions ermittelt.

Von der ausstehenden 2 molaren NH_3-Lösung pipettiert man 10 ml in einen 50 ml Messzylinder und gibt 2 Tropfen der Methylorange-Lösung hinzu. Mit der Tropfpipette wird langsam bis zum Äquivalenzpunkt 2 molare HCl hinzugefügt (Farbumschlag des Indikators nach rot). Bei dieser groben Arbeitsmethode ohne Einsatz einer Bürette muss besonders darauf geachtet werden, dass nicht „übertitriert" wird. Anschließend füllt man mit dest. Wasser auf 50 ml auf, durchmischt und gießt die Lösung in ein trockenes Gefäß. Danach werden 10 ml der gleichen 2 molaren NH_3-Lösung auf 50 ml verdünnt.

Man verfügt nun über eine NH_3- und eine NH_4^+-Lösung gleicher Konzentration.

Durch Vermischen gleicher Volumina beider Lösungen wird eine Lösung erhalten, deren pH-Wert zahlenmäßig dem pK_S-Wert der Säure NH_4^+ entspricht. Dieser wird mit dem pH-Meter gemessen.

Erläuterungen

1. Aktivität und Aktivitätskoeffizient

Die Modellvorstellungen, die dem Massenwirkungsgesetz zugrunde liegen, fordern, dass die in einer Reaktionslösung vorhandenen Teilchen eine ungerichtete, unbeeinflusste, rein zufällige Bewegung ausführen. Sie entsprechen hierin den Rahmenbedingungen, die für ein „ideales Gas" in der kinetischen Gastheorie gesetzt werden. Analog dazu spricht man von einer „idealen Lösung". „Reale Lösungen" weichen jedoch von diesem Modell umso stärker ab, je konzentrierter sie sind. Vor allem elektrostatische Wechselwirkungen zwischen den gelösten Teilchen (z. B. Kationen und Anionen) führen dazu, dass die im Sinne des Modells wirksame Teilchendichte, die **Aktivität**, nicht mehr mit der **Stoffmengenkonzentration** (mol/l) identisch sondern nur noch proportional zu ihr ist.

$$a(A) = f_A \cdot c(A)$$

Die Aktivität ist also ein Maß für die thermodynamisch wirksame Konzentration und die eigentliche Größe, die in thermodynamische Gleichungen wie dem Massenwirkungsgesetz und auch der Nernstschen Gleichung (siehe 5. Kurstag) einzusetzen ist.

Die Proportionalitätsfaktoren f_A, f_B, f_C... werden als **Aktivitätskoeffizienten** bezeichnet. Die Größe der Aktivitätskoeffizienten f ist für jede Teilchenart unterschiedlich und weiterhin vom Lösungsmittel und den Konzentrationen und Ladungen **aller** in der Lösung vorhandenen Teilchen abhängig. Dieses ist verständlich, wenn bedacht wird, dass Ionen durch elektrostatische Wechselwirkungen mit mehr oder weniger dichten „Wolken" entgegengesetzt geladener Ionen umgeben, die die „(Re)aktivität" der so eingehüllten Teilchen behindern. In extrem verdünnten Lösungen nähern sich die Aktivitätskoeffizienten dem Wert 1:

$$\lim_{c \to 0} f = 1$$

Unter Berücksichtigung der Aktivitäten muss das Massenwirkungsgesetz für die Reaktion $a\,A + b\,B \rightleftharpoons x\,X + y\,Y$ exakt lauten:

$$K_a = \frac{f_X^{\ x} \cdot c(X)^x \cdot f_Y^{\ y} \cdot c(Y)^y}{f_A^{\ a} \cdot c(A)^a \cdot f_B^{\ b} \cdot c(B)^b} \quad \text{bzw.} \quad K_a = \frac{c(X)^x \cdot c(Y)^y \cdot f_X^{\ x} \cdot f_Y^{\ y}}{c(A)^a \cdot c(B)^b \cdot f_A^{\ a} \cdot f_B^{\ b}}$$

$$K_a = K_C \cdot \frac{f_X^{\ x} \cdot f_Y^{\ y}}{f_A^{\ a} \cdot f_B^{\ b}}$$

Während die Aktivitätskoeffizienten von Nichtelektrolyten wie z. B. Glucose auch in realen Lösungen nahezu 1 sind, weichen die Aktivitätskoeffizienten für Ionen bereits in verdünnten Lösungen stark von 1 ab. Entsprechend zeigt in diesen Lösungen die „Gleichgewichtskonstante" K_C eine starke Konzentrationsabhängigkeit.

Für die Dissoziationsreaktion von Eisenthiocyanat (Gl. 1), das sich molekular in Wasser löst, ist die Massenwirkungsgleichung wie folgt zu formulieren:

$$Fe(SCN)_3 \rightleftharpoons Fe^{3+} + 3\,SCN^- \tag{1}$$

$$K_a = \frac{f_{Fe^{3+}} \cdot c(Fe^{3+}) \cdot (f_{SCN^-})^3 \cdot c(SCN^-)^3}{1 \cdot c(Fe(SCN)_3)}$$

wobei der Aktivitätskoeffizient für das nicht-ionisch gelöste $Fe(SCN)_3$ näherungsweise gleich 1 gesetzt wird. Werden die Aktivitätskoeffizienten $f_{Fe^{3+}}$ und f_{SCN^-} dadurch erniedrigt, dass ein Salz, das an der Dissoziationsreaktion nicht beteiligt ist (hier: $MgSO_4$), zusätzlich gelöst wird, müssen die molaren Konzentrationen $c(Fe^{3+})$ und $c(SCN^-)$ zunehmen, damit K_a konstant bleibt. Also verschiebt sich das Dissoziationsgleichgewicht zugunsten dieser Ionen. Das wird optisch durch die Abnahme der Farbintensität der $Fe(SCN)_3$-Lösung angezeigt, da $Fe(SCN)_3$ tiefrot, die Ionen Fe^{3+} und SCN^- dagegen praktisch farblos sind.

Zur Vereinfachung der exemplarischen Rechnungen werden nachfolgend jedoch – wie auch schon am 1. Kurstag – die molaren Konzentrationen in thermodynamische Gleichungen wie das Massenwirkungsgesetz eingesetzt.

Dieses kann bei Vergleichen zwischen experimentell ermittelten und berechneten Werten zu Unterschieden führen, die nicht experimentellen Fehlern, sondern der Unzulänglichkeit des Modells „ideale Lösung" anzulasten sind.

2. Schwache Säuren und Basen

2.1 pH-Wert in Lösungen, die äquimolare Mengen an Säure und konjugierter Base enthalten. Die Titrationskurve der Essigsäure mit Natronlauge (Kapitel 1 „1. Kurstag Maßanalyse – Säuren und Basen", Abb. 4) weist zwei Wendepunkte auf. Der Wendepunkt (1) ist dort zu finden, wo die vorgelegte Menge CH_3CO_2H gerade mit der Hälfte der äquivalenten Menge an HO^- – Ionen reagiert hat.

Der Gehalt an Säure und konjugierter Base in der Titrationslösung an diesem Punkt (1) lässt sich aus der folgenden Gleichung ermitteln:

$$1 \text{ mmol } CH_3CO_2H + 0.5 \text{ mmol } HO^- \; \rightleftharpoons \; \begin{array}{l} 0,5 \text{ mmol } CH_3CO_2^- \\ + 0,5 \text{ mmol } CH_3CO_2H \\ + 0,5 \text{ mmol } H_2O \end{array} \qquad (2)$$

Es ist zu ersehen, dass bei (1) die Stoffmenge (und damit auch die Konzentration) an Säure und konjugierter Base in der Lösung gleichgroß sind.

Wird das Massenwirkungsgesetz für die Protolyse der Essigsäure

$$K_S = \frac{c(H^+) \cdot c(CH_3CO_2^-)}{c(CH_3CO_2H)}$$

in die logarithmische Form überführt, erhält man die *Puffergleichung nach Henderson und Hasselbalch*:

$$pH = pK_S + \log \frac{c(CH_3CO_2^-)}{c(CH_3CO_2H)}; \quad \text{allgemein:} \quad pH = pK_S + \log \frac{\text{mol Base}}{\text{mol Säure}}$$

Mit Hilfe dieser Gleichung können pH-Werte in Gemischen von Säuren mit ihren konjugierten Basen leicht aus dem molaren Mischungsverhältnis berechnet werden (siehe

10. Aufgabe). Umgekehrt kann bei vorgegebenem pH-Wert das Konzentrationsverhältnis Base:Säure errechnet werden.

Am ersten Wendepunkt der Titrationskurve ist $c(CH_3CO_2^-)/c(CH_3CO_2H) = 1$. Wird dieser Wert in die obige Gleichung eingesetzt, erkennt man, dass der pH-Wert am Punkt (1) zahlenmäßig dem pK_S-Wert der Säure des titrierten Säure-Base-Systems entspricht.

$$\mathbf{pH = pK_S}, \underline{\textit{wenn}} \ c(CH_3CO_2^-) / c(CH_3CO_2H) = 1$$

In der 12. Aufgabe wird dieser Sachverhalt zur Bestimmung des pK_S-Werts einer schwachen Säure herangezogen.

2.2 pH-Wert von Lösungen der konjugierten Basen schwacher Säuren. Der Wendepunkt (2) der Titrationskurve der Essigsäure mit HO^- ist auch der Äquivalenzpunkt. Dieses bedeutet, dass die Essigsäure praktisch vollständig zu Acetat, $CH_3CO_2^-$ umgesetzt wurde. Das Acetation reagiert als schwache Base **in geringem Maße** jedoch nach (Kapitel 1 „1. Kurstag: Maßanalyse – Säuren und Basen", Gl. 19) mit Wasser. Dabei bilden sich Essigsäure sowie Hydroxylionen:

$$CH_3CO_2^- + H_2O \ \rightleftharpoons \ CH_3CO_2H + HO^- \quad \begin{array}{l} pK_B(CH_3CO_2^-) = 9,25 \\ pK_s(CH_3CO_2H) = 4,75 \\ (T = 298 \ K) \end{array} \quad (3)$$

Aus dem Ionenprodukt des Wassers $K_W = c(H^+) \cdot c(HO^-)$, der **Säurekonstante** K_S für CH_3CO_2H, sowie der aus Gl. (3) ableitbaren Beziehung $c(CH_3CO_2H) = c(HO^-)$ lässt sich der pH-Wert der Acetatlösung in Abhängigkeit von der $CH_3CO_2^-$-Konzentration berechnen:

$$K_S = \frac{c(H^+) \cdot c(CH_3CO_2^-)}{c(CH_3CO_2H)} \quad \text{und} \quad K_S = \frac{c(H^+) \cdot c(H^+) \cdot c(CH_3CO_2^-)}{K_W}$$

$$c(H^+)^2 = \frac{K_S \cdot K_W}{c(CH_3CO_2^-)}$$

▶ Bei genauer Betrachtung entspricht die Konzentration $c(CH_3CO_2^-)$ nicht exakt der theoretisch aus den eingesetzten Stoffmengen ermittelten Acetatkonzentration, da ein Bruchteil nach Gl. (3) mit Wasser reagiert hat. Bezeichnet man die theoretische Stoffmengenkonzentration mit $c(B)$, gilt $c(CH_3CO_2^-) = c(B) - K_W/c(H^+)$. Näherungsweise wird jedoch $c(CH_3CO_2^-) = c(B)$ gesetzt. Der dadurch entstehende Fehler ist vernachlässigbar, zumal die vorgenommenen Rechnungen schon mit dem Fehler behaftet sind, der daraus entsteht, dass man mit Konzentrationen statt mit Aktivitäten rechnet.

Abb. 1 Titration von 10 ml 0,1 molarer Ammoniaklösung mit 0,1 molarer Salzsäure

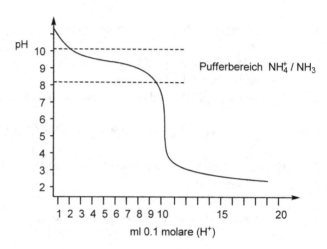

Für den pH-Wert einer Acetatlösung ergibt sich durch logarithmische Umformung der obigen Gleichung

$$pH = 1/2\,(pK_S + pK_W + \log\ c(CH_3CO_2^-))$$

Beispiel: Wurden 10 ml 0,2 molare CH_3CO_2H (2 mmol) mit 20 ml 0,1 molarer NaOH (2 mmol) umgesetzt, beträgt die theoretische Acetatkonzentration am Äquivalenzpunkt $2/30 = 0,0667$ mmol $CH_3CO_2^-$/ml.

$$pH = 1/2\,(4,75 + 14 + \log 0,0667) = 1/2\,(18,75 - 1,18) = 8,79$$

▶   **Merke:** Werden schwache Säuren mit starken Basen titriert, liegt der pH-Wert am Äquivalenzpunkt bei einem größeren Wert als der Wert des Neutralpunktes, also pH > 7 (T = 298 K).

2.3 pH-Wert von Lösungen der konjugierten Säuren schwacher Basen. Wird die Titrationskurve einer schwachen Base mit einer starken Säure aufgenommen (z. B. Umsetzung von NH_3 mit HCl), erhält man einen Kurvenverlauf gemäß Abb. 1.

Am Äquivalenzpunkt liegt die schwache Säure Ammonium-Kation, NH_4^+, vor. Diese reagiert in geringem Maße mit H_2O nach Gl. (4):

$$NH_4^+ + H_2O \rightleftharpoons NH_3 + H_3O^+ \quad pK_S(NH_4^+) = 9,25$$
$$(T = 298\ K)$$

$$K_S = \frac{c(H_3O^+) \cdot c(NH_3)}{c(NH_4^+)} \tag{4}$$

Nach Gl. (4) ist $c(H^+)$ [bzw. $c(H_3O^+)$] $= c(NH_3)$.

Damit gilt $c(H^+)^2 = K_S \cdot c(NH_4^+)$; $pH = 1/2 \cdot \{pK_S - \log[c(NH_4^+)]\}$

Auch bei pH-Berechnungen von Lösungen sehr schwacher Säuren wie NH_4^+ kann aufgrund des vernachlässigbaren Fehlers (siehe vorherige Berechnung von pH-Werten in Lösungen sehr schwacher Basen wie $CH_3CO_2^-$) die in der Lösung vorhandene Konzentration $c(NH_4^+)$ der theoretisch berechneten Stoffmengenkonzentration gleichgesetzt werden.

Beispiel: Wurden 10 ml 0,1 molare NH_3 (1 mmol) mit 10 ml 0,1 molarer HCl (1 mmol) umgesetzt, beträgt die theoretische Ammoniumkonzentration am Äquivalenzpunkt $1/20 = 0,05$ mmol NH_4^+/ml.

$$pH = 1/2 \cdot (9,25 - \log 0,05) = 1/2 \cdot (9,25 + 1,30) = 5,28$$

Werden schwache Basen mit starken Säuren titriert, liegt der pH-Wert am Äquivalenzpunkt bei einem kleineren Wert als der Wert des Neutralpunktes, also pH < 7 (T = 298 K).

3. Puffersysteme

3.1 Das besondere Verhalten von Lösungen, die gleichzeitig ähnliche Stoffmengen einer Säure und deren konjugierter Base enthalten, gegenüber Säuren- oder Basenzusatz wird in der 9. Aufgabe experimentell ermittelt.

Mit der Puffergleichung

$$pH = pK_S + \log \frac{mol\ Base}{mol\ Säure}$$

lässt sich der Versuchsablauf bei der 9. Aufgabe wie folgt beschreiben:

a) 11 ml H_2O; pH = 7
Zugabe von 1 Tropfen 2 molare HCl $\approx 0,05$ ml 2 molare HCl $\approx 0,1$ mmol H^+.
HCl als starke Säure liegt praktisch vollständig protolysiert vor.
$c(H^+) = 0,1$ mmol/11,05 ml $= 0,0091$ mol/l
pH = **2,04 pH-Änderung um 5 Einheiten!**
Durch einen Tropfen 2 molarer HCl wurde die Protonenkonzentration um etwa das 100.000-fache erhöht.

b) 10 ml 2 molare $CH_3CO_2^-$-Lösung $= 20$ mmol Base
1 ml 2 molare CH_3CO_2H-Lösung $= 2$ mmol Säure | $pK_S = 4,75$
pH $= 4,75 + \log (20/2) = $ **5,75**
Zugabe von 1 Tropfen 2 molarer HCl $\approx 0,05$ ml 2 molare HCl $\approx 0,1$ mmol H^+.

$$pH = 4,75 + \log\frac{20-0,1}{2+0,1}; \quad pH = 4,75 + \log\frac{19,9}{2,1}$$

$$pH = 4,75 + 0,9777 \approx 5,73$$

Im Versuch keine beobachtbare pH-Änderung!

Die Rechnung beim Puffersystem NH$_3$/NH$_4$$^+$ erfolgt analog.

3.2 Pufferdefinition: In wässrigen Lösungen, die eine Säure und ihre konjugierte Base in angenähert der gleichen Konzentration enthalten, ändert sich der pH-Wert beim Zusatz geringer Mengen von beliebigen Säuren oder Basen nur wenig. Diese Lösungen werden **Pufferlösungen** genannt. Die gelösten Säure-Base-Paare werden **Puffersysteme** genannt.

Säure-Base-Systeme mit unterschiedlichen Säurekonstanten K$_S$ (bzw. pK$_S$-Werten) zeigen diese Puffereigenschaften in unterschiedlichen pH-Bereichen, den **Pufferbereichen**.

Starke Säuren oder Basen zeigen im physiologisch interessanten pH-Bereich zwischen 3 bis 11 diese pH-stabilisierende Wirkung nicht (siehe z. B. Titrationskurve der Salzsäure mit Natronlauge, Kapitel 1 „1. Kurstag: Maßanalyse – Säuren und Basen", Abb. 3). Allgemein wird der Pufferbegriff auf Systeme beschränkt, die in diesem Bereich ihre Pufferwirkung zeigen, also auf **schwache Säuren und Basen**.

3.3 Der Pufferbereich des Puffersystems NH$_3$/NH$_4$$^+$ ist in der Titrationskurve des Ammoniaks mit Salzsäure durch einen Rahmen gekennzeichnet (Abb. 1). Er ist durch den pK$_S$-Wert des Säure-Base-Systems festgelegt. Damit noch eine ausreichende Kapazität des Puffersystems erwartet werden kann, wird der Pufferbereich auf Werte **pH = pK$_S$ ± 1** festgelegt.

3.4 Die **Pufferkapazität** ist ein Maß für die quantitative Fähigkeit einer bestimmten Menge an Pufferlösung, die Zufuhr bestimmter Mengen an Säuren oder Basen ohne weitgehende pH-Änderungen zu verarbeiten. Sie ist definiert als die molare Menge einer starken Säure oder Base, die in 1 L dieser Pufferlösung eine pH-Wert-Änderung um eine Einheit hervorruft:

$$\beta = \frac{\text{mmol (HO}^-\text{) (oder mol H}_3\text{O}^+\text{) / 1 Pufferlösung}}{\Delta pH}$$

Die Pufferkapazität β eines bestimmten Puffersystems kann gegenüber Säuren und Basen unterschiedliche Werte besitzen. Dieses ist abhängig vom Verhältnis mol Base:mol Säure.

Sie hängt sowohl von den absoluten molaren Mengen an Base und Säure in der definierten Menge Pufferlösung als auch vom Verhältnis mol Base/mol Säure ab und ist eigentlich eine differentielle Größe:

$$\beta = \frac{\partial\,[\text{mmol (OH}^-\text{) (oder mol H}_3\text{O}^+\text{)] / 1 Pufferlösung}}{\partial pH}$$

oder allgemein: $\beta = \partial_n / (V_0 \cdot \partial pH)$

wobei V_0 das Volumen der Pufferlösung und ∂_n die Stoffmenge in mol zugesetzter Säure oder Base ist.

Tab. 1 pH-Werte menschlicher Körperflüssigkeiten

Körperflüssigkeit	pH-Bereich
Blutplasma	$7,39 \pm 0,05$
Erythrozyten	$7,36 \pm 0,05$
Magensaft	$1,0-2,0$
Darmsaft	$6,2-7,5$
Speichel	$5,0-6,8$
Harn	$5-8$

Im Laborversuch kann β jedoch mit befriedigender Genauigkeit auch als Differenzenquotient bestimmt werden (siehe 11. Aufgabe).

Mathematisch stellt die Pufferkapazität β den Kehrwert der Steigung der Titrationskurve einer Säure bzw. einer Base dar. Aus den Titrationskurven ist auch zu ersehen, dass β am 1. Wendepunkt der Titrationskurve (mol Base/mol Säure $= 1$) den größten Wert besitzt. Die Pufferkapazität ist also dann am höchsten, wenn in einer Pufferlösung die Konzentrationen von Base und konjugierter Säure gleichgroß sind und der **pH-Wert der Pufferlösung damit zahlenmäßig dem pK_S-Wert des Säure-Base-Systems** entspricht.

4. Bedeutung von Puffersystemen

Der Ablauf vieler chemischer Reaktionen in wässrigen Lösungen ist vom pH-Wert abhängig. Dieses gilt sowohl für die Gleichgewichtslage ($\rightarrow$ Thermodynamik) als auch die Geschwindigkeiten der Reaktionen ($\rightarrow$ Kinetik). Beispiele dafür werden im Verlauf des Praktikums bearbeitet werden. Im besonderen Maße gilt diese Abhängigkeit für Umsetzungen im lebenden Organismus, bei denen spezifisch wirkenden Enzyme wegen ihrer Proteinnatur ($\rightarrow$ Säure-Base-Systeme) nur unter bestimmten pH-Bedingungen ihre katalytischen Wirkungen entfalten können. Die meisten energieliefernden Redox-Reaktionen laufen im Organismus ebenfalls unter Beteiligung von Protonen ab. Durch geeignete Puffersubstanzen im Blut und in allen Organen muss für optimale pH-Werte gesorgt werden. Dabei ist festzustellen, dass die Pufferkapazität gegenüber Säuren in der Regel größer ist als gegenüber Basen, da als Stoffwechselprodukte vor allem Stoffe sauren Charakters (CO_2) entstehen.

Die dabei einzuhaltenden Toleranzbreiten für pH-Werte zeigen exemplarisch die in Tab. 1 aufgeführten Werte:

Wichtige Puffersysteme in Körperflüssigkeiten sind unter anderem der „**Kohlensäurepuffer**" CO_2/HCO_3^-:

$$H^+ + HCO_3^- \xrightarrow{K_S} CO_2 + H_2O \quad pK_S(CO_2) = 6,1$$
$$(T = 310\,K)$$

(5)

der **Dihydrogenphosphat-Hydrogenphosphatpuffer**:

$$H^+ + HPO_4^{2-} \xrightleftharpoons{K_S} H_2PO_4^- \quad pK_S(H_2PO_4^-) = 7{,}2$$
$$(T = 298\,K) \tag{6}$$

und die **Proteine**. Letztere enthalten als funktionelle Gruppen die Puffersysteme Ammonium/Amin ($-NH_3^+/-NH_2$) sowie Carbonsäure/Carboxylat ($-CO_2H/-CO_2^-$).

3. Kurstag: Mehrphasensysteme – Heterogene Gleichgewichte – qualitative Nachweisreaktionen

Lernziele

Durchführung von Fällungsreaktionen, Auflösen schwerlöslicher Salze, Anwendung von Ionenaustauschern, Trennverfahren, Phasenverteilungsverfahren.

Grundlagenwissen

Phasenbegriff, heterogene und homogene Systeme, Lösungsmitteleigenschaften, Löslichkeit von ionischen Feststoffen, Lösungsenthalpie, Solvatation, Gibbs-Helmholtz-Gleichung, Nernstscher Verteilungssatz, Lösungsgleichgewichte, Löslichkeitsprodukt, molare Löslichkeit, Theorie der Ionenaustauscher.

Benutzte Lösungsmittel und Chemikalien mit Gefahrenhinweisen und Sicherheitsratschlägen:

	H-Sätze	P-Sätze
Natronlauge 1 molar (ca. 4 % NaOH in H_2O)	314	280/305 + 351 + 338/310
Natronlauge 0,1 molar (ca. 0,4 % NaOH in H_2O)	314	280/305 + 351 + 338/310
Ammoniaklösung (ca. 32 % NH_3 in H_2O)	314/335/400	280/273/301 + 330 + 331/305 + 351 + 338/309 + 310
Ammoniaklösung (ca. 25 % NH_3 in H_2O)	314/335/400	280/273/301 + 330 + 331/305 + 351 + 338/309 + 310
Ammoniaklösung ca. 2 molar (3,5 % NH_3 in H_2O)	319/315	280/302 + 352/305 + 351 + 338
Ammoniumchloridlösung 2 molar (107 g NH_4Cl/l)	–	–
Natriumhydrogenphosphat-Lösung gesättigt	–	–

G. Hilt, P. Rinze, *Chemisches Praktikum für Mediziner*, Studienbücher Chemie, DOI 10.1007/978-3-658-00411-8_3, © Springer Fachmedien Wiesbaden 2015

	H-Sätze	P-Sätze
Salzsäure ca. 4 molar (13,7 % HCl in H_2O)	319/335/315	280/302 + 352/304 + 340/30 5 + 351 + 338/309 + 311
Salzsäure ca. 2 molar (7,1 % HCl in H_2O)	–	–
Salzsäure 0,1 molar	–	–
Schwefelsäure ca. 2 molar (17,5 % H_2SO_4 in H_2O)	314	280/301 + 330 + 331/305 + 35 1 + 338/309 + 310
Essigsäure ca. 2 molar (12 % CH_3CO_2H in H_2O)	315/319	305 + 351 + 338
Calciumcarbonat, fest	–	–
Gipswasser ($CaSO_4$ in H_2O, gesättigt, ca. 1 g/l)	–	–
Calciumchlorid, gesättigt (42 % $CaCl_2$ in H_2O)	319	280/305 + 351 + 338
Calciumchloridlösung 1 molar (147 g $CaCl_2 \cdot 2$ H_2O/l)	–	–
Kaliumiodid, KI	–	–
Magnesiumchloridlösung 1 molar (203 g $MgCl_2 \cdot 6\ H_2O$/l)	–	–
Silbernitratlösung 0,1 molar (17 g $AgNO_3$/l)	315/319/400/411	273/305 + 351 + 338
Bariumchloridlösung 1 molar (244 g $BaCl_2 \cdot 2$ H_2O/l)	302/331	261/301 + 312
Ammoniumoxalatlösung 0,1 molar (14,2 g $(NH_4)_2C_2O_4 \cdot H_2O$/l)	302/312	280
Tashiro-Indikator (Methylrot/Methylenblau in Ethanol)	225	210
1,1,1-Trichlorethan	315/319/332/420	305 + 351 + 338

Zusätzlich benötigte Geräte

Austauschersäule mit gequollenem, stark saurem Kationenaustauscher (z. B. Lewatit® S 100), 50 ml Bürette, Rundfilter als Titrierunterlagen, kleine Etiketten.

Entsorgung

Silberhaltige Abfälle sind in die dafür aufgestellten Sammelgefäße zu geben. Ammoniak-haltige Silberlösungen können nach längerem Stehen lassen explosive Verbindungen bilden. Deshalb sind ebenfalls die Abfälle von 4 molarer Salzsäure aus der Regenerierung der Ionenaustauschersäulen diesen Lösungen hinzuzufügen. Dadurch wird NH_3 zu NH_4^+ umgesetzt. Die **Silberionen** sind als **stark wassergefährdend**, Wassergefährdungsklasse (WGK) 3, eingestuft. Sie werden der Wiederverwendung zugeführt.

1,1,1-Trichlorethanhaltige Lösungen werden in den dafür vorgesehenen Abfallgebinden gesammelt. 1,1,1-Trichlorethan wird abgetrennt und am Ende des Praktikums nach der Reduktion der Halogene mit Wasser ausgeschüttelt und redestilliert.

Die weiteren an diesem Kurstag verwandten Lösungen können in den nach den Versuchsbeschreibungen anfallenden Mengen dem Abwasser beigegeben werden.

▶ **Vorbemerkung zur Reihenfolge der Aufgaben.** Die Versuche mit dem Kationenaustauscher in der 18. und 19. Aufgabe sind zeitlich aufwendig. Damit die zur Verfügung stehende Zeit optimal ausgenutzt wird, ist es erforderlich, die nachfolgend angegebene Reihenfolge bei der Durchführung der Versuche unbedingt einzuhalten:

1. Begonnen wird mit dem **1. und 2. Schritt der 18. Aufgabe**
2. Während des Regenerierens und Auswaschens der Austauschersäule werden die **Versuche der 13. und 14. Aufgabe** durchgeführt.
3. Anschließend wird mit dem **3. Schritt der 18. Aufgabe**, dem Aufbringen der Analysenlösung und der Isolierung der H_3O^+-Lösung, begonnen.
4. Während des Durchlaufs der Analysenlösung werden die **Versuche der 14. bis 17. Aufgabe** durchgeführt.
5. Anschließend erledigt man die **19. Aufgabe**.
6. Während der Regenerierung der Austauschersäule wird mit der Ausführung der **Versuche zur 20. Aufgabe** begonnen.

Aufgaben

13. Aufgabe

▶ Chlorid-Ionen werden durch die Bildung des schwerlöslichen Niederschlags AgCl nachgewiesen. Die Löslichkeit des gebildeten Niederschlags in 2 molarer NH_3-Lösung wird geprüft.

Etwa 1 ml der im Praktikum ausstehenden 2 molaren HCl verdünnt man im Reagenzglas mit der doppelten Menge H_2O und gibt 3–4 Tropfen 0,1 M $AgNO_3$-Lösung hinzu. Der Niederschlag von farblosem AgCl löst sich in einer ausreichenden Menge 2 molarer NH_3-Lösung auf.

Prüfen Sie auf die gleiche Weise eine Probe von entsalztem Wasser und Leitungswasser. Die Reagenzgläser müssen vorher gut gespült sein!

Beim Stehen an Licht färbt sich AgCl langsam dunkel. Finden Sie dafür eine Erklärung und stellen Sie eine Beziehung zu photographischen Verfahren her!

14. Aufgabe

▶   Die Löslichkeit der Erdalkalisulfate $CaSO_4$ und $BaSO_4$ wird untersucht. Dabei ist
     auf die Geschwindigkeit der Kristallbildung zu achten.

In Reagenzgläsern wird zu je einer Probe 2 molarer H_2SO_4 ca. 1 ml 1 molarer $BaCl_2$-Lö-
sung bzw. ca. 1 ml 1 M $CaCl_2$-Lösung gegeben.
   Was ist zu beobachten? Formulieren Sie die Reaktionsgleichungen!
   Anschließend werden ca. 1 ml 2 molare H_2SO_4 in einem Reagenzglas auf etwa 10 ml
unter Durchmischen verdünnt. Drei Proben dieser Lösung werden mit:

a. 1 molarer $BaCl_2$-Lösung,
b. 1 molarer $CaCl_2$-Lösung,
c. gesättigter $CaCl_2$-Lösung versetzt. Was ist zu beobachten?

Die Bildung des $CaSO_4$-Niederschlages in der verdünnten Lösung lässt sich dadurch beschleunigen, dass innerhalb der Flüssigkeit mit einem Glasstab an der Wand des Reagenzglases gerieben wird.
   Zuletzt werden zu einer Probe der 1 molaren $BaCl_2$-Lösung einige Tropfen „Gips-Was-
ser" (gesättigte $CaSO_4$-Lösung) gegeben. Erklären Sie das Resultat dieses Versuches!

15. Aufgabe

▶   Die Löslichkeit von Calciumsulfat wird mit der von Calciumoxalat verglichen.

Eine Probe gesättigter Calciumsulfat-Lösung (Gipswasser) wird mit einigen Tropfen einer
1 molaren Ammoniumoxalat-Lösung versetzt. Was geschieht? Welcher Wert ist größer,
$pL(CaSO_4)$ oder $pL(CaC_2O_4)$ $[pL = -^{10}\log L]$?

16. Aufgabe

▶   Das Verhalten von Calciumoxalat gegenüber schwachen und starken Säuren
     wird untersucht. Das Ergebnis wird mit dem Verhalten von Calciumcarbonat
     gegenüber Säuren verglichen.

Zwei Proben einer heißen 1 molaren $CaCl_2$-Lösung werden mit 1 molarer Ammonium-
oxalatlösung versetzt. Nach dem Absetzen der entstandenen Niederschläge wird die überstehende Flüssigkeit abgegossen. Eine Probe des Niederschlags (CaC_2O_4) versetzt man mit
2 molarer Essigsäure, die andere mit 2 molarer HCl. Was ist zu beobachten?

Anschließend wird eine Spatelspitze Calciumcarbonat (z. B. Marmor), $CaCO_3$, mit einigen Tropfen der 2 molaren Essigsäure versetzt. Das Ergebnis des Versuches ist in Form einer Reaktionsgleichung darzustellen. Die Werte $pL(CaCO_3) = 7,92$ und $pL(CaC_2O_4) = 8,07$ sind nicht sehr unterschiedlich. Was ist die Ursache des unterschiedlichen Lösungsverhaltens von Calciumoxalat und Calciumcarbonat in Essigsäure?

17. Aufgabe

► Die Bildung des Salzes Magnesiumammoniumphosphat wird untersucht.

Eine Probe 1 molarer $MgCl_2$-Lösung wird mit 2 molarer NH_3-Lösung versetzt. Dann gibt man soviel 2 molare Ammoniumchloridlösung hinzu, dass sich der entstandene Niederschlag von $Mg(OH)_2$ gerade wieder gelöst hat. Anschließend wird eine gesättigte Lösung von Dinatriumhydrogenphosphat, Na_2HPO_4, zugesetzt, wobei ein farbloser Niederschlag von Magnesiumammoniumphosphat, $MgNH_4PO_4$, in Form feiner gefiederter Kristallnadeln entsteht. Die Bildung des Niederschlags erfolgt nur bei einem pH-Wert im Pufferbereich des Systems NH_4^+/NH_3. Warum?

18. Aufgabe

► Eine Erdalkali-Kationen-Probe unbekannten Gehalts wird mit Hilfe eines Kationenaustauschers quantitativ analysiert.

1. *Schritt zur Vorbereitung der Austauschersäule:* Die Säule enthält den Kationen-austauscher in gequollenem, bereits mit HCl behandeltem Zustand. Bevor er für die Versuche verwendet wird, muss er nochmals mit 4 molarer HCl gewaschen werden, um sicher zu gehen, dass alle austauschfähigen Gruppen wieder mit H^+ beladen sind. Man lässt die 4 molare HCl langsam durchfließen, wobei etwa zwei Tropfen pro Sekunde ausfließen sollen. Der Quetschhahn an der Austauschersäule ist entsprechend einzustellen. Es ist stets darauf zu achten, dass die Oberfläche immer mit Salzsäure bedeckt bleibt.
2. *Schritt:* Wenn die Salzsäure bis dicht an die Oberfläche des Austauscherharzes gelangt ist, füllt man das Rohr mit dest. Wasser und wäscht die freie Säure vom Austauscher. Dieses hat solange zu erfolgen, bis die aus der Säule ausfließende Flüssigkeit durch Nachweis mit Indikatorpapier nicht mehr sauer sondern neutral reagiert. Man kann auch auf Cl^--Ionen prüfen, indem etwa 2 ml der auslaufenden Flüssigkeit mit verd. $AgNO_3$-Lösung versetzt werden. Ein Niederschlag zeigt dabei Chlorid und damit die Unvollständigkeit des Waschvorgangs an.
3. *Schritt:* Man erhält in einem sauberen Gefäß von der Assistentin die zu untersuchende Lösung und gibt sie unverdünnt auf die Austauschersäule. Nach dem fast vollständigen Eindringen der Analysenlösung in die Säule wird das Analysengefäß mindestens zwei-

mal mit je 5 ml H_2O nachgespült und die Spüllösung ebenfalls auf die Säule gegeben. Der Quetschhahn bleibt dabei so eingestellt, dass er etwa zwei Tropfen pro Sekunde durchlässt. Die abtropfende Flüssigkeit wird vollständig in einem 250 ml Erlenmeyer-Weithalskolben aufgenommen. Ist der Flüssigkeitsspiegel bis zu dem über dem Austauscherharz befindlichen Wattebausch abgesunken, wird die Säule unverzüglich mit H_2O gefüllt und das Austauscherharz mit insgesamt 80–100 ml Wasser nachgewaschen. Im 250 ml Weithalskolben befinden sich dann insgesamt etwa 130 ml Flüssigkeit. Nunmehr schließt man den Quetschhahn, achtet aber darauf, dass noch etwas Wasser oberhalb des Harzes in der Säule verblieben ist.

Quantitative Analyse der im Kationenaustauscher festgehaltenen Erdalkalikationen Die vom Kationenaustauscher durch Bindung der Erdalkalikationen verdrängten H_3O^+-Ionen werden unter Verwendung des *Tashiro*-Mischindikators von Methylenblau und Methylrot (Umschlagsbereich pH 4,2–6,2 – Farbwechsel von violett nach grün) von der gesamten im Durchlauf erhaltenen Flüssigkeit mit der eingestellten 0,1 molaren NaOH (siehe 1. bzw. 2. Kurstag) titriert. Der Verbrauch an NaOH wird notiert.

Beispiel für die Berechnung des Ergebnisses

Verbrauch an 0,1 molarer NaOH, f = 0,9524: **10,20 ml**

    mmol H_3O^+ = 10,20 ml · 0,9524 · 0,1 mmol/ml = **0,971 mmol H_3O^+**

    Erdalkalikationen sind zweifach positiv geladen.

    Durch ein Kation M^{2+} werden zwei Kationen H_3O^+ substituiert:

    0,971 mmol H_3O^+ entsprechen 0,486 mmol M^{2+}.

---

19. Aufgabe

▶   Der Kationenaustauscher wird regeneriert und die Art der gebundenen Erdalkali-Kationen qualitativ bestimmt.

▶   Auch bei der Durchführung der qualitativen Nachweisreaktionen ist stets darauf zu achten, dass die auf die Austauschersäule gebrachten Lösungen nie unter die obere Grenze des Austauscherharzes absinken; das Harz muss stets vollständig mit der Flüssigkeit bedeckt bleiben.

Zum qualitativen Nachweis der Art der Erdalkalikationen, die an die Säule gebunden sind, eluiert man sie durch Verdrängen mit H_3O^+-Ionen, indem zweimal je 20 ml 4 molare HCl auf die Säule gegeben werden. Es wird sehr langsam eluiert (Durchfluss: alle zwei Sekunden 1 Tropfen). Anschließend wechselt man das Auffanggefäß und wäscht die Säule noch einmal mit 30–40 ml 4 molarer HCl bei einer Tropfgeschwindigkeit von 2 Tropfen pro Sekunde.

    Zum Abschluss wird die Säule unten mit dem Quetschhahn dicht verschlossen, der Säurestand auf eine Flüssigkeitshöhe von ca. 1 cm über dem Harz ergänzt und der Gummistopfen fest aufgesetzt.

Mit dem zuerst aufgefangenen Eluat prüft man, welche Erdalkalikationen die Analysenproben enthalten hat:

Prüfung auf Ca^{2+} Eine Probe des Eluats wird tropfenweise mit konzentrierter Ammoniaklösung (Vorsicht, Abzug!) bis zur neutralen oder ganz schwach alkalischen Reaktion (Prüfung mit Indikatorpapier) versetzt. Die neutralisierte Lösung wird auf zwei Reagenzgläser verteilt. Zu einer Probe gibt man 1 M Ammoniumoxalat-Lösung. Ein farbloser Niederschlag zeigt die Anwesenheit von Ca^{2+}-Ionen an.

Prüfung auf Mg^{2+} Ist der Nachweis auf Ca^{2+} negativ verlaufen, wird die Lösung im 2. Reagenzglas auf Mg^{2+} geprüft, indem das neutralisierte Eluat mit einigen Tropfen 2 molarer NH$_3$-Lösung (dabei darf gerade kein Niederschlag entstehen, siehe 17. Aufgabe) und einer Na$_2$HPO$_4$-Lösung versetzt wird. Das Salz fällt meistens erst nach einigem Warten aus.

Nach der Feststellung, um welches Erdalkalikation es sich in der ausgegebenen Analyse handelte, lässt sich aus dem Ergebnis der Titration die Menge des Metalls in mg ausrechnen:

Beispiel für die Berechnung der Analyse

gefunden: 0,486 mmol M^{2+};

war das Kation Mg^{2+} (M = 24,3 mg/mmol),

sind dieses 0,486 mmol · 24,3 mg/mmol = *11,8 mg Mg*

war das Kation Ca^{2+} (M = 40,1 mg/mmol),

sind dieses 0,486 mmol · 40,1 mg/mmol = *19,5 mg Ca*

Bemerkung zur Verwendung von 1,1,1-Trichlorethan in der nächsten Aufgabe
Die gesetzliche Einschränkung der Verwendung von 1,1,1-Trichlorethan erfolgt aufgrund der Gefährdung der Ozonschicht. Mögliche Ersatzstoffe können Dichlormethan oder Trichlormethan sein. Diese sind jedoch aus toxischer Sicht für den Menschen problematischer. Deshalb wird bislang auf eine Substitution verzichtet.

20. Aufgabe

▶ Die lipophilen Eigenschaften des Halogens Iod werden qualitativ untersucht.

Wird KI, Kaliumiodid, über längere Zeit an der Luft aufbewahrt, ist es mit geringen Mengen von Iod verunreinigt. In einem Reagenzglas wird eine kleine Spatelspitze des ausstehenden Kaliumiodids in ca. 10 ml Wasser gelöst. Die Farbe der Lösung ist zu notieren. Anschließend wird die wässrige Lösung mit Hilfe einer Pipette mit einigen Tropfen 1,1,1-Trichlorethan (maximal 1 ml) versetzt und mit einem Stopfen verschlossen. Das verschlossene Reagenzglas wird gut geschüttelt. Nach der Phasentrennung wird die Farbe der dichteren 1,1,1-Trichlorethanphase notiert. Erklären Sie Ihre Beobachtungen! Ist der Nernstsche Verteilungskoeffizient $K_{(1,1,1\text{-Trichlorethan/Wasser})}$ für Iod größer oder kleiner als 1?

Erläuterungen

1. Homogene und heterogene Gleichgewichte

1.1 Phasen. Eine abgegrenzte Menge eines Stoffes oder eines Stoffgemisches, das in seiner Zusammensetzung und seinen Eigenschaften einheitlich (*homogen*) ist, wird *Phase* genannt. Stoffgemische, die aus mehreren solcher Phasen bestehen (Beispiele: normaler Sand oder Quarzsand/Wasser), werden als *heterogen* bezeichnet. Reine Stoffe, die in einem Gemisch ihrer unterschiedlichen Aggregatzustände vorliegen (Beispiel: Wasser/Eis) sind ebenfalls als heterogene Systeme zu bezeichnen.

    1.2 Homogene Gemische. Einheitliche Stoffgemische können in allen Aggregatzuständen vorkommen. Sie werden *Lösungen* genannt, wobei die Überschusskomponente als **Lösungsmittel**, Solvens oder „Lösemittel" bezeichnet wird. **Feste** Lösungen liegen in Legierungen von Metallen vor, gasförmige Lösungen in Gasgemischen wie der Atemluft. Besonders bedeutsam sind flüssige Lösungen wie z. B. die Lösungen von Elektrolyten in Wasser oder von organischen Molekülen in Lösungsmitteln wie aliphatischen Kohlenwasserstoffen. **Lösungen lassen sich nicht mechanisch trennen. Der Durchmesser der gelösten Partikel ist in der Regel < 3 nm.**

    1.3 Heterogene Gemische. Ist der Partikeldurchmesser >3 nm liegen in der Regel Mehrphasensysteme, also heterogene Mischungen vor. Solche Gemische, die bei einem **Partikeldurchmesser > 100 nm** als

Gemenge	(fest/fest)
Suspension	(fest/flüssig)
Emulsion	(flüssig/flüssig) oder
Aerosol	(flüssig/gasförmig oder fest/gasförmig)

bezeichnet werden, können mit mechanischen Verfahren aufgetrennt werden. Eine Sonderstellung nehmen Mischungen von festen Stoffen mit einem **Partikeldurchmesser zwischen 10 und 100 nm** mit Flüssigkeiten wie Wasser ein. Diese können als *Kolloid* vorliegen, ein pseudohomogenes Gemisch, das mechanisch sehr viel stabiler ist als z. B. eine Suspension oder Emulsion.

    Beispiele für homogene und heterogene Systeme sind in der Physiologie:

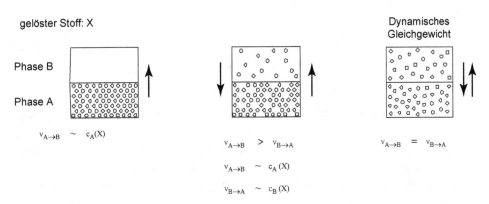

Abb. 1 Verteilung von Stoffen zwischen zwei flüssigen Phasen

Suspension	Blutkörperchen/Plasma
Emulsion	Fett/Plasma
Aerosol	Atemluft/Staubpartikel/Flüssigkeitströpfchen
Kolloid	Eiweißkörper/Plasma
Lösung	Salze/Plasma; allg. gelöste Stoffe in Körperflüssigkeiten

1.4 Eigenschaften von Lösungsmitteln werden danach unterschieden, ob sie aus **polaren** oder **unpolaren** Molekülen bestehen. Polare Flüssigkeiten sind gute Lösungsmittel für polare Substanzen. Das stark polare Wasser ist ein typischer Vertreter dieser Lösungsmittelklasse. Stoffe, die sich in Wasser besonders gut lösen, werden mit den Bezeichnungen *hydrophil* oder *lipophob* belegt, sie sind selbst polar.

Typische Vertreter der unpolaren oder weniger polaren Lösungsmittel sind die flüssigen Kohlenwasserstoffe. Sie lösen unpolare bzw. wenig polare Stoffe wie Fette gut, Elektrolyte und Wasser selbst jedoch schlecht oder gar nicht. Stoffe mit diesen Lösungseigenschaften bezeichnet man als *lipophil* oder *hydrophob*.

1.5 Verteilungsgleichgewichte. Besteht ein geschlossenes Lösungssystem aus einer polaren und einer unpolaren Phase, die sich praktisch nicht miteinander mischen, und bringt man in dieses System einen Stoff X ein, der sich mehr oder weniger gut in diesen Phasen löst, wird seine Verteilung auf die beiden Phasen durch ein dynamisches Gleichgewicht bestimmt (Abb. 1). An der Grenzfläche zwischen den beiden Phasen A und B treten Teilchen des Stoffes X von der einen in die andere Phase über. Die Geschwindigkeit $v = \partial c / \partial t$, mit der dieses abläuft, ist proportional zur molaren Konzentration („Teilchendichte") des Stoffes X in der jeweiligen Phase.

$$v_{A \to B} = k_1 \cdot c_A(X) \quad v_{B \to A} = k_2 \cdot c_B(X)$$

Im dynamischen Gleichgewicht, sind die Übertrittsgeschwindigkeiten gleich groß:

$$v_{A \to B} = v_{B \to A} \quad k_1 \cdot c_A(X) = k_2 \cdot c_B(X)$$

Nernstscher Verteilungssatz:

$$\frac{c_A(X)}{c_B(X)} = K$$

K = Verteilungskoeffizient; $c_A(X)$ = Konzentration des Stoffes X in der Phase A in mol/l oder g/l.

Die Moleküle der Halogene Cl_2, Br_2 und I_2 sind unpolar. Sie lösen sich in Wasser deshalb nur schlecht, gut dagegen in wenig polaren Halogenkohlenwasserstoffen wie 1,1,1-Trichlorethan. Dieses kann zur Anreicherung der Halogene in der unpolaren Phase genutzt werden.

Ältere Chargen von Kaliumiodid enthalten durch die Oxidation mit Luftsauerstoff Spuren von Iod. Wegen der geringen Konzentration kann dieses jedoch nicht durch die Eigenfarbe des I_2 in der Lösung erkannt werden. Wird die wässrige Phase der Iodidlösung jedoch mit einer geringen Menge 1,1,1-Trichlorethan „ausgeschüttelt", so ist beim Vorhandensein von Iod-Verunreinigungen die Eigenfarbe des Iods in der nichtwässrigen Phase erkennbar.

►   1,1,1-Trichlorethan gehört zu den besonders stabilen und damit weniger toxischen Chlorkohlenwasserstoffen. Andererseits führt gerade diese Eigenschaft dazu, dass Cl_3C-CH_3 zur Gefährdung der Ozonschicht der Erde beiträgt. Deshalb ist mit diesem Lösungsmittel besonders sparsam umzugehen. Die entstehenden Abfälle sind zu sammeln und wiederzuverwerten.

Am 6. Kurstag werden am Beispiel von Carbonsäuren Polaritätseinflüsse auf die Verteilung der Stoffe zwischen hydrophilen und lipophilen Phasen genauer untersucht.

2. Lösungen von ionischen Feststoffen in Wasser

2.1 Die Lösungsenthalpie eines Salzes ist die Reaktionswärme der Lösereaktion. Zum näheren Verständnis dieser Größe wird der Lösevorgang in zwei Teilschritten dargestellt:

1. Die Spaltung des Ionengitters und
2. die Hydratation (Solvatation) der Ionen (s. Abb. 2)

Zur Trennung des Ionengitters ist dem System die **Gitterenergie** (ΔH_G) (Bindungsenergie des ionischen Feststoffs) zuzuführen. Bei der Hydratation der Ionen wird die **Hydratationsenthalpie** (ΔH_{Solv}) freigesetzt. Die Summe dieser beiden Energiebeträge ist die **Lösungsenthalpie** (ΔH_L):

$$\Delta H_L = \Delta H_G + \Delta H_{Solv}$$

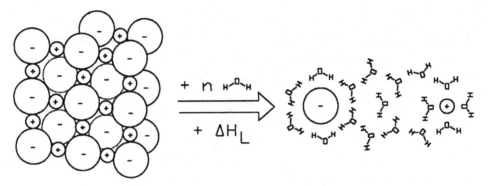

Abb. 2 Schematische Darstellung der Lösung eines binären Salzes wie Kochsalz, NaCl, in Wasser

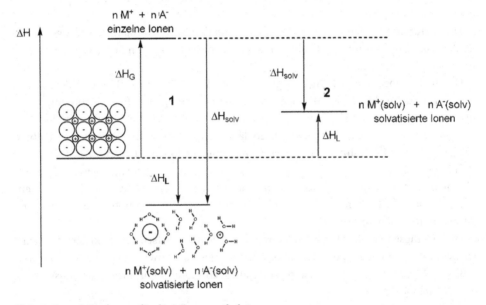

Abb. 3 Energiediagramm für die Lösungsenthalpie

Zu beachten ist, dass ΔH_G ein **positives** Vorzeichen besitzt, da diese Energie dem System beim Lösevorgang zugeführt werden muss. ΔH_{Solv} dagegen ist Energie, die vom System abgegeben wird, also ein **negatives** Vorzeichen besitzt (Abb. 3). Ob ΔH_L ein negatives [Fall (1)] oder positives Vorzeichen [Fall (2)] aufweist, hängt vom Größenverhältnis der Beträge von ΔH_G zu ΔH_{Solv} ab.

Ist ΔH_L **negativ**, wie im Fall (1) in Abb. 3, ist der Lösevorgang **exotherm** (Beispiel: Lösung von $CaCl_2$ in Wasser, die Lösung erwärmt sich; $\Delta H_L = -186$ kJ/mol).

Abb. 4 Optimales
Radienverhältnis r(Anion)/
r(Kation)im Kochsalzgitter

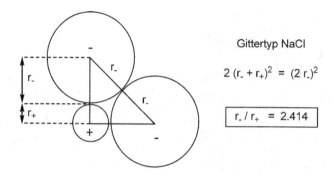

Gittertyp NaCl

$$2\,(r_- + r_+)^2 = (2\,r_-)^2$$

$$r_- / r_+ = 2.414$$

Ist ΔH_L **positiv** wie im Fall (2), so handelt es sich um einen endothermen Lösevorgang (Beispiel: Auflösung von NH_4NO_3 in Wasser, die Lösung kühlt sich stark ab; $\Delta H_L = + 25$ kJ/mol).

Die Gitterenergie ionischer Feststoffe hängt von den Radienverhältnissen der gitterbildenden Ionen, der Ladungsgröße der Ionen und vom Gittertyp, d. h. dem Konstruktionsprinzip des Ionengitters, ab.

Die Silberhalogenide AgF, AgCl, AgBr und AgI kristallisieren z. B. in der „Kochsalz-Struktur", in der 6 Halogenid-Anionen ein Silber-Kation umgeben. Für die optimale, d. h. mit einem Maximum an Bindungsenergie versehene, geometrische Situation, in der sich die Anionen und Kationen gerade berühren, lässt sich gemäß Abb. 4 ein Radienverhältnis $r(X^-)/r(Ag^+) = 2,44$ errechnen. Wird dieser Wert mit den Ionenradien von Ag^+ (126 pm), F^- (136 pm), Cl^- (181 pm), Br^- (195 pm) und I^- (216 pm) verglichen, so lässt sich leicht erkennen, dass von den Silberhalogeniden Silberiodid die höchste Gitterenergie aufweisen muss, da hier das Radienverhältnis dem theoretisch berechneten optimalen Radienverhältnis am nächsten kommt.

Die Lösungsenthalpie ΔH_L allein kann jedoch nicht als Entscheidungskriterium darüber herangezogen werden, ob sich ein Salz leicht oder nur schwer in Wasser löst. So sind z. B. sowohl Calciumchlorid (ΔH_L negativ) als auch Ammoniumnitrat (ΔH_L positiv) in Wasser leicht löslich.

2.2 Bestimmend für die **Triebkraft einer chemischen Reaktion** und damit für die Lage des jeweiligen chemischen Gleichgewichts ist die mit der Reaktion verbundene Änderung der Gibbs-Energie ΔG („freie Enthalpie").

$$\Delta G = \Delta H - T \cdot \Delta S; \quad \text{Gibbs-Helmholtz-Gleichung}$$

Die Gibbs-Helmholtz-Gleichung berücksichtigt neben dem Postulat, dass die Natur möglichst energiearme Zustände anstrebt, zusätzlich die Aussage des **2. Hauptsatzes der Wärmelehre**, nach der möglichst ungeordnete Zustände angestrebt werden. Als **Maß für die Unordnung** in einem System wird die **Entropie S** (bzw. Entropieänderung ΔS) eingeführt.

Vorgänge **mit positivem ΔG** werden als endergonisch, solche, bei denen die Änderung der **Gibbs-Energie negativ** ist, als exergonisch bezeichnet.

Exergonische Prozesse laufen freiwillig ab.

Endergonische Prozesse können nur unter Zufuhr von Gibbs-Energie (bei mechanischer Energie: „Arbeit") ablaufen.

Ist $\Delta G = 0$, befindet sich das System im Gleichgewicht.

2.3 Bei Lösereaktionen nimmt die Entropie des Systems meistens zu, da aus dem stark geordneten Kristallzustand der weniger geordnete Zustand einer Lösung entsteht. Endotherme Lösevorgänge (ΔH_L positiv) laufen dann freiwillig ab, wenn der Wärmebedarf der Reaktion durch die Zunahme an Unordnung überkompensiert wird ($|T \cdot \Delta S| > |\Delta H_L|$).

Die Zunahme der Entropie bei der Auflösung des Kristallverbandes wird durch den ordnenden Einfluss gemindert, den die Ionen bei der Bildung der Hydrathüllen auf die Wassermoleküle ausüben. Dieser ordnende Einfluss ist bei Ionen mit hoher Ladungsdichte (höher geladene Ionen mit kleinerem Ionenradius) größer als bei Ionen mit geringerer Ladungsdichte (niedriger geladene Ionen mit größerem Radius).

Im Fall des erwähnten, endothermen aber exergonischen Lösevorgangs von NH_4NO_3 in Wasser ist die Ladungsdichte des Kations und des Anions relativ niedrig, so dass der Lösevorgang mit einer hohen Entropiezunahme verbunden ist, die den Wärmebedarf der Lösereaktion überkompensiert ($|T \cdot \Delta S| > |\Delta H_L|$).

2.4 Eine **gesättigte Lösung** enthält gerade die den Gleichgewichtsbedingungen entsprechende Menge Salz. Wird weiteres Salz hinzugefügt, bildet es im Lösungsgleichgewicht einen ungelösten „Bodenkörper". Die Einstellung dieses dynamischen Gleichgewichts zwischen Bodenkörper und Lösung erfordert meistens eine gewisse Zeit und wird durch Durchmischen (Rühren) und durch sehr kleine Kristalle des Salzes beschleunigt. Wie andere chemische Gleichgewichte ist es temperaturabhängig. Es gibt Stoffe, bei denen die Löslichkeit mit zunehmender Temperatur ansteigt (weitaus häufigster Fall), solche bei denen sie abnimmt (Beispiel: $CaSO_4$) oder solche, bei denen sie nahezu gleich bleibt (Beispiel: NaCl).

Wenn die Löslichkeit eines Stoffes mit steigender Temperatur zunimmt, scheidet sich beim Abkühlen der bei höherer Temperatur gesättigten Lösung der Feststoff ab, bis der bei der tieferen Temperatur herrschende Lösungs-Gleichgewichtszustand erreicht ist.

Dieser Vorgang wird dazu benutzt, Feststoffe durch „Umkristallisation" zu reinigen.

Das Erreichen des Gleichgewichtszustandes und damit das „Ausfallen" des Feststoffes kann jedoch zeitlich verzögert sein. Man bezeichnet den dabei auftretenden metastabilen Zustand als „Übersättigung". Die Übersättigung lässt sich durch Zusatz von wenigen kleinen Kristallen des entsprechenden Feststoffs („Kristallkeimen") oder auch durch Reiben mit dem Glasstab an der Glaswand des Gefäßes aufheben (siehe Versuch 14).

2.5 Das **Lösungsgleichgewicht** lässt sich mit dem Massenwirkungsgesetz beschreiben. Dabei ist zu beachten, dass dem Massenwirkungsgesetz Modellvorstellungen zugrunde liegen, nach denen nur solche Stoffe oder Ionen einen Konzentrationsterm in der Massenwirkungsgleichung aufweisen, die sich in der Phase „Lösung" befinden.

Unter der Voraussetzung, dass sich die Phase „Kristalliner Feststoff" mit der Phase „Lösung" im Gleichgewicht befindet, ist die entsprechende Gleichgewichtskonstante für den Phasenübergang in die Massenwirkungskonstante einbezogen. Diese wird im Fall von Lösereaktionen **Löslichkeitsprodukt** genannt.

Lösereaktion:

$$CaCO_3 \; \rightleftharpoons \; Ca^{2+} + CO_3^{2-} \tag{1}$$

Löslichkeitsprodukt:

$$L(CaCO_3) = \; c(Ca^{2+}) \cdot c(CO_3^{2-})$$

allgemein:

$$\text{Lösungsreaktion: } A_m B_n \rightleftharpoons m\,A + n\,B$$
$$\text{Löslichkeitsprodukt: } L(A_m B_n) = c(A)^m \cdot c(B)^n$$
$$^{-10}\log L = pL$$

Ist das Löslichkeitsprodukt unterschritten, wird von einem als Bodenkörper vorliegenden kristallinen Feststoff soviel in Wasser aufgelöst, dass die Konzentrationen der beteiligten Ionen die Bedingung des Löslichkeitsproduktes erfüllen. Andererseits wird durch die Zugabe von feststoffbildenden Ionen zu einer gesättigten Lösung das Löslichkeitsprodukt überschritten. Als Folge davon scheidet sich der Stoff kristallin aus der Lösung ab, bis die Konzentrationen der Ionen dem Löslichkeitsprodukt genügen.

Die Löslichkeit eines kristallinen Feststoffes wird in der Literatur sowohl durch das jeweilige Löslichkeitsprodukt als auch durch die üblichen Konzentrationsangaben für die gesättigte Lösung angegeben:

g Gelöstes/100 g Lösungsmittel;	oder	g Gelöstes/kg Lösungsmittel
g Gelöstes/l Lösungsmittel	oder	g Gelöstes/l Lösung
	oder	mol Gelöstes/l Lösung

Die letzte Angabe ist besonders informativ für stöchiometrische Berechnungen. Sie wird als **Molare Löslichkeit** M_L bezeichnet und lässt sich in Beziehung zum jeweiligen Löslichkeitsprodukt der Substanz bringen

Wird die gesättigte Lösung eines binären Salzes, z. B. Silberchlorid, AgCl, in Wasser untersucht, ist die molare Löslichkeit des Silberchlorids sowohl durch die molare Konzentration der Ag^+-Kationen als auch durch die der Cl^--Anionen repräsentiert.

$$AgCl \; \rightleftharpoons \; Ag^+ + Cl^-$$
$$M_L = c(Ag^+) = c(Cl^-) \tag{2}$$
$$L = M_L \cdot M_L \qquad M_L = \sqrt{L}$$

Für Salze des Typs A_2B lässt sich die Molare Löslichkeit aus dem Löslichkeitsprodukt wie folgt berechnen:

$$A_2B \rightleftharpoons 2\,A^+ + B2^-$$

$$M_L = c(B2^-)$$

$$M_L = \frac{1}{2} \cdot c(A^+) \qquad c(A^+) = 2M_L$$

$$L = c(A^+)^2 \cdot c(B2^-) \qquad 4M_L^3 = L$$

$$M_L = \sqrt[3]{L/4}$$

Für **Salze des Typs A_nB_m** gilt allgemein:

$$M_L = \sqrt[(n+m)]{\frac{L}{m^m \cdot n^n}}$$

2.6 Ungleichgewichtszustände die z. B. zu übersättigten Lösungen führen, sind von besonderer physiologischer Bedeutung. Chemische Reaktionen sind im Grunde nichts anderes, als der Übergang eines Ungleichgewichtszustandes in den Gleichgewichtszustand des Systems. Wie schnell der Gleichgewichtszustand eintritt, ist eine Frage der Reaktionsgeschwindigkeit, also der **Kinetik** der Reaktion.

▶   Soll durch chemische Umsetzungen z. B. Energie zur Verfügung gestellt werden, wie dieses in physiologischen Systemen der Fall ist, muss ständig ein solcher Ungleichgewichtszustand aufrechterhalten werden. Dieses geschieht in **offenen Systemen**, in denen ein stationärer Zustand (engl.: **steady state**) dadurch erreicht wird, dass die reagierenden Stoffe (Edukte) in dem Maße zugeführt werden, wie sie durch die Reaktion verbraucht werden. Entsprechend werden die entstehenden Stoffe (Produkte) im Maße ihres Entstehens aus dem offenen System entfernt. Dieser Zustand wird als **Fließgleichgewicht** bezeichnet.

In lebenden Zellen, in denen Stoff- und Energieaustausch stattfinden, herrschen solche Fließgleichgewichte, die nicht mit dem thermodynamischen Gleichgewicht geschlossener Systeme verwechselt werden dürfen.

Thermodynamische Ungleichgewichte im Zusammenhang mit der Bildung von festen Niederschlägen spielen in den Nieren eine besondere Rolle. Beispielsweise ist die Konzentration von Calciumionen und Oxalationen in der Niere in der Regel höher, als nach dem Löslichkeitsprodukt für CaC_2O_4 zu erwarten wäre. Die kinetische Hemmung der Gleichgewichtseinstellung wird durch Schleimstoffe herbeigeführt, die in den Nieren produziert werden und die die freie Bewegung der gelösten Ionen hemmen. Ist diese Nierenfunktion gestört, kann es zur Aufhebung der kinetischen Hemmung kommen und CaC_2O_4 fällt in der Niere aus, es kommt zur Bildung von Oxalat-Nierensteinen.

3. Ausfällen und Auflösen von Niederschlägen

Unter der Bedingung der raschen Einstellung des chemischen Gleichgewichts lässt sich die Bildung und Auflösung von ionischen Feststoffen im Gleichgewicht mit wässrigen Lösungen durch die Veränderung der Konzentrationen der beteiligten Ionen in der Lösung steuern. Dabei gibt das jeweilige Löslichkeitsprodukt die Gleichgewichtsbedingungen an.

3.1 Die Erhöhung der Konzentration einer beteiligten Ionensorte in der Lösung führt dazu, dass die andere ebenfalls an der Niederschlagsbildung beteiligte Ionensorte weitgehend aus der Lösung entfernt werden kann, d. h. nahezu quantitativ im abtrennbaren Feststoff gebunden wird.

Beispiel

Bariumsulfat ist ein schwerlösliches Bariumsalz, das als Bestandteil von Kontrastmitteln in der Röntgendiagnostik genutzt wird, obwohl Bariumkationen toxisch sind. Deren Konzentration ist jedoch im Gleichgewicht mit dem Feststoff gering. Sie kann zusätzlich durch die Zugabe von Sulfationen zu der Lösung herabgesetzt werden.

$$Ba^{2+} + SO_4^{2-} \xrightleftharpoons{K_S} BaSO_4 \quad L\left(BaSO_4\right) = 10^{-10}\,mol^2/l^2 \tag{3}$$
$$10^{-10} = c(Ba^{2+}) \cdot c(SO_4^{2-})$$

Wird eine gesättigte Lösung von Bariumsulfat aus Wasser und kristallinem Bariumsulfat hergestellt, ist in dieser Lösung die Konzentration der Bariumkationen genauso groß wie die der Sulfatanionen.

$$c(Ba^{2+}) = c(SO_4^{2-}) = \sqrt{10^{-10}} = 10^{-5}$$

Wird dem System „Gesättigte Lösung + Bodenkörper" jedoch leichtlösliches Natriumsulfat, Na_2SO_4, (gelöst als Na^+ und SO_4^{2-}) hinzugesetzt, scheidet sich mehr $BaSO_4$ als Feststoff ab, da das Löslichkeitsprodukt im Gleichgewichtszustand auch bei einem stöchiometrischen Überschuss von SO_4^{2-} gegenüber Ba^{2+} gilt. Ist durch die Zugabe von Natriumsulfat die SO_4^{2-}-Konzentration beispielsweise auf 1 mol/l eingestellt worden, ergibt sich für c(Ba^{2+}):

$$10^{-10} = c(Ba^{2+}) \cdot c(SO_4^{2-}) \qquad c(SO_4^{2-}) = 1\,mol/l$$

$$10^{-10} = c(Ba^{2+}) \cdot 1 \qquad c(Ba^{2+}) = 10^{-10}\,mol/l$$

Durch den Sulfatzusatz wurde die Bariumkonzentration also um das 100 000-fache herabgesetzt.

3.2 Das Auflösen von Niederschlägen kann herbeigeführt werden, indem eine Komponente des ionischen Feststoffes durch eine chemische Reaktion aus dem Lösungsgleichgewicht entfernt wird.

3.2.1 Säure-Base-Reaktionen werden zum Auflösen von Niederschlägen dann herangezogen, wenn die Anionen des entsprechenden schwerlöslichen Salzes starke Basen sind:

$$CaCO_3 \rightleftharpoons Ca^{2+} + CO_3^{2-} \quad L = 1,2 \cdot 10^{-8}\,mol^2/l^2 \tag{4}$$

$$CaCO_3 \rightleftharpoons Ca^{2+} + CO_3^{2-} \quad K_s(HCO_3^-) = 4 \cdot 10^{-11}\,mol/l \tag{5}$$

Im Fall des Calciumcarbonats wird durch die Zugabe von H^+ das Carbonatanion aus dem Lösungsgleichgewicht durch Bildung von Hydrogencarbonat entfernt. Das Gleichgewicht stellt sich durch weiteres Auflösen von festem $CaCO_3$ erneut ein, bis kein Bodenkörper mehr vorhanden ist oder die Konzentration von H^+ nicht mehr zur Bildung von HCO_3^- ausreicht (Säure-Base-Gleichgewicht).

Das Auflösen von Calciumcarbonat durch protonenhaltige Lösungen bedroht in den Ballungszentren alle Kulturdenkmäler und Gebäude die aus Kalkstein oder Marmor errichtet sind ("Saurer Regen").

Im Fall des $CaCO_3$ ist das Anion eine relativ starke Base. Handelt es sich um eine schwächere Base, ist darauf zu achten, dass die konjugierte Säure nicht eine stärkere Säure ist als die, die als Protonendonor eingesetzt wird. So kann Calcium-oxalat nicht von Essigsäure aufgelöst werden, wohl aber von verdünnter Salzsäure als starker Säure.

Oxalsäure: $HO_2C–CO_2H$

$$CaC_2O_4 \rightleftharpoons Ca^{2+} + C_2O_4^{2-} \quad L = 2 \cdot 10^{-9}\,mol^2/l^2 \tag{6}$$

$$C_2O_4^{2-} + H^+ \rightleftharpoons HC_2O_4^- \quad K_S(HC_2O_4^-) = 6 \cdot 10^{-5}\,mol/l \tag{7}$$

$$K_S\left(CH_3CO_2H\right) = 1,8 \cdot 10^{-5}\,mol/l$$

Die Löslichkeit von Salzen schwacher Säuren in Säuren ist jedoch nicht allein von der Basizität des jeweiligen Anions und der Säurestärke des Protonendonors abhängig, sondern gleichfalls vom Löslichkeitsprodukt des Salzes. So sind viele Metallsulfide selbst in starken Säuren unlöslich, obwohl das S^{2-}-Ion relativ stark basisch ist. Der Grund hierfür liegt in dem sehr kleinen Löslichkeitsprodukt des Metallsulfides (z. B. Quecksilbersulfid: $L(HgS) = 10^{-52}\,mol^2/l^2$), das selbst durch eine hohe Protonenkonzentration nicht unterschritten wird.

Tab. 1 Löslichkeitsprodukte einiger Salze bei 298 K (angegeben als $-\log L = pL$)

Salz	pL	Salz	pL
$CaCO_3$	7,92	$AgCl$	10
$CaSO_4$	4,32	$AgBr$	12,4
CaC_2O_4	8,07	AgI	16
CaF_2	10,46	$MgNH_4PO_4$	12,6
$BaSO_4$	10	$PbCO_3$	13,5
HgS	52	$Fe(OH)_3$	34,7

Die Löslichkeit des Niederschlags Magnesiumammoniumphosphat, $Mg(NH_4)Po_4$, ist ebenfalls abhängig von der herrschenden Protonenkonzentration, da NH_4^+ einerseits eine schwache Säure, PO_4^{3-} aber eine relativ starke Base ist. Deshalb ist das in der 17. Aufgabe angegebene Verfahren zur Einstellung des pH-Wertes genau einzuhalten.

3.2.2 Komplexbildungsreaktionen können dazu herangezogen werden, die Kationen eines ionischen Feststoffes aus dem Lösungsgleichgewicht zu entfernen. So reagiert Ag^+ mit Ammoniak unter Bildung des Komplexkations $[Ag(NH_3)_2]^+$ und kann somit aus dem Lösungsgleichgewicht von AgCl entfernt werden.

$$AgCl_{(fest)} + 2\,NH_3 \rightleftharpoons \left[Ag\left(NH_3\right)_2\right]^+ + Cl^- \tag{8}$$

Die Möglichkeit, kristalline Feststoffe durch Komplexbildung aufzulösen, ist abhängig von der Größe der jeweiligen Löslichkeitsprodukte und Komplexbildungskonstanten. Näheres wird dazu im Zusammenhang mit den Komplexbildungsreaktionen erläutert.

Mehrprotonige organische Säuren wie Zitronensäure oder Weinsäure besitzen sowohl saure als auch komplexbildende Eigenschaften und sind so besonders effektiv bei der Auflösung von Salzen schwacher Säuren. So greift bei längerer Einwirkungsdauer die in „sauren Drops" häufig enthaltene Zitronensäure das im Zahnschmelz vorhandene Hydroxylapatit, $[3\,Ca_3(PO_4)_2 \cdot Ca(OH)_2]$, aber auch Fluorapatit, $[3\,Ca_3(PO_4)_2 \cdot CaF_2]$, dadurch an, dass zum einen Phosphat protoniert wird und zum anderen Calciumionen komplex gebunden werden (Tab. 1).

4. Ionenaustauscher

4.1 Definition Ionenaustauscher sind wasserunlösliche Feststoffe, die aus einer wässrigen Lösung Ionen der Sorte A binden und dafür eine äquivalente Menge anderer Ionen B an die Lösung abgeben. Diese Feststoffe besitzen kationische oder anionische Zentren, die nicht in die Phase Lösung übergehen können. Die erforderlichen Gegenionen – Anionen bzw. Kationen – sind vor allem durch elektrostatische Kräfte an den Austauscher gebunden und können durch Ionen aus der Lösung ersetzt werden, wobei sie selbst in die Lösung übergehen.

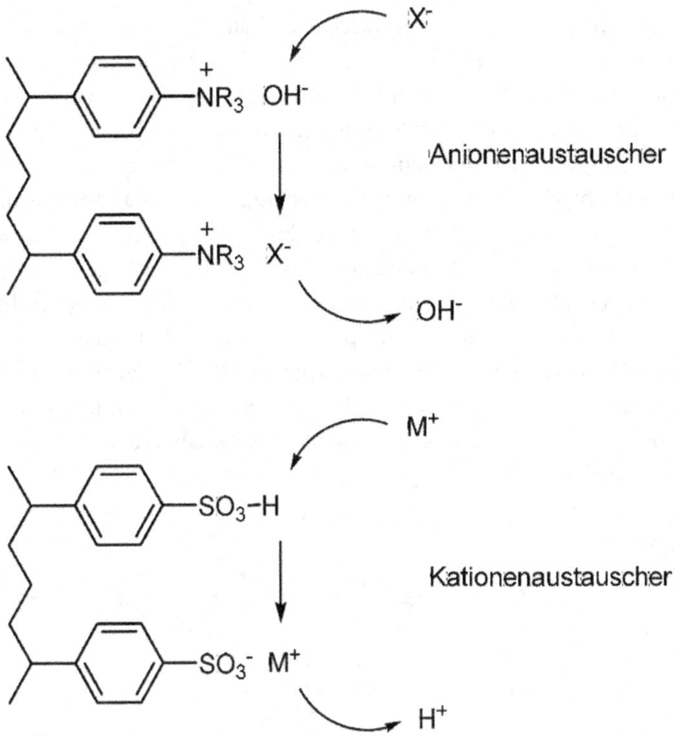

Abb. 5 Kationen- und Anionenaustauscherharze

Sind die fest gebundenen Gruppen Anionen, können Kationen ausgetauscht werden. Dieser Feststoff wird dann als **Kationenaustauscher** bezeichnet. Sind die gebundenen Gruppen Kationen, liegt ein **Anionenaustauscher** vor.

Ionenaustauschereigenschaften treten sowohl bei nicht-anthropogenen Stoffen wie den im Erdreich vorkommenden Zeolithen (Aluminiumsilikate) wie bei synthetischen „Austauscherharzen" auf.

4.2 Die im Laboratorium eingesetzten Ionenaustauscher sind in Wasser unlösliche polymere, organische Stoffe in denen entweder anionische Gruppen (z. B. $-SO_3^-$) für den Austausch von H^+-Ionen durch andere Kationen oder kationische Gruppen (z. B. $-N(CH_3)_3^+$) für den Austausch von HO^--Ionen durch andere Anionen fest eingebaut sind (Abb. 5).

Das Polymerharz wird zunächst durch Wasser aufgequollen, so dass die reaktiven Gruppen im Harz für in der Lösung vorhandene Ionen zugänglich werden. Kationenaustauscher werden anschließend durch Waschen mit einer starken Säure wie HCl protoniert, Anionenaustauscher werden durch Waschen mit einer NaOH-Lösung mit Hydroxylionen „beladen".

4.3 Eine bestimmte Menge Ionenaustauscher enthält auch eine bestimmte Menge an austauschbaren Kationen (z. B. H^+) bzw. Anionen (z. B. HO^-), besitzt also eine begrenzte Austauscherkapazität. Wird diese erreicht, tritt eine Sättigung des Austauschers für die bestimmte Ionenart ein. Wenn sichergestellt werden soll, dass eine bestimmte Ionenart vollständig durch Bindung an einen Ionenaustauscher aus einer Lösung entfernt wird, muss deren Menge weit unterhalb der Sättigungsgrenze der eingesetzten Austauschermenge liegen.

Unter dieser Bedingung kann beispielsweise durch die quantitative Bestimmung der freigesetzten Protonen aus einem Kationenaustauscher auf die Menge der in einer Probe vorhandenen und vom Austauscher aufgenommenen Erdalkalikationen geschlossen werden. Zu beachten ist dabei, dass die zweifach positiv geladenen Erdalkalikationen eine äquivalente Menge von Protonen, also zwei Protonen pro Erdalkalikation ersetzen. Der Konzentrationsbereich, in dem ein lineares Verhältnis zwischen der Konzentration des Stoffes am Austauscher und der in der Lösung existiert, wird als **Arbeitsbereich** bezeichnet.

4.4 Die Affinität von Ionen zum Austauscher ist abhängig von deren Ladung und deren Ionenradius. Von den im Praktikum eingesetzten Kationenaustauschern werden in der Regel höher geladene Kationen fester gebunden als einfach positiv geladene und bei gleicher Ladung größere fester als kleinere Kationen. Letzteres ist dadurch zu erklären, dass die kleineren Kationen eine höhere Ladungsdichte und damit eine stabilere Solvathülle besitzen, die die Bindung des Kations an den Austauscher behindert.

Da der Ionenaustausch eine Gleichgewichtsreaktion ist, können durch hohe Konzentrationen an Ionen mit geringerer Affinität, die sich in der Phase Lösung befinden, gebundene Ionen mit höherer Affinität wieder vom Austauscher verdrängt werden. Dieses macht man sich beim **Regenerieren** des Austauschers zunutze. Durch Waschen mit Lösungen hoher Protonen- bzw. Hydroxylionenkonzentration können Ionenaustauscher, die mit Metallkationen oder Anionen beladen sind, wieder in die H-Form bzw. HO-Form überführt werden.

4.5 Die Anwendung von Ionenaustauschern erstreckt sich zum einen auf technische Bereiche wie die **Wasserentsalzung**, zum anderen auf die Anwendung in der **Analytik**. In der Chemotherapie können unverdauliche Ionenaustauscher, die mit ionischen Pharmaka beladen sind, dazu dienen, während der Magen-Darm-Passage diese Pharmaka verzögert und kontinuierlich an den Körper abzugeben.

Das im Labor verwendete „destillierte Wasser" ist durch Ionenaustauscher „entsalztes Wasser". Für bestimmte analytische und biochemische Zwecke wird allerdings „bidestilliertes Wasser" benötigt. Zu diesem Zweck wird das mit Ionenaustauschern entsalzte Wasser noch zusätzlich in einer Quarz-Apparatur destilliert.

In Fällen von Anwendungen, bei denen es nur darum geht, bestimmte Ionensorten wie z. B. die „Härtebildner" Mg^{2+}, Ca^{2+}, HCO_3^-, SO_4^{2-} aus dem Wasser zu entfernen, können die Ionenaustauscher auch mit anderen Ionen als H^+ und HO^- beladen werden., z. B. mit Na^+ und Cl^-. Deshalb werden die in Spülmaschinen eingebauten Ionenaustauscher mit Kochsalz, NaCl, regeneriert.

Im analytischen Bereich werden Ionenaustauscher zur Trennung, Anreicherung und Isolierung von Kationen und Anionen eingesetzt. Beispielsweise lassen sich Gemische von Aminocarbonsäuren in wässrigen Lösungen an Ionenaustauschern auftrennen, wenn ein „pH-Gradient" angelegt wird. Als Folge der unterschiedlichen pK_S-Werte der Aminocarbonsäuren („isoelektrische Punkte") liegen diese bei bestimmten pH-Werten entweder als Kationen, als Neutralteilchen oder als Anionen vor. Die Affinität der einzelnen Aminocarbonsäuren zum Ionenaustauscher kann so über den pH-Wert der Lösung gesteuert werden. Trennungsverfahren, die dieses ausnutzen, werden als **Ionenaustauscherchromatographie** bezeichnet.

Chromatographische Verfahren werden im 9. Kurstag behandelt.

4. Kurstag: Komplexverbindungen – Komplexbildungsgleichgewichte – Kolorimetrie

Lernziele

Einfluss von Komplexbildungsreaktionen auf die Löslichkeit von Salzen, Reaktivität von Komplexverbindungen, Änderung spektroskopischer Eigenschaften (Farbe) bei der Komplexbildung, Einführung in spektroskopische Bestimmungsmethoden, Kolorimetrie.

Grundlagenwissen

Die chemische Bindung, Bindungsarten, Polarität von Atombindungen, Komplexbildung, Komplexbildungsgleichgewichte, pH-Abhängigkeit der Komplexbildung, Chelatkomplexe, Metallindikatoren, komplexometrische Titrationen, Kolorimetrie, spektroskopische Bestimmungsmethoden, Beersches Gesetz, Lambert-Beersches Gesetz, Eichkurven.

Benutzte Lösungsmittel und Chemikalien mit Gefahrenhinweisen und Sicherheitsratschlägen:

	H-Sätze	P-Sätze
Salzsäure ca. 4 molar (13,7 % HCl in H_2O)	319/335/315	280/302 + 352/304+340/305 + 351+ 338/309 + 311
Natronlauge 2 molar (7,4 % NaOH in H_2O)	314	280/301 + 330 + 331/305 + 351+ 338/310
Ammoniaklösung (10 % NH_3 in H_2O)	314/335/400	280/273/301 + 330+331/305 + 351 + 338/309 + 310
Ammoniaklösung, konzentriert (32 % NH_3 in H_2O)	314/335/400	280/273/301 + 330 + 331/305 + 351 + 338/309 + 310

G. Hilt, P. Rinze, *Chemisches Praktikum für Mediziner*, Studienbücher Chemie, DOI 10.1007/978-3-658-00411-8_4, © Springer Fachmedien Wiesbaden 2015

	H-Sätze	P-Sätze
Ammoniaklösung 2 molar (ca. 3,5 % NH_3 in H_2O)	319/315	280/302 + 352/305 + 351 + 338
Pufferlösung aus NH_4^+/NH_3, pH 10 (350 ml 32 %ige NH_3-Lösung + 54 g NH_4Cl mit H_2O, auf 1 L aufgefüllt)	314/335/400	261/273/280/305 + 351 + 338/310
Silbernitratlösung 0,1 molar ($AgNO_3$ in H_2O, 17,0 g/l)	315/319/400/411	273/305 + 351 + 338
Kupfer(II)lösung 0,2 molar ($CuSO_4$ · 5 H_2O in H_2O, 49,9 g/l)	410	273/501
Kupfer(II)lösung 1 mg/ml ($CuSO_4$ · 5 H_2O in H_2O, 3,932 g/l)	410	273/501
Sulfidlösung, ca. 0,1 molar (22,3 g/l Na_2S · x H_2O)	290/301/314/400[a]	273/280/301 + 310/305 + 351 + 338/310[a]
Chloridlösung 0,1 molar (NaCl in H_2O, 5,8 g/l)	–	–
Bromidlösung 0,1 molar (KBr in H_2O, 11,9 g/l)	–	–
Iodidlösung 0,1 molar (KI in H_2O, 16,6 g/l)	–	–
Thiosulfatlösung 5 %ig ($Na_2S_2O_3$ in H_2O, 50 g/l)	–	–
Titriplex®(III)lösung 0,02 molar (Na_2H_2EDTA · 2 H_2O in H_2O, 3,72 g/l)	–	–
Eriochromschwarz T (0,2 % in Ethanol)	225/302/371	210/260
Titangelblösung (0,05 % in Ethanol)	225/302/371	210/260
Magnesiumlösung 2 mg/ml ($MgSO_4$ · 7 H_2O in H_2O, 20,28 g/l)	–	–
Magnesiumlösung 0,5 mg/ml ($MgSO_4$ · 7 H_2O in H_2O, 5,07 g/l)	–	–
Magnesiumlösung 1 mg/ml ($MgCl_2$ · 7 H_2O in H_2O, 10,14 g/l)	–	–
Spinat, tiefgefroren	–	–

[a] H-/P-Sätze für festes $Na_2S·xH_2O$

Zusätzlich benötigte Geräte
Bürette mit Stativ und 1 Klemme, Dreifuß mit Auflage, Faltenfilter, Rundfilter, Siedesteine, kleine Etiketten, Abfallgefäße für Silberabfälle und Kupferabfälle, jeweils mit Trichter.

Entsorgung

Silberhaltige Abfälle und stärker kupferhaltige Abfälle (WGK 2) sind in speziell dafür aufgestellten Gefäßen zu sammeln. Ammoniakhaltige Silberlösungen können nach längerem Stehenlassen explosive Verbindungen bilden. Deshalb sind zu diesen Abfällen ebenfalls die Abfälle von 4 molarer Salzsäure hinzuzufügen. Dadurch wird NH_3 zu NH_4^+ umgesetzt. Am Ende des Kurstages ist der pH-Wert der Silberabfall-Lösungen zu prüfen und gegebenenfalls mit zusätzlicher Salzsäure auf einen pH-Wert von 5–6 zu bringen. Dieses ist im Abzug durchzuführen, da gegebenenfalls Schwefelwasserstoff, H_2S, entstehen kann.

Die weiteren an diesem Kurstag verwandten Lösungen können in den nach den Versuchsbeschreibungen anfallenden Mengen dem Abwasser beigegeben werden.

Aufgaben

21. Aufgabe

▶ Untersuchung der Komplexbildung und die Existenz von Komplexbildungsgleichgewichten in Lösung.

21a. In einem Reagenzglas versetzt man 3–4 ml einer etwa 0,1 molaren $AgNO_3$-Lösung zunächst tropfenweise mit 2 molarer Ammoniaklösung. Es entsteht ein Niederschlag. (Woraus besteht dieser?) Dann wird ein Überschuss von 2 molarer NH_3-Lösung hinzugefügt. Die dabei entstehende klare Lösung wird auf drei Reagenzgläser verteilt:

Zur **1. Probe** gibt man einen Tropfen verd. NaCl-Lösung (kein Niederschlag von AgCl, warum?), zur 2. *Probe* einen Tropfen einer 0,1 molaren KBr-Lösung und zur **3. Probe** einen Tropfen einer 0,1 molaren KI-Lösung. Es entstehen weiße bis gelbliche Niederschläge von AgBr und AgI. Nach dem Absetzen des Feststoffes im Reagenzglas wird die *überstehende Flüssigkeit* abgegossen (→ Silberabfälle). AgBr löst sich in konzentrierter NH_3-Lösung (→ Abzug), AgI in einer Natriumthiosulfatlösung (5 % $Na_2S_2O_3$ in H_2O). Setzt man zu der dabei entstehenden klaren Lösung **nur einige Tropfen** Natriumsulfid-Lösung (Na_2S in H_2O, ca. 0,1 mol/l) hinzu, fällt schwarzes Silbersulfid, Ag_2S, aus.

▶ Dabei ist darauf zu achten, dass Na_2S nicht im Überschuss verwandt wird, da Sulfid in Gegenwart von Protonen (z. B. beim späteren Ansäuern der Abfall-Lösungen) das sehr giftige und teratogene Gas Schwefelwasserstoff, H_2S, bilden kann, was zumindest zu starker Geruchsbelästigung führt.

21b. In ein weiteres Reagenzglas werden etwa 3 ml einer 0,2 molaren $CuSO_4$-Lösung gefüllt. Anschließend gibt man zuerst tropfenweise 2 molare NH_3-Lösung, sodann einen

Überschuss der Ammoniaklösung. Was ist zu beobachten und wie lassen sich die Beobachtungen erklären? Stellen Sie Reaktionsgleichungen auf!

22. Aufgabe

▶   Die Bildung des tiefblauen Kupfertetrammindiaqua-Komplexkations wird zu einer einfachen kolorimetrischen Kupferbestimmung ausgenutzt.

Sechs Reagenzgläser möglichst gleichen Durchmessers werden mit kleinen Etiketten versehen und nebeneinander in einem Reagenzglasgestell aufgestellt. Jede Arbeitsgruppe erhält 25–30 ml einer wässrigen Kupfersulfatlösung [$c(Cu^{2+})$ = 1 mg/ml]. Im 100 ml Messkolben erhält jede Arbeitsgruppe ebenfalls eine Cu^{2+}-Salzlösung unbekannten Gehaltes. Diese wird mit H_2O bis zur Marke aufgefüllt und dabei durchmischt. Von dieser Lösung pipettiert man 10 ml in das erste Reagenzglas, das als Analysenprobe mit A bezeichnet wird. In die 5 übrigen Reagenzgläser werden mit einer Messpipette der Reihe nach 1, 2, 3, 4 und 5 ml der 1 mg Cu^{2+}-Ionen enthaltenden Lösung eingefüllt. Nach dem Ausspülen der Messpipette werden die Proben in gleicher Reihenfolge mit 9, 8, 7, 6 und 5 ml H_2O versetzt, so dass sie dann alle 10 ml Lösung enthalten. Die so hergestellten Cu^{2+}-Lösungen mit den Konzentrationen 0,1; 0,2; 0,3; 0,4 und 0,5 mg/ml werden mit Konzentrationsangaben auf Etiketten versehen.

Anschließend werden aus der Messpipette in alle 6 Reagenzgläser je 5 ml 10 %ige Ammoniak-Lösung gegeben. Dann wird vorsichtig umgeschüttelt. Die Farbintensität der Analysenprobe wird mit den Farbintensitäten der hergestellten Vergleichslösungen durch Betrachten gegen einen hellen, weißen Hintergrund verglichen. Sind die Schichtlängen gleich (was bei richtigem Abmessen der Volumina und vor allem gleichen Abmessungen der Reagenzgläser der Fall sein müsste), können die Farbintensitäten auch in der Durchsicht von oben gegen einen weißen Untergrund verglichen werden. Die Farbintensität der Analysenprobe wird entweder mit der Farbintensität einer der Vergleichslösungen übereinstimmen oder zwischen zwei der Vergleichslösungen einzuordnen sein. Als Ergebnis der Analyse ist anzugeben, wie viel mg Cu^{2+} in der erhaltenen Probe vorhanden waren. Dabei ist zu beachten, dass man nur einen Anteil der ursprünglichen Probe analysiert hat!

Beispiel

Die Farbintensität liegt zwischen den Vergleichsproben mit $c = 0,4$ mg/ml und $c = 0,5$ mg/ml.

Das Volumen der Analysenlösung und der Vergleichslösungen betrug vor der Zugabe von NH_3 10,0 ml. Demnach sind 10 ml · 0,45 mg/ml = 4,5 mg Cu^{2+} in der Analysenlösung gewesen. Dieses war 1/10 der als Analyse erhaltenen Menge; also waren in der Analysenprobe 45 mg Cu^{2+} enthalten.

▶ Stehen im Praktikum physikalisch-chemische Messinstrumente wie Kolorimeter oder Photometer zur Verfügung, kann das hier als Messinstrument eingesetzte menschliche Auge durch diese ersetzt werden. Dieses führt zu einer sehr viel größeren Empfindlichkeit und Genauigkeit des Verfahrens.

23. Aufgabe

▶ Durch Titration der wässrigen Lösung eines Magnesiumsalzes bekannten Gehaltes mit einer 0,02 molaren wässrigen Lösung von Na_2H_2EDTA (Dinatriumsalz der Ethylendiamintetraessigsäure, Titriplex®III- bzw Idranal®III) gegen Eriochromschwarz T als Metallindikator wird die Arbeitsweise der Komplexometrie geübt. Anschließend wird auf die gleiche Weise der Magnesiumgehalt einer unbekannten Probe bestimmt.

In einem *sauberen und trockenen* Erlenmeyer-Weithalskolben werden ca. 50–60 ml einer Magnesiumsulfatlösung mit der genauen Konzentration von 0,5 mg Mg^{2+}/ml gegeben. Des Weiteren erhält jede Arbeitsgruppe in einem ebenfalls *sauberen und trockenen* Gefäß ca. 100 ml der 0,02 molaren Na_2H_2EDTA-Lösung, mit der die Bürette zu füllen ist.

In einen *sorgfältig mit dest. Wasser gereinigten* Erlenmeyer-Weithalskolben werden 2 ml der Pufferlösung (pH = 10) und 6 Tropfen der Indikatorlösung gegeben. **Das Gemisch muss eine blauviolette Farbe aufweisen.** Sollte es rot gefärbt sein, war das Titriergefäß mit Spuren von Metallkationen verunreinigt. In diesem Fall muss es noch einmal gründlich gespült werden, bevor erneut Puffer- und Indikatorlösung eingefüllt werden.

In die blauviolette Lösung werden genau 10,0 ml der $MgSO_4$-Lösung gegeben. Die Lösung wird **rot** (Farbe des Mg^{2+}-Komplexes von Eriochromschwarz-T). Die Lösung wird auf etwa 30 °C erwärmt („handwarm") und über einer weißen Unterlage mit der Na_2H_2EDTA-Lösung titriert, bis ein deutlicher Farbumschlag nach **blau bis blaugrün** auftritt und kein roter Farbton mehr erkennbar ist (Eigenfarbe des Eriochromschwarz-T beim herrschenden pH-Wert). Aus dem Titrationsergebnis wird die vorgelegte Menge an Magnesium berechnet. Sie darf vom Erwartungswert (10 ml · 0,5 mg/ml = 5 mg Mg^{2+}) um höchstens 0,5 % abweichen. Andernfalls muss die Titration weiter geübt werden, bis befriedigende Ergebnisse erzielt werden.

Stöchiometrie der Titrationsreaktion

$$Mg^{2+} + H_2EDTA^{2-} + 2\,HO^- \rightleftharpoons [Mg(EDTA)^{2-} + 2H_2O] \tag{1}$$

Die Hydroxylionen werden vom Puffer zur Verfügung gestellt.

Beispiel:

Verbrauch: 10,40 ml 0,02 M H_2EDTA^{2-} (f = 1,000)

10,40 ml · 0,02 mmol/ml = 0,208 mmol Mg^{2+}

M(Mg) = 24,3 g/mol

0,208 mmol · 24,3 mg/mmol = 5,05 mg Mg^{2+}

eingesetzte Menge 5,00 mg Mg^{2+};

Fehler > 0,5 %; → Titration wiederholen!

24. Aufgabe

▶   Komplexometrische Bestimmung von Magnesium.

In ein sauberes Titriergefäß, das bereits 2 ml Pufferlösung und 6 Tropfen Indikatorlösung enthält (Farbe: blauviolett), wird vom Assistenten die Analysenprobe gegeben. Die Titration und die Berechnung des Ergebnisses erfolgt wie in der 23. Aufgabe. Anzugeben ist die gefundene Menge Magnesium in mg.

25. Aufgabe

▶   Nachweis von Magnesium mit Titangelb.

10 ml einer Lösung von MgCl$_2$ · 6 H$_2$O, die 1 mg/ml Magnesium enthält, werden in ein Reagenzglas pipettiert. Zu dieser Lösung gibt man 10 ml 2 molare NaOH und anschließend 1 ml 0,05 % Titangelblösung und rührt mit einem Glasstab um. Rotfärbung der Lösung bzw. ein roter Niederschlag zeigen die Bildung des Mg-Titangelb-Komplexes an.

26. Aufgabe

▶   Nachweis von Magnesium aus Chlorophyll nach der Hydrolyse mit 4 molarer Salzsäure.

10 g Spinat (frisch aufgetaut) werden mit 10 ml 4 molarer HCl in einem 250 ml Erlenmeyer-Weithalskolben über dem Bunsenbrenner (Dreifuß, Drahtnetz) im Abzug einmal kurz aufgekocht. Zur Vermeidung von Siedeverzügen werden einige Siedesteine in die wässrige Aufschlämmung der Spinatblätter gegeben (Vorsicht vor Spritzern!). Danach wird die Suspension durch ein Faltenfilter gegeben und das klare Filtrat durch tropfenweise Zugabe von 2 M Natronlauge unter Prüfung mit pH-Papier neutralisiert. Dabei kann sich die Lösung leicht trüben. Die neutralisierte Lösung wird in einen 100 ml Messkolben überführt und auf 100 ml verdünnt. Mit einer Vollpipette werden 10 ml dieser Lösung in ein Reagenzglas gegeben. In das Reagenzglas werden zusätzlich 10 ml 2 molare NaOH sowie 1 ml der 0,05 %igen Titangelblösung gegeben und mit einem Glasstab umgerührt. Rotfärbung oder ein roter Niederschlag zeigen die Anwesenheit von Mg^{2+} im Hydrolysat des Spinats an.

Erläuterungen

1. Die chemische Bindung

Atome lagern sich dann nach bestimmten Gesetzmäßigkeiten zu chemischen Verbindungen zusammen, wenn der Verbindungszustand energieärmer ist als der, in dem die Atome einzeln vorliegen. Die Größe des dabei freigesetzten Energiebetrages („**Bindungsenergie**") ist abhängig von den Eigenschaften der Atome (Ionisierungsenergie, Elektronenaffinität, Elektronegativität, ⇒ siehe einschlägige Lehrbücher) und der Struktur der als Verbindung vorliegenden Atomaggregate.

Grundsätzlich kann zwischen zwei **Arten von Bindungen** unterschieden werden:

I. **Heteropolare Bindung**, bei der die entgegengesetzt geladene Ionen durch elektrostatische Kräfte zusammengehalten werden („Ionenbindung") und

II. **Homöopolare(kovalente) Bindung**, bei der die Bindungskräfte aus der Wechselwirkung zwischen den Kernen der beteiligten Atome mit einer als Einheit gesehenen Elektronenhülle des Atomaggregats abgeleitet werden („Atombindung", „kovalente Bindung").

1.1 Die kovalente Bindung, auch **Atombindung** genannt, wird analog zum Orbitalmodell für die Elektronenhülle der Atome mit einem System von Molekülorbitalen beschrieben. Während Atomorbitale eine möglichst energiearme Verteilung eines oder mehrerer negativ geladener Elektronen um **einen** positiv geladenen Atomkern beschreiben, wird durch Molekülorbitale die Elektronendichteverteilung um **mehrere** positiv geladene Atomkerne beschrieben (Abb. 1).

Molekülorbitale können „bindend", „nicht bindend" oder „antibindend" sein. Die Anzahl der Molekülorbitale in einem Molekül oder Molekülion muss der Summe der Zahl der Atomorbitale der molekülbildenden Atome entsprechen. Durch die Besetzung **bindender Molekülorbitale** wird ein energetisch günstigerer Zustand erreicht, als er in den isolierten Atomen vorliegt. **Antibindende Orbitale** beschreiben dagegen energiereichere Zustände als in den isolierten Atomen. „Überlappen" dagegen Atomorbitale der an einer Bindung beteiligten Atome räumlich nicht miteinander, dann treten sie auch nicht in Wechselwirkung und behalten auch als Molekülorbitale weitgehend die Eigenschaften von Atomorbitalen. Solche Orbitale werden als **nichtbindend** bezeichnet.

Die chemische Bindung ist dadurch gekennzeichnet, dass sich im Bindungszustand mehr Elektronen in bindenden Orbitalen befinden als in Antibindenden. Das **bindende Prinzip** in Molekülen bzw. Molekülionen lässt sich durch die **Erhöhung der Elektronendichte zwischen den Kernen der an der Bindung beteiligten Atome** erklären. Bindungselektronenpaare werden in Strukturformeln durch einen Strich symbolisiert. Ist mehr als ein Elektronenpaar an einer Bindung beteiligt, wird die Zahl der Bindungsstriche entsprechend vervielfacht (Doppelbindung, Dreifachbindung).

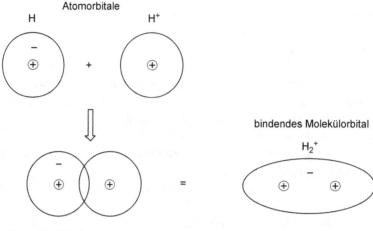

bindendes Prinzip:

Erhöhung der Elektronendichte zwischen den positiv
geladenen Atomkernen durch die Überlappung der Atomorbitale

Abb. 1 Atomorbitale und Molekülorbital

1.2 Die Metallische Bindung ist ein Sonderfall der kovalenten Bindung. In Metallen geht eine sehr große Zahl von gleichen Atomen Bindungsbeziehungen in „Riesenmolekülen" ein. Die Elektronenverteilung in diesen Riesenmolekülen ist durch eine Vielzahl von Molekülorbitalen zu beschreiben, die sehr ähnliche Energieeigenwerte aufweisen. Man spricht von einer **„Bänderstruktur"** der Molekülorbitale.

Ist z. B. (wie im Fall der Alkalimetalle Natrium, Kalium usw.) die Hälfte der bindenden Orbitale nicht besetzt, bedarf es nur einer sehr geringen „Anregungsenergie", um Elektronen aus dem ursprünglichen „Grundzustand" in etwas energiereichere und leere Molekülorbitale zu transferieren. Dazu reichen z. B. die durch elektromagnetische Felder übertragenen Energiemengen aus. Dieses Bindungsmodell beschreibt so auch die spezifischen Eigenschaften der Metalle, wie die elektrische Leitfähigkeit, die Undurchsichtigkeit und den Glanz.

Bei bestimmten Stoffen ist die Energiedifferenz zwischen besetzten und leeren Orbitalbändern nur geringfügig größer als bei den echten Metallen. Eine geringe Energiezufuhr (z. B. Wärme) oder eine Störung des Molekülaufbaus (z. B. durch den Einbau von Fremdatomen) kann dann zu elektrischer Leitfähigkeit führen. In diesen Fällen spricht man von „Halbleitern" (Beispiel: Silizium).

1.3 Polare Atombindungen werden bei Bindungspartnern gefunden, die sich in ihrer Elektronegativität unterscheiden. Dieses trifft nicht auf Moleküle zu, die nur aus einer Atomsorte bestehen wie z. B. Wasserstoff, H_2, oder Stickstoff, N_2. Hier sind die Bindungselektronen symmetrisch zwischen den Bindungspartnern und im Raum um die Atome verteilt. Auch bei Bindungspartnern mit geringen Elektronegativitätsunterschieden ist dies weitgehend der Fall, so z. B. bei C-H-Bindungen.

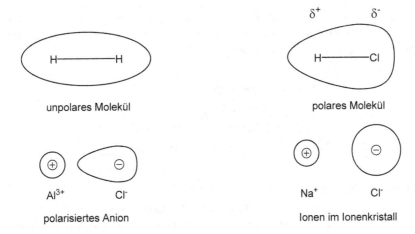

Abb. 2 Übergänge zwischen kovalenter und ionischer Bindung

$$[EN(C) = 2,5; \ EN(H) = 2,1; \ \Delta(EN) = 0,4].$$

Bei Atombindungen zwischen Elementen mit einem großen Elektronegativitätsunterschied ist von einer Zuordnung der Bindungselektronen zu beiden Bindungspartnern zu gleichen Anteilen jedoch nicht mehr auszugehen. So zeigt sich bei Chlorwasserstoff, H-Cl [EN(H) = 2,1, EN(Cl) = 3,0], dass die vom Bindungselektronenpaar stammende Elektronendichte weitgehend beim elektronegativeren Chlor lokalisiert ist. Das Molekül HCl ist somit ein **Dipol**, bei dem Chlor das negative und Wasserstoff das positive Ende darstellt. Die Richtung der Polarisierung wird, falls erforderlich, durch δ^+ und δ^- gekennzeichnet (siehe Abb. 2).

Der Grad und die Richtung der Polarität von Bindungen in Molekülen sind bedeutsam für die Reaktivität der Stoffe.

1.4 Ionenbindung. Zeigen Bindungspartner einen sehr großen Elektronegativitätsunterschied, so findet eine vollständige Übertragung der Bindungselektronen auf den elektronegativeren Bindungspartner statt. Es liegen dann positiv und negativ geladene Ionen vor.

Dem Aufbau des **Ionengitters** („Gittertyp") entsprechend hat im Kristall jedes Ion eine bestimmte Zahl der Gegenionen als direkte Nachbarn. So ist im NaCl-Kristall jedes Na^+-Ion von 6 Cl^--Ionen und jedes Cl^--Ion von 6 Na^+-Ionen umgeben. Eine Bindungsbeziehung im Sinne der Atombindung liegt zwischen den Ionen jedoch nicht vor. Der Zusammenhalt wird vor allem durch **elektrostatische Wechselwirkungen** („Coulomb-Kräfte ") gewährleistet.

Die Bindung zwischen Ionen in Feststoffen wird als Ionenbindung bezeichnet. Die Bindungsenergie zwischen den Ionen ist durch die Gitterenergie (siehe 3. Kurstag) repräsentiert, sie ist jedoch nicht der Wärmebedarf der Synthesereaktion des ionischen Feststoffes aus den Atomen. In diesen gehen zusätzlich die Ionisierungsenergie und die Elektronen-affinität der Ionisierungsreaktionen ein:

$$
\begin{array}{lcl}
Na + \text{Ionisierungsenergie} & \rightleftharpoons & Na^+ + e^- \\
Cl + e^- + \text{Elektronenaffinität} & \rightleftharpoons & Cl^- \\
Na^+ + Cl^- + \text{Gitterenergie} & \rightleftharpoons & NaCl_{(kristallin)} \\
\hline
Na_{(atomar)} + Cl_{(atomar)} + \Delta H & \rightleftharpoons & NaCl_{(kristallin)}
\end{array}
$$

ΔH = Ionisierungsenergie (IE) + Elektronenaffinität (EA) + Gitterenergie (ΔH_G)

Während die Ionisierungsenergie in der Regel einen positiven Betrag aufweist, die Ab-spaltung von Elektronen aus dem Atom also der Energiezufuhr bedarf, ist die Aufnahme eines Elektrons in ein nicht oder nicht vollständig besetztes Orbital des Atoms unter Bil-dung eines Anions meistens ein energieliefernder Prozess. Der Betrag der Elektronenaffi-nität besitzt dann ein negatives Vorzeichen. Da die Bildung des Ionengitters aus den Ionen ein stark exothermer Vorgang ist, können Reaktionen unter Bildung von Ionenkristallen trotz geringer Elektronenaffinität und hoher Ionisierungsenergie stark exotherm ablaufen:

Beispiel:

$IE(Na) = +494$ kJ/mol, $EA(Cl) = -364$ kJ/mol, $\Delta H_G (NaCl) = -770$ kJ/mol

---

Die kovalente Bindung mit symmetrischer Ladungsdichteverteilung und die reine Io-nenbindung stellen **Grenzfälle** im Spektrum der möglichen Modelle für die chemische Bindung dar. Mit ihnen können chemische Verbindungen nur dann genau beschrieben werden, wenn sie entweder aus gleichartigen Atomen (Atombindung) oder aber aus sehr unterschiedlichen Atomen mit sehr hoher Elektronegativitätsdifferenz (Ionenbindung) zusammengesetzt sind.

In vielen Fällen sind chemische Verbindungen entweder als kovalente Verbindungen zu beschreiben, deren Bindungen mehr oder weniger stark polar sind, oder als aus Ionen bestehende Salze mit mehr oder weniger starken kovalenten Wechselwirkungen zwischen den Kationen und Anionen.

2. Komplexverbindungen

2.1 Komplexe sind Verbindungen, die durch Anlagerung von einem oder mehreren Ionen oder Neutralteilchen an ein „Zentralatom" entstehen. Zentralatome können so-wohl Ionen als auch ungeladene Atome sein. Die an das Zentralatom gebundenen Mole-küle oder Ionen werden als **Liganden** bezeichnet. Die Bindung zwischen Zentralatom und Ligand ist als kovalent mit ionischen Anteilen zu beschreiben, sie ist mehr oder weniger stark polar. Das Maß der Polarität ist sowohl von der Natur des Zentralatoms als auch von der des Liganden abhängig. Die Ionenladung eines Komplexes wird durch die Summe der Ladungen des Zentralatoms M^{n+} ($n = 0, 1, 2, 3$ usw.) und der Ladungen der Liganden bestimmt. Es existieren nichtionische Komplexe mit der Ladungssumme $= 0$ sowie Komplexkationen und Komplexanionen.

Beispiele:

Ni	$+$ 4 CO	$\rightleftharpoons Ni(CO)_4$	L = CO
Ag^+	$+$ 2 NH_3	$\rightleftharpoons [Ag(NH_3)_2]^+$	L = NH_3
Ag^+	$+$ 2 CN^-	$\rightleftharpoons [Ag(CN)_2]^-$	L = CN^-
Ag^+	$+$ 4 SCN^-	$\rightleftharpoons [Ag(SCN)_4]^{3-}$	L = SCN^-
Cu^{2+}	$+$ 6 H_2O	$\rightleftharpoons [Cu(H_2O)_6]^{2+}$	L = H_2O
Cu^{2+}	$+$ 4 Cl^-	$\rightleftharpoons [CuCl_4]^{2-}$	L = Cl^-
$[Cu(H_2O)_6]^{2+}$	$+$ 4 NH_3	$\rightleftharpoons [Cu(NH_3)_4(H_2O)_2]^{2+} + 4\,H_2O$	L = NH_3, H_2O
$[Cu(H_2O)_6]^{2+}$	$+$ 2 $H_2N\text{-}CH_2\text{-}CO_2^-$	$\rightleftharpoons [Cu(H_2N\text{-}CH_2\text{-}CO_2)_2] + 6\,H_2O$	L = Glycinat-Anion

2.2 Die Koordinationszahl (KZ) und die **Geometrie** der Komplexe wird

* durch das Größenverhältnis von Liganden zum Zentralatom
* durch die elektronischen Eigenschaften des Zentralatoms und
* durch die elektronischen und sterischen Eigenschaften der Liganden bestimmt.

Es wird diejenige Koordinationszahl und -geometrie bevorzugt, bei der der Komplex energetisch am stärksten begünstigt ist.

Die Koordinationszahl eines Komplexes gibt die Zahl der Ligandenatome an, die in Bindungsbeziehung zum Zentralatom stehen. In den Fällen, in denen Liganden mehr als eine Bindungsbeziehung zum Zentralatom ausbilden, ist die KZ deshalb größer als die Ligandenzahl (Bisglycinatokupfer(II): Ligandenzahl = 2, KZ = 4). Die wenigen bislang aufgeführten Beispiele für Komplexe zeigen bereits, dass die Art der Ladungen von Zentralatom und Liganden sowie die Zahl der Liganden bzw. die Koordinationszahl bei verschiedenen Komplexen sehr unterschiedlich sein kann.

Cu^{2+} hat z. B. mit H$_2$O oder NH$_3$ die bevorzugte Koordinationszahl 6, mit Cl$^-$ dagegen 4. Beispiele für verschiedene geometrische Anordnungen sind in Abb. 3 gegeben:

Als ein Beispiel für den Einfluss der Elektronenstruktur des Zentralatoms auf die Koordinationszahl sei das Bestreben der Zentralatome angeführt, für ihre äußere Elektronenhülle einschließlich der Bindungselektronen „**Edelgaskonfiguration**" zu erreichen. Für die Übergangsmetalle der 4. Periode bedeutet diese Edelgaskonfiguration eine Elektronenzahl von 18 Elektronen in der äußeren Elektronenhülle ($\Rightarrow$ Elektronenkonfiguration des Edelgases Krypton).

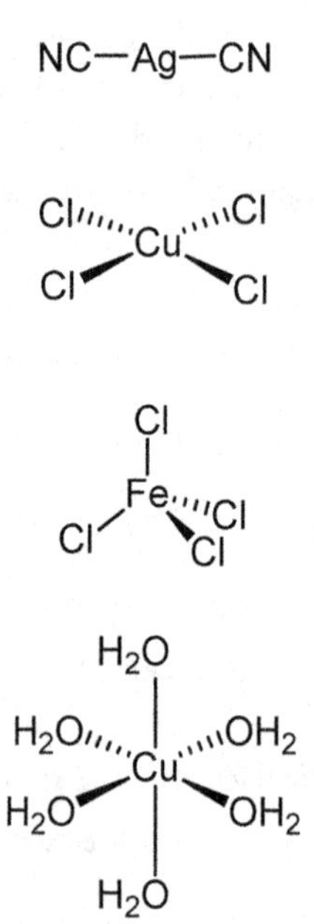

NC—Ag—CN

$[Ag(CN)_2]^-$
Koordinationszahl = 2; linear

$[Cu(Cl)_4]^{2-}$
Koordinationszahl = 4; quadratisch planar

$[Fe(Cl)_4]^-$
Koordinationszahl = 4; tetraedrisch

$[Cu(H_2O)_6]^{2+}$
Koordinationszahl = 6; verzerrt oktaedrisch

Abb. 3 Koordinationszahlen und Koordinationsgeometrie bei Komplexen

Beispiele:

$$Co^+ \;+\; 5\,L \;\rightleftharpoons\; Co(L)_5{}^+$$
$$8\,e^- \;+\; 10\,e^- \;\rightleftharpoons\; 18\,e^-$$
$$Co^{3+} \;+\; 6\,L \;\rightleftharpoons\; [Co(L)_6]^{3+}$$
$$6\,e^- \;+\; 12\,e^- \;\rightleftharpoons\; 18\,e^-$$
$$Fe^{2+} \;+\; 6\,CN^- \;\rightleftharpoons\; [Fe(CN)_6]^{4-} \qquad \text{stabiles Komplexanion}$$
$$\text{relativ ungiftig}$$
$$6\,e^- \;+\; 12\,e^- \;\rightleftharpoons\; 18\,e^-$$
$$Fe^{3+} \;+\; 6\,CN^- \;\rightleftharpoons\; [Fe(CN)_6]^{3-} \qquad \text{instabileres Komplexanion}$$
$$\text{relativ giftig}$$
$$5\,e^- \;+\; 12\,e^- \;\rightleftharpoons\; 17\,e^-$$

Das Beispiel der Eisen(II)- und Eisen(III)hexacyanoferrat-Anionen demonstriert den Einfluss der Elektronenkonfiguration auf die Stabilität von Komplexen besonders eindrucksvoll, da bei diesen Anionen die Änderung der Elektronenzahl in der Valenzschale des Zentralatoms zu einer Erhöhung der Toxizität des Stoffes führt: Während das „Gelbe Blutlaugensalz" $K_4[Fe(CN)_6]$ nur eine sehr geringe Toxizität aufweist, wird das „Rote Blutlaugensalz" $K_3[Fe(CN)_6]$ wegen der geringeren Stabilität gegenüber körpereigenen Säuren, wie der Salzsäure im Magen, teilweise unter Bildung von sehr giftigem Cyanwasserstoff, HCN („Blausäure"), umgesetzt.

2.3 Ligandenaustausch. Im Verhältnis zur Reaktivität anderer Moleküle und Molekülionen **ist für Komplexe charakteristisch, dass sich die Liganden relativ leicht durch andere austauschen lassen.** Dieses unterscheidet sie von „klassischen" kovalenten Verbindungen wie CH_4 und führt zu einer sehr großen Variationsbreite für die Zusammensetzung von Komplexen.

Als Liganden können alle Moleküle oder Anionen wirken, die über mindestens ein freies Elektronenpaar verfügen, das für eine Zentralatom-Ligand-Bindung zur Verfügung steht.

Die Elektronenpaar-Donor-Akzeptor-Beziehung zwischen den Liganden und dem Zentralatom des Komplexes ist mit einer Lewis-Säure-Base-Beziehung vergleichbar.

2.4 Ligandenstärke. So, wie es für die Reaktion mit der Säure H^+ stärkere und schwächere Basen im Verhältnis zur Base H_2O gibt, können auch Liganden nach ihrer „Ligandenstärke" gegenüber einem bestimmten Zentralatom M^{n+} eingeordnet werden. Sowohl bei den Säure-Base-Beziehungen als auch bei der Beziehung zwischen dem Liganden und dem Zentralatom ist der Begriff der „Stärke" mit der Stabilität der entstehenden chemischen Bindung verknüpft.

Für eine Reihe von Molekülen und Ionen, die häufig als Liganden wirken, lässt sich die relative Stärke der Bindung der Liganden an das Zentralatom wie folgt angeben:

$$CN^- > NO_2^- > NH_3 > H_2O \approx C_2O_4^{2-} > OH^- > F^- > Cl^- > Br^- > I^-$$

Aus dieser Reihenfolge, die auch „Spektrochemische Reihe" genannt wird und von der es für bestimmte Zentralatome auch Abweichungen gibt, ist zu ersehen, dass die Ligandenstärke nicht direkt proportional zur Basenstärke ist.

Von besonderer Bedeutung sind Liganden, die zwei oder mehrere Bindungen mit dem Zentralatom ausbilden. In obiger Reihe ist davon das Oxalatanion $^-OOC\text{-}COO^-$ angeführt, das z. B. mit Fe^{3+} den oktaedrischen Trisoxalatokomplex $[Fe(C_2O_4)_3]^{3-}$ bildet.

3. Chelatkomplexe

3.1 Komplexe mit **Liganden, die zwei oder mehrere Koordinationsstellen am Zentralatom** besetzen, werden als Chelatkomplexe bezeichnet. Die entsprechenden Liganden sind Chelatliganden [chelae (lateinisch): Schere (von Krebstieren) bzw. χηλη (griechisch): Kralle, Krebsschere.]

Neben der Bedingung, dass mehr als ein freies Elektronenpaar für Bindungsbeziehungen zur Verfügung steht, ist es auch erforderlich, dass in den **Chelatliganden** diese freien Elektronenpaare sterisch so angeordnet sind, dass sie zu dem entsprechenden Zentralatom „passen".

Sind diese Bedingungen erfüllt, bilden Chelatliganden besonders stabile Komplexe.

Die Chelatliganden werden nach der Zahl der zu Bindungsbeziehungen zur Verfügung stehenden freien Elektronenpaare unterschieden. Sie werden als „zweizähnige", „vierzähnige" usw. Liganden bezeichnet. Beispiele für biologisch und medizinisch wichtige Chelatliganden sind in Abb. 4 aufgeführt.

Chelatkomplexe wirken in biochemischen Prozessen häufig als

- **Katalysatoren** wie die Cytochrome – mit Fe^{2+}/Fe^{3+} als Zentralion und dem Porphyrinsystem als Liganden – oder als
- **Transportmedien** wie das Hämoglobin – mit Fe^{2+} als Zentralion und dem Porphyrinsystem als Liganden.

3.2 Die **besondere Stabilität von Chelatkomplexen** im Vergleich zu Komplexen mit einzähnigen Liganden, der „**Chelateffekt**", beruht vorrangig auf einer **Entropiezunahme** bei der Bildung der Chelatkomplexe. So entstehen z. B. bei der Verdrängung von 6 NH_3-Liganden aus einem Hexamminkomplex durch 3 zweizähnige Ethylendiaminliganden insgesamt 7 Teilchen gegenüber den auf der Eduktseite des Bildungsgleichgewichtes vorliegenden 4 Teilchen:

Die Erhöhung der Teilchenzahl bedeutet eine Zunahme an Unordnung und damit an Entropie im System. Nach der Gibbs-Helmholtz-Gleichung

$$\Delta G = \Delta H - T \cdot \Delta S$$

bedeutet dieses einen negativen Beitrag zur Gibbs-Energie des Systems. Unter der Voraussetzung, dass die Reaktion nicht unter einer bedeutenden Enthalpieänderung verläuft – im obigen Beispiel werden 6 M-N -Bindungen gelöst und 6 M-N -Bindungen wieder geknüpft – verläuft die Chelatkomplexbildungsreaktion also exergonisch.

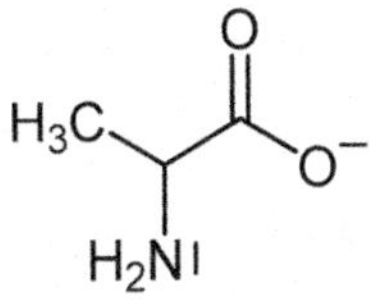

zweizähniger Ligand

Peptide, Eiweißkörper

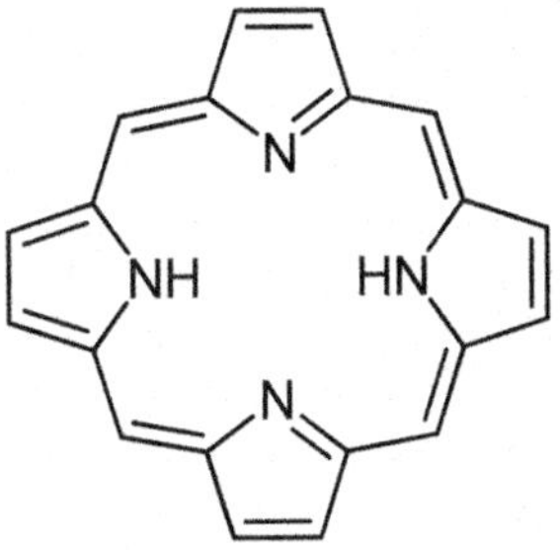

vierzähniger Ligand

Porphyrinkomplexe
Häm, Chlorophyll, Cytochrom P450

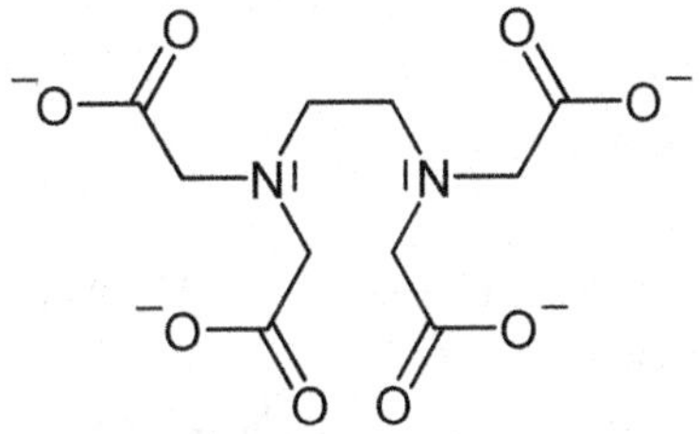

sechszähniger Ligand, EDTA-Komplexe

Therapie von Metallvergiftungen
Hemmung der Blutgerinnung von Blutproben

Abb. 4 Biologisch und medizinisch wichtige Chelatliganden

4. Komplexbildungsgleichgewichte

4.1 Komplexbildungsreaktionen sind **Gleichgewichtsreaktionen**, die dem Massenwirkungsgesetz gehorchen. Die Gleichgewichtskonstante wird hier als „Komplexbildungskonstante" K_K bzw. „Komplexdissoziationskonstante" K_D bezeichnet.

Die Massenwirkungsgleichung für die Bildung des Silberdiamminkomplexes gemäß Gl. (2) lautet

$$Ag^+ + 2\,NH_3 \; \underset{K_D}{\overset{K_K}{\rightleftharpoons}} \; [Ag(NH_3)_2]^+$$

$$K_K = \frac{c([Ag(NH_3)_2]^+)}{c(Ag^+)\cdot c^2(NH_3)} = 1,26\cdot 10^7\,l^2/mol^2$$

$$K_D = \frac{c(Ag^+)\cdot c^2(NH_3)}{c([Ag(NH_3)_2]^+)} = 7,94\cdot 10^{-8}\,mol^2/l^2 \tag{2}$$

Es ist zu beachten, dass $K_K = K_D^{-1}$ ist!

Für die Bildung des Kupfer(II)tetramminkomplexes

$$[Cu(H_2O)_6]^{2+} + 4\,NH_3 \rightleftharpoons [Cu(NH_3)_4(H_2O)_2]^{2+} + 4\,H_2O$$

lautet die Massenwirkungsgleichung:

$$K_K = \frac{c([Cu(NH_3)_4(H_2O)_2]^{2+})}{c([Cu(H_2O)_6]^{2+})\cdot c^4(NH_3)}$$

Auch hier wird die Konzentration von H_2O in die Konstante K_K einbezogen, da $c(H_2O)$ bei stark verdünnten Lösungen als konstant betrachtet werden kann.

4.2 In der 21. Aufgabe wird die Komplexbildungsreaktion nach Gl. (2) dazu benutzt, um **Niederschläge schwerlöslicher Silberhalogenide aufzulösen**. Die Massenwirkungskonstante des Auflösevorgangs nach Gl. (5) lässt sich als das Produkt aus der Komplexbildungskonstante des Silberdiamminkomplexes und dem jeweiligen Löslichkeitsprodukt des Silberhalogenids berechnen:

Lösereaktion:

$$AgX \; \underset{}{\overset{L(AgX)}{\rightleftharpoons}} \; Ag^+ + X^-$$

X	$L(AgX)/mol^2/l^2$
Cl	10^{-10}
Br	$10^{-12,4}$
I	10^{-16}

$$L(AgX) = c(Ag^+)\cdot c(X^-) \tag{3}$$

Komplexbildung:

$$Ag^+ + 2\,NH_3 \; \underset{K_D}{\overset{K_K}{\rightleftharpoons}} \; [Ag(NH_3)_2]^+ \quad K_K = 10^{7,1}\,1/mol \tag{4}$$

Auflösevorgang:

$$AgX + 2\,NH_3 \; \overset{K}{\rightleftharpoons} \; [Ag(NH_3)_2]^+ + X^- \tag{5}$$

Aus den Gleichungen (3), (4) und (5) ist ersichtlich, dass der Auflösevorgang nach Gl. (5) als Summe der Lösereaktion und der Komplexbildungsreaktion zu betrachten ist. Die Massenwirkungskonstante ergibt sich dementsprechend aus dem Produkt der Gleichgewichtskonstanten der Reaktionen nach Gl. (3) und Gl. (4):

$$K = \frac{c\left(\left[Ag(NH_3)_2\right]^+\right) \cdot c(Cl^-)}{c^2(NH_3)} = L(AgCl) \cdot K_K$$

Aus dieser Gleichung kann die Löslichkeit der Silberhalogenide in Ammoniak abhängig von der NH_3-Konzentration ermittelt werden:

Es ist davon auszugehen, dass sich soviel AgX gelöst hat, wie sich X^- in der Lösung befindet. Ag^+ hat mit NH_3 unter Bildung von $[Ag(NH_3)_2]^+$ reagiert.

Dann gilt: $c(X^-) = c([Ag(NH_3)_2]^+)$

und damit gemäß der Massenwirkungsgleichung für den Auflösevorgang:

$$c^2(X^-) = c^2(NH_3) \cdot L(AgX) \cdot K_K$$

Durch Einsetzen der Löslichkeitsprodukte für AgX und des Wertes für K_K lassen sich für unterschiedliche NH_3-Konzentrationen die folgenden Konzentrationswerte für X^- berechnen:

$$c(X^-) = c(NH_3) \cdot \sqrt{10^{7,1} \cdot L(AgX)}$$

1. Für AgCl und $c(NH_3) = 2$ mol/l ergibt sich:

$$c(Cl^-) = 2 \cdot \sqrt{10^{7,1} \cdot 10^{-10}} = 2 \cdot 10^{-1,45} = 0,07 \text{ mol/l}$$

$\Rightarrow$ gelöste Menge AgCl: 10 mg/ml

2. Für AgBr und $c(NH_3) = 17$ mol/l (ca. 33 % NH_3 in Wasser, $d = 0,89$ g/cm^3) ergibt sich:

$$c(Br^-) = 17 \cdot \sqrt{10^{7,1} \cdot 10^{-12,4}} = 17 \cdot 10^{-2,65} = 0,038 \text{ mol/l}$$

$\Rightarrow$ gelöste Menge AgBr: 7,1 mg/ml

3. Für AgI und $c(NH_3) = 17$ mol/l ergibt sich:

$$c(I^-) = 17 \cdot \sqrt{10^{7,1} \cdot 10^{-16}} = 17 \cdot 10^{-4,45} = 6,03 \cdot 10^{-4} \text{ mol/l}$$

$\Rightarrow$ gelöste Menge AgI: 0,14 mg/ml

Bei der Durchführung von Lösungsversuchen mit Silberhalogeniden ist demnach zu beachten, dass sich AgCl nur mäßig in 2 molarem NH_3, AgBr mäßig in konzentriertem NH_3 und AgI sich nur sehr wenig in konzentriertem NH_3 löst.

5. Nomenklatur der Komplexverbindungen

5.1 Die Formeln der anionischen, kationischen oder neutralen Komplexe werden in eckige Klammern gesetzt. Dabei werden die Ionenladungen nach den Klammern angegeben. Innerhalb der Klammern steht das Symbol des Zentralatoms am Anfang. Danach werden die ionischen und anschließend die neutralen Liganden in jeweils alphabetischer Reihenfolge angeführt.

5.2 Im Namen der Komplexe wird der Name des Zentralatoms *hinter* die der Liganden gestellt. Die Zahl der Liganden wird mit den griechischen Grundzahlen *di, tri-, tetra-* usw. ergänzt. Bei komplizierten Verbindungen treten an deren Stelle die Vorsilben *bis-, tris-, tetrakis-* usw.

Bei anionischen Komplexen erhalten die Namen der Zentralatome die Endsilbe *-at*. Die Oxidationszahl der Zentralatome kann in verschiedener Weise gekennzeichnet werden:

$K_3[Fe(CN)_6] \Rightarrow$ Kalium-hexacyanoferrat(III) oder Trikaliumhexacyanoferrat

$K_4[Fe(CN)_6] \Rightarrow$ Kalium-hexacyanoferrat(II) oder Tetrakaliumhexacyanoferrat.

Durch beide Angaben wird eindeutig dokumentiert, dass das Zentralatom ein Fe^{3+}- bzw. ein Fe^{2+}-Kation ist.

5.3 Die Namen der Liganden werden bei anionischen Liganden mit der Endung *-o* (hinter den Endungen id, it, at) versehen.

Beispiele

H⁻ als Ligand:	*hydrido*	NO_2^- als Ligand:	*nitrito*
$C_2O_4^{2-}$ als Ligand:	*oxalato*	SCN⁻ als Ligand:	*thiocyanato*
Übliche Ausnahmen davon sind z. B.			
Cl⁻ als Ligand:	*chloro* (und nicht „chlorido")		
Br⁻ als Ligand:	*bromo*	CN⁻ als Ligand:	*cyano*
O^{2-} als Ligand:	*oxo*	O_2^{2-} als Ligand:	*peroxo*
OH⁻ als Ligand:	*hydroxo*	S^{2-} als Ligand:	*thio*
Die Namen gebundener neutraler Moleküle werden unverändert benutzt mit zwei Ausnahmen:			
H_2O als Ligand wird mit *aqua*, NH_3 mit *ammin* bezeichnet			

Einige Beispiele:

$[Ag(NH_3)_2]Cl$	Diamminsilber(I)chlorid
$K[Ag(CN)_2]$	Kaliumdicyanoargentat(I)
$K_3[Ag(SCN)_4]$	Kaliumtetrathiocyanatoargentat(I)
$[Cu(H_2O)_6]SO_4$	Hexaquakupfer(II)sulfat (oder Hexaaqua...)
$[Cu(NH_3)_4(H_2O)_2]SO_4$	Tetrammindiaquakupfer(II)sulfat (oder Tetraammin..)
$Cs[CuCl_4]$	Cäsiumtetrachlorocuprat(II)

6. Komplexometrie

6.1 Ethylendiamintetraacetat, EDTA^{4-} (oder auch Ethylendinitrilotetraacetat), ist ein sechszähniger Ligand, der sowohl über seine Carboxylatgruppen als auch die Aminogruppen Bindungen mit einem Zentralatom (z. B. Mg^{2+}) eingehen kann:

EDTA^{4-} entsteht durch die Abspaltung von 4 Protonen aus der Ethylendiamintetraessigsäure (H$_4$EDTA), ist eine starke Base und wird in H$_2$O protoniert. In der Praxis wird das Dinatriumsalz der Säure, Na$_2$H$_2$EDTA, eingesetzt. Dementsprechend ist die Komplexbildungsreaktion mit diesem Reagenz wie folgt zu formulieren:

$$H_2EDTA^{2-} \xrightleftharpoons{K_{S''}} EDTA^{4-} + 2H^+ \qquad K_{S''} = 3,8 \cdot 10^{-17}\ mol^2/l^2 \qquad (6)$$

$$M^{2+} + EDTA^{4-} \xrightleftharpoons{K_K} [M(EDTA)]^{2-} \qquad M^{2+}: z.\,B.\,Ca^{2+}, Mg^{2+}, Pb^{2+} \qquad (7)$$

$$M^{2+} + H_2EDTA^{2-} \xrightleftharpoons{K} [M(EDTA)]^{2-} + 2H^+ \qquad (8)$$

$$K = K_{S''} \cdot K_K = \frac{c([M(EDTA)^{2-}) \cdot c^2(H^+)}{c(H_2EDTA^{2-}) \cdot c(M^{2+})}$$

Es ist ersichtlich, dass die Massenwirkungskonstante K der Reaktion des Metallkations mit H_2EDTA^{2-} nicht der eigentlichen Komplexbildungskonstante K_K entspricht, sondern sehr viel kleiner ist. Deshalb ist es bei vielen Metallkationen – so auch bei Mg^{2+} und Ca^{2+} – erforderlich, die in der Komplexbildungsreaktion entstehenden Protonen mit einem Säure-Base-Puffer aus dem Reaktionsgleichgewicht zu entfernen, um quantitativ den EDTA-Komplex zu erhalten.

6.2 Die Komplexbildungsreaktionen mit H_2EDTA^{2-} können in Form von Titrationen zur **quantitativen Bestimmung von Metallkationen** herangezogen werden. Zur Endpunktsanzeige werden dabei *Metallindikatoren* eingesetzt.

Metallindikatoren sind Komplexliganden mit einer durch ihre elektronischen Eigenschaften bedingten Eigenfarbe. Durch die Bindungen an ein Metallkation in einem Komplex ändern sich diese Eigenschaften. Dadurch weist der gebundene Ligand eine andere Farbe als in nichtgebundenem Zustand auf.

Eriochromschwarz T

Als Beispiel für einen Metallindikator sei der Azofarbstoff Eriochromschwarz T aufgeführt, der in wässriger Lösung bei pH 10 blauviolett ist und mit Mg^{2+}-Ionen einen roten Magnesiumkomplex bildet.

Zur Vereinfachung beim Schreiben von Reaktionsgleichungen soll in folgendem der Farbstoff mit HFa^{2-} abgekürzt werden.

Die Wirkungsweise des Indikators im Verlauf der Titration lässt sich mit den folgenden Reaktionsgleichungen beschreiben:

1. Bildung des Indikator-Metall-Komplexes (sehr kleine Menge an HFa^{2-}):

$$HFa^{2-} \rightleftharpoons H^+ + Fa^{3-} \qquad \text{blauviolett}$$
$$M^{2+} + Fa^{3-} \xrightleftharpoons{K_{K(Fa)}} [M(Fa)]^- \qquad \text{rot} \qquad (9)$$

$$M^{2+} + HFa^{2-} \xrightleftharpoons{K(Fa)} [M(Fa)]^- + H^+ \qquad \text{rot} \qquad (10)$$

2. Komplexbildung mit H_2EDTA^{2-}:

$$M^{2+} + H_2EDTA^{2-} \xrightleftharpoons{K(EDTA)} [M(EDTA)]^{2-} + 2\,H^+ \tag{11}$$

3. Reaktion am Äquivalenzpunkt der Titration:

$$[M(Fa)]^- + H_2EDTA^{2-} \xrightleftharpoons{K} \underset{\text{blauviolett}}{[M(EDTA)]^{2-}} + HFa^{2-} + H^+ \tag{12}$$

Damit die Ligandenaustauschreaktion am Äquivalenzpunkt ablaufen kann, muss das Verhältnis der pH-abhängigen Komplexbildungskonstanten **K(EDTA):K(Fa) = K größer als 1** sein. Das bedeutet, dass das zu titrierende Metallkation beim gegebenen pH-Wert mit $EDTA^{4-}$ einen stabileren Komplex bildet als mit Fa^{3-}.

7. Porphyrin-Komplexe

Komplexe mit einem Porphyrin-Grundgerüst als Ligand sind im biochemischen Bereich von besonderer Bedeutung. Diese Stoffklasse stellt eine Vielzahl von Biokatalysatoren. Von zentraler Bedeutung für die Photosynthese in grünen Pflanzen sind die Chlorophyllide. Den verschiedenen Chlorophyllarten ist ein Magnesium-Porphyrinkomplex als aktives Zentrum gemein.

Chlorophyll überträgt Lichtenergie durch einen komplizierten Mechanismus auf andere an der Photosynthese-Reaktionskette beteiligte Ionen und Moleküle. Mg^{2+} hat neben der Stabilisierung des Pophyringerüstes auch eine katalytische Funktion bei der Energieübertragung.

Chlorophyll

Durch Protonierung des Porphyrinsystems wird Mg^{2+} aus dem Komplex verdrängt (Gl. 12). Freies Mg^{2+} lässt sich durch den Chelatliganden (Metallindikator) Titangelb nachweisen, der mit Mg^{2+} einen roten Komplex bildet.

Mit Proteinen verbundene Porphyrin-Eisenkomplexe sind für die Aufnahme und den Transport von O_2 der Luft (Häm) und als Redoxkatalysatoren in den Cytochromen von entscheidender Bedeutung (siehe Lehrbücher der Biochemie).

Im roten Blutfarbstoff, dem Hämoglobin, ist Fe^{2+} in folgendem Häm-Komplex gebunden:

Tab. 1 Spektrum elektromagnetischer Wellen

Radiowellen	$v = 10^4$ bis 10^{10} s^{-1}
Mikrowellen und Infrarotstrahlung	$v = 10^{10}$ bis 10^{14} s^{-1}
Sichtbares bis ultravioletten Licht	$v = 10^{14}$ bis 10^{16} s^{-1}
Röntgenstrahlen	$v = 10^{16}$ bis 10^{19} s^{-1}
γ-Strahlen	$v = 10^{19}$ bis über 10^{21} s^{-1}

Der Sauerstofftransport wird durch eine lockere Bindung des Liganden O_2 an das Zentralion Fe^{2+}, das zugleich über Histidin an das Protein Globin gebunden ist, ermöglicht.

Der stärkere Ligand Kohlenmonoxid, CO, stört den O_2-Transport dadurch, dass das Komplexbildungsgleichgewicht zu Ungunsten des O_2-Komplexes verschoben wird. Nur bei sehr hohen Konzentrationen von O_2 kann CO wieder durch Sauerstoff verdrängt werden. Als Therapie bei CO-Vergiftungen wird daher eine Beatmung mit Sauerstoff durchgeführt.

8. Kolorimetrie und Photometrie

8.1 Elektromagnetische Wellen (auch „Schwingungen" bzw. im Quantenmodell: „Strahlung"), d. h. periodische Störungen elektrischer und magnetischer Felder, können ganz bestimmte Energiebeträge übertragen. Diese Energiebeträge sind abhängig von der Frequenz v bzw. der Wellenlänge λ der elektromagnetischen Wellen. Es gilt die **Plancksche Wirkungsbeziehung:**

$$E = h \cdot v$$

h ist das Plancksche Wirkungsquantum: $h = 6{,}60 \cdot 10^{-34}$ J·s.

Da Frequenz und Wellenlänge über die Beziehung $v = c/\lambda$ (c = Lichtgeschwindigkeit: $\approx 3 \cdot 10^8$ m/s) miteinander verknüpft sind, kann auch formuliert werden:

$$E = h \cdot c \cdot 1/\lambda; \qquad E \sim 1/\lambda; \qquad 1/\lambda = \text{Wellenzahl } \bar{v} \text{ („v quer")}$$

Damit sind die **Frequenz** und die **Wellenzahl** charakteristische Größen elektromagnetischer Wellen, die direkt proportional zum Betrag der durch diese Strahlung übertragenen **Energie** sind (Tab. 1).

8.2 Die Absorption und die Emission elektromagnetischer Wellen durch die Materie ist bei der Absorption mit der Aufnahme und bei der Emission mit der Abgabe ganz bestimmter Energiebeträge verbunden.

Einfache Beispiele dafür sind das Erwärmen eines farbigen Körpers im Sonnenlicht und das Leuchten eines thermisch angeregten Körpers wie der Glühfaden einer Glühbirne.

Tritt sichtbares Licht durch die Lösung eines farbigen Stoffes hindurch, werden bestimmte Wellenbereiche des Lichtes absorbiert. Die aufgenommene Energie führt zur

Tab. 2 Komplementärfarben

Absorbiertes Licht		Beobachtete
Wellenlänge/nm	Farbe	Komplementärfarbe
640	Rot	Blaugrün
550	Gelb	Indigoblau
510	Grün	Purpurrot
450	Blau	Orange
400	Violett	Grünstichig gelb

„**Anregung**" von Valenzelektronen des absorbierenden Stoffes. Sie wird in den meisten Fällen in Form von Wärme wieder abgegeben. Die Elektronen fallen dabei in ihren energetischen „Grundzustand" zurück. Dieses bezeichnet man als „Relaxation". Erfolgt die Relaxation durch die Emission elektromagnetischer Strahlung, wird dieser Vorgang als Fluoreszenz oder Phosphoreszenz bezeichnet. Der allgemeine Begriff, der von der Art der vorhergehenden Anregung der Elektronen unabhängig ist, lautet Lumineszenz.

Die Emission elektromagnetischer Strahlung erfolgt unter anderem bei der Relaxation thermisch angeregter Elektronen.

Die gelbe Farbe der Flammen von verbrennendem Holz ist z. B. auf die Relaxation thermisch angeregter Natriumatome zurückzuführen. Vorgänge dieser Art werden in klinischen Laboratorien bei der „Flammenphotometrie" genutzt.

8.3 Die Absorption von sichtbarem Licht durch farbige Lösungen ist umso größer, je höher die **Konzentration der absorbierenden Teilchen c** in der Lösung und je größer die durchstrahlte **Schichtdicke d** ist.

Durch die Absorption von Licht einer bestimmten Wellenlänge aus dem Spektrum des „weißen" Sonnenlichtes wird dem menschlichen Auge ein Sinneseindruck vermittelt: die beobachtete Farbe des absorbierenden Stoffes. Diese Farbe ist eine andere als die Farbe des absorbierten Lichtes. Sie wird „Komplementärfarbe " genannt (Tab. 2).

Je mehr Licht absorbiert wird, umso größer erscheint dem Auge die Intensität der beobachteten Farbe.

Für die Absorption von Licht einer bestimmten Frequenz gilt die folgende Proportionalität, die auf der Annahme beruht, dass der Grad der Absorption proportional zur Zahl der absorbierenden Teilchen im Strahlengang ist:

$$-\Delta I \sim c \cdot d$$

$-\Delta I$ Intensitätsschwächung

c Konzentration der absorbierenden Teilchen;

d vom Licht durchstrahlte Schichtdicke

Werden zwei Lösungen desselben Stoffes im selben Lösungsmittel mit unterschiedlichen Konzentrationen c_1 und c_2 und unterschiedlicher Schichtdicke d_1 und d_2 miteinander ver-

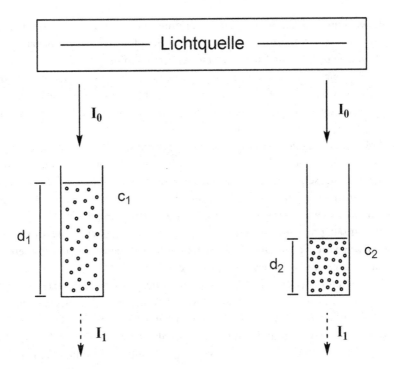

Abb. 5 Veranschaulichung des Beerschen Gesetzes

glichen, gilt für den Fall, dass sie bei gleichgearteter Betrachtung die **gleiche Farbintensität** aufweisen, das **Beersche Gesetz**(Abb. 5):

Beersches Gesetz

$$c_1 \cdot d_1 = c_2 \cdot d_2$$

8.4 Das Beersche Gesetz kann zur **kolorimetrischen Konzentrationsbestimmung** bei farbigen Lösungen herangezogen werden. Voraussetzung dafür ist die Verfügbarkeit einer **Vergleichslösung bekannter Konzentration** c_1.

Entweder wird diese Vergleichslösung mit der Lösung unbekannter Konzentration c_2 so verglichen, dass durch Variation der Schichtdicke d_2 eine gleiche Farbintensität in der Vergleichs- und der Analysenlösung festzustellen ist,

oder es wird bei gleichen Schichtdicken d_1 und d_2 eine Verdünnungsreihe der Vergleichslösung erstellt, mit deren jeweiliger Farbintensität die Farbintensität der Analysenlösung verglichen wird.

Im ersten Fall gilt $c_2 = c_1 \cdot d_1/d_2$; wobei c_1 und d_1 bekannt sind und d_2 als Variable zu bestimmen ist. Diese Beziehung basiert auf einem einfachen Absorptionsmodell und ist umso genauer, je näher der Quotient d_1/d_2 bei 1 liegt.

Deshalb wird im Praktikum nach der 2. Variante gearbeitet und aus einer Lösung bekannten Gehaltes eine Verdünnungsreihe erstellt. Bei gleichen Schichtdicken d_1 und d_2 wird durch den Vergleich der Farbintensität der Analysenlösung mit den Farbintensitäten der Verdünnungsreihe die Konzentration der Vergleichslösung ermittelt, die der unbekannten Konzentration der Analysenlösung entspricht. Da nur eine beschränkte Anzahl von Vergleichslösungen in der Verdünnungsreihe zur Verfügung steht, muss zwischen den ähnlichsten Farbintensitäten **interpoliert** werden.

Diese **kolorimetrischen Verfahren**, durch Farbvergleich Konzentrationen zu bestimmen, werden in einer Vielzahl von Schnelltests im Bereich der medizinischen und der Umweltanalytik eingesetzt. Sie sind jedoch relativ ungenau, da zum einen das menschliche Auge als Messinstrument unzuverlässig ist und zum anderen die Geltung des Beerschen Gesetzes auf einen begrenzten Konzentrationsbereich beschränkt ist.

8.5 Beim Einsatz **photometrischer Methoden** mit **physikalischen Messinstrumenten zur Bestimmung von Intensitäten** elektromagnetischer Wellen einer bestimmten Wellenlänge werden viel genauere Analysenergebnisse erhalten.

Grundlage photometrischer Bestimmungsmethoden ist das **Lambert–Beersche Gesetz**, nach dem nicht Farbintensitäten miteinander verglichen und Intensitätsübereinstimmungen ermittelt werden, wie bei der Anwendung des Beerschen Gesetzes, sondern das von der **direkten Bestimmung der relativen Abnahme des Strahlungsflusses** (Intensitätsabnahmen) für sichtbares oder ultraviolettes Licht einer bestimmten Wellenlänge ausgeht.

Lambert–Beersches Gesetz

$$\text{alte Form:} \quad E = \varepsilon \cdot c \cdot d$$

$$\textbf{neue Form:} \quad \mathbf{A = \chi_n \cdot c \cdot d}$$

ε molarer Extinktionskoeffizent (Wellenlängen-abhängige Stoffkonstante)

E $-^{10}\log (I/I_0)$; „Extinktion"

I   nach dem Durchgang durch die Probe gemessene Intensität

I_0 vor dem Eintritt in die Probe gemessene Intensität

χ_n molarer dekadischer „Absorptionskoeffizient" (Wellenlängen-abhängige Stoffkonstante)

A $-^{10}\log (\tau_i)$; spektrales dekadisches Absorptionsmaß (nach DIN)

τ_i Φ_{ex}/Φ_{in}; „Transmissionsgrad" ; Φ = „Strahlungsfluss, spektraler" (ex = austretend, in = eintretend)

c   Konzentration der zu analysierenden Lösung in mol/l

d   Schichtdicke der Probe im Stahlengang in cm

Der molare dekadische Absorptionskoeffizient χ_n wird durch das Messen von A in Verdünnungsreihen bestimmt. Dieses kann sowohl graphisch durch „Eichkurven" (Abb. 6 und 7) als auch mathematisch geschehen.

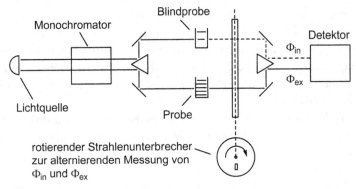

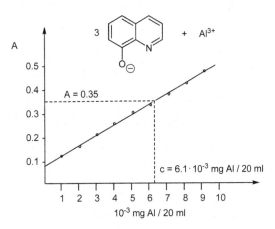

Abb. 6 Schematisches Messprinzip von Photometern

Abb. 7 Beispiel einer Kalibrierkurve (*„Eichkurve"*); hier für die photometrische Bestimmung von Aluminium als Oxinatokomplex in Chloroform

Lösungsmittel: $CHCl_3$; Schichtdicke: d = 5 cm; Wellenlänge: λ = 410 nm

Mit der Kalibrierkurve kann durch das Bestimmen des Absorptionsmaßes A unter gleichen Bedingungen, wie sie bei der Ermittlung der Kalibrierkurve herrschten (gleiches Lösungsmittel, vergleichbarer Konzentrationsbereich, gleiche Wellenlänge des Lichtes, gleiche Schichtdicke) die Konzentration des zu analysierenden Stoffes ermittelt werden:

$$c = A/\chi_n \text{ (für d = konstant)}$$

Als Messgefäße werden dabei sehr genau kalibrierte „Küvetten " aus Quarzglas oder anderen Materialien verwandt.

Die hier angesprochenen Verfahren der Absorptionsmessungen haben die Untersuchung elektromagnetischer Wellen zum Gegenstand, die durch eine zu untersuchende Probe *hindurchgeleitet* wurden, es sind also Verfahren der **Transmissionsspektroskopie**.

Elektromagnetische Wellen werden jedoch auch von diffus streuenden Stoffen *reflektiert*. Wird die diffus reflektierte Strahlung untersucht, handelt es sich um ein Verfahren der **Reflexionsspektroskopie**.

Reflexionsspektroskopische Verfahren werden im Bereich der medizinischen Diagnostik zunehmend eingesetzt. Z. B. können damit Teststreifen zur Blutuntersuchung quantitativ ausgewertet werden.

5. Kurstag: Oxidation und Reduktion

Lernziele

Durchführung von Redoxreaktionen, Oxidationsmittel, Reduktionsmittel, Aufstellung stöchiometrischer Redox-Gleichungen, Iodometrie, Rücktitrationen, indirekte Titrationen, pH-Steuerung von Redoxreaktionen, präparative Isolierung von Feststoffen, Vakuumfiltration.

Grundlagenwissen

Redoxreaktionen, Elektronegativität, Oxidationszahlen, pH-abhängige Redoxreaktionen, elektrochemische Potentiale, Nernstsche Gleichung, Normalpotentiale, Normal-Wasserstoffelektrode.

Benutzte Lösungsmittel und Chemikalien mit Gefahrenhinweisen und Sicherheitsratschlägen:

	H-Sätze	P-Sätze
Schwefelsäure, 1 molar (ca. 9,3 % H_2SO_4 in H_2O)	319/315	280/302 + 352/302 + 351 + 338
Salzsäure, 2 molar (ca. 7,1 % HCl in H_2O)	–	–
Natronlauge, 2 molar (ca. 8 % NaOH in H_2O)	314	280/301 + 330 + 331/305 + 351 +338/310
Sulfidlösung, ca. 0,1 molar (22,3 g/l $Na_2S \cdot xH_2O$ (ca. 35 % Na_2S) in H_2O)	290/301/314/400[a]	273/280/301 + 310/305 + 351 + 338/310[a]
Thiosulfatlösung, 5 %ig ($Na_2S_2O_3$ in H_2O, 50 g/l)	–	–

G. Hilt, P. Rinze, *Chemisches Praktikum für Mediziner*, Studienbücher Chemie, DOI 10.1007/978-3-658-00411-8_5, © Springer Fachmedien Wiesbaden 2015

	H-Sätze	P-Sätze
Thiosulfatlösung, 0,1 bzw. 0,05 molar, jeweils mit Faktorangabe, ($Na_2S_2O_3 \cdot 5\,H_2O$ in H_2O, 24,82 g/l bzw. 12,41 g/l)	–	–
Thioglycolsäurelösung (HS–CH_2–CH_2–CO_2H in H_2O, 50 mg/ml)	331/311/301/314[b]	280/301 + 330 + 331/302 + 352/ 304 + 340/309 + 310[b]
Kaliumiodid, KI	–	–
Iodidlösung, 0,1 molar (KI in H_2O, 16,6 g/l; Iod-frei)	–	–
Iodlösung mit Faktorangabe, 0,05 molar (KI$\cdot I_2$ in Wasser, (12,7 g I_2 + 20 g KI)/l)	–	–
Iod-Kaliumiodidlösung 1:1, 0,05 molar (KI$\cdot I_2$ in Wasser, (12,7 g I_2 + 16,6 g KI)/l)	–	–
Chlorwasser (Cl_2 in H_2O, ca. 6,4 g/l)	270/280/315/319/331/335/400[c]	220/261/273/305 + 351 + 338/ 311/410 + 403[c]
Iodwasser (I_2 in H_2O, ca. 0,33 g/l)	–	–
Bromatlösung, 0,25 molar ($KBrO_3$ in H_2O, 41,8 g/l)	271/350/301[d]	201/210/281/309 + 310[d]
Molybdatlösung (0,1 % $(NH_4)_2MoO_4$ in H_2O)	–	–
Wasserstoffperoxidlösung (ca. 0,2 % H_2O_2 in H_2O)	–	–
Stärkelösung (Stärke in H_2O 40 g/l)	–	–
1,4-Dihydroxybenzol (Hydrochinon)	351/341/302/318/317/400	201/281/273/302 + 352/305 + 351 +338/309 + 310
p-Benzochinon (Chinon)	331/301/319/335/315/400	280/273/302 + 352/304 +340/ 305 + 351 + 338/309 + 310
1,1,1-Trichlorethan	315/319/332/420	305 + 351 + 338
Ethanol	225/302/371	210/260

[a] H-/P-Sätze für festes $Na_2S \cdot xH_2O$
[b] H-/P-Sätze für Thioglycolsäure
[c] H-/P-Sätze für gasförmiges Chlor
[d] H-/P-Sätze für festes $KBrO_3$

Zusätzlich benötigte Geräte
Laborwaagen, 50 ml Bürette mit Stativ und Stativklemme, Wasserstrahlpumpe, Dreifuß mit Auflage, Abfallbehälter für 1,1,1-Trichlorethan, Iodlösungen und Chinon/Hydrochinonabfälle, Filterscheibchen für Hirschtrichter, Rundfilter, Einmalhandschuhe.

Entsorgung
Iod- und 1,1,1-Trichlorethanhaltige
Abfalllösungen werden in den dafür vorgesehenen und gekennzeichneten Abfallbehältern gesammelt. **Abfälle von p-Benzochinon und Hydrochinon** werden, getrennt nach festen Rückständen und Lösungen in den dafür vorgesehenen Abfallbehältern gesammelt.

Die weiteren an diesem Kurstag verwandten Lösungen können in den nach den Versuchsbeschreibungen anfallenden Mengen dem Abwasser beigegeben werden.

Aufgaben

27. Aufgabe

▶ In Reagenzglasversuchen wird die Oxidationswirkung von Iod geprüft.

a) Wenige ml 0,1 molarer Natriumsulfidlösung werden im Reagenzglas tropfenweise mit einer wässrigen Iodlösung („Iodwasser") versetzt. Die Farbe des Iods verschwindet und gleichzeitig trübt sich die Lösung durch ausgeschiedenen Schwefel. Stellen Sie die Gleichung für die abgelaufene Reaktion auf!
b) Wässrige Iodlösung wird mit verdünnter Natriumthiosulfatlösung versetzt. Beschreiben Sie im Labortagebuch Ihre Beobachtungen und stellen Sie eine Reaktionsgleichung auf!

28. Aufgabe

▶ Am Beispiel von Iod wird die Disproportionierungsreaktion eines Stoffes untersucht.

Zu wenigen ml Iod-Lösung wird tropfenweise 2 molarer NaOH zugefügt, bis die braune Farbe verschwindet. Daraufhin säuert man mit 1 molarer H_2SO_4 wieder an. Was ist zu beobachten, wie ist der Reaktionsablauf zu erklären? Stellen Sie Reaktionsgleichungen auf!

29. Aufgabe

▶ Eine einfache Nachweisreaktion für I^--Ionen beruht auf deren leichter Oxidierbarkeit und der guten Löslichkeit von I_2 in organischen Lösungsmitteln. Iodid wird mit Chlor oxidiert.

In einem Reagenzglas werden einige ml einer verdünnten Kaliumiodid-Lösung mit 1,1,1-Trichlorethan unterschichtet. Anschließend wird das Reagenzglas mit einem sauberen Stopfen verschlossen und gut umgeschüttelt. Dabei darf sich die organische Phase nicht violett färben; anderenfalls enthielt die Iodidlösung durch Oxidation mit Luftsauerstoff bereits I_2. In diesem Fall ist sie durch eine frisch bereitete KI-Lösung zu ersetzen. Die Zugabe von 2–3 Tropfen Chlorwasser zu dem Zweiphasensystem färbt die wässrige Schicht braun. Beim Umschütteln geht Iod in die 1,1,1-Trichlorethanschicht über, die sich violett färbt. **Achtung**: Ein Überschuss von Chlorwasser bildet Iodtrichlorid (ICl_3), das sich mit nur schwach gelber Farbe im 1,1,1-Trichlorethan löst.

30. Aufgabe

▶ Iod wird mit Stärke unter Bildung eines blauen Einschlusskomplexes umgesetzt.

Die ausstehende Iodlösung wird so weit verdünnt, dass gerade noch eine gelbbraune Farbe erkennbar ist. Diese Lösung wird mit einigen Tropfen einer verdünnten wässrigen Stärkelösung versetzt. Die Lösung färbt sich tiefblau. Erhitzen Sie die Lösung und kühlen Sie sie anschließend unter fließendem Wasser wieder ab! Was beobachten Sie?

Diese „Iod-Stärke-Reaktion" ist besonders empfindlich in Gegenwart von Iodid: Ein Tropfen der Iodlösung wird in einem Reagenzglas mit H_2O so stark verdünnt, dass die resultierende Lösung nach Zugabe der Stärkelösung farblos bleibt. In einem weiteren Reagenzglas wird iodfreie Iodidlösung mit Stärke versetzt. Diese Lösung muss ebenfalls farblos sein. Wird die Iodidlösung zur Iodlösung gegeben, tritt Blaufärbung auf.

31. Aufgabe

▶ In einer wässrigen Lösung wird Thioglykolsäure mit 0,05 molarer Iodlösung im Überschuss umgesetzt. Die verbliebene Menge Iod wird durch Titration mit 0,05 molarer Thiosulfatlösung bestimmt und daraus die Menge an Thioglycolsäure in der Probe bestimmt.

Jede Arbeitsgruppe erhält in zwei *sauberen* und *trockenen* Gefäßen jeweils ca. 100 ml 0,05 molarer Iodlösung ($I_2 \cdot I^-$) und 0,05 molarer Thiosulfatlösung ($S_2O_3^{2-}$). **Der jeweilige Titrationsfaktor ist beim Assistenten zu erfragen und bei den Berechnungen zu berücksichtigen!**

In einem 100 ml Messkolben wird eine bestimmte Menge Thioglykolsäure ($HS–CH_2–COOH$) ausgegeben. Diese wird mit H_2O auf 100 ml aufgefüllt und dabei gut durchmischt. 25 ml der entstandenen Lösung werden mit der Messpipette in einen Titrationskolben gegeben, in den vorher schon genau 25 ml 0,05 molarer Iodlösung eingefüllt waren. Die Reaktionslösung wird durchmischt. Anschließend wird die *saubere* Bürette (mit Titrationslösung vorspülen!) mit der 0,05 molaren $S_2O_3{}^{2-}$-Lösung befüllt und das in der Reaktionslösung befindliche Iod titriert. Erst wenn die Lösung im Titrationskolben nur noch schwach braun gefärbt ist, werden 1 bis 2 ml Stärkelösung zugesetzt und die Titration bis zum Äquivalenzpunkt (Entfärben der blauen Lösung) fortgesetzt. Beim Äquivalenzpunkt ist zu bedenken, dass sich in der „austitrierten" Lösung I^- befindet, das leicht von Luftsauerstoff wieder zu I_2 oxidiert wird. Schlägt kurze Zeit nach Erreichen des Äquivalenzpunktes die Farbe wieder nach blau um, darf **nicht** weitertitriert werden!

Stöchiometrie der Reaktionen:

$$2\,HOOC–CH_2–SH + I_2 \;\rightleftharpoons\; HOOC–CH_2–S–S–CH_2–COOH + 2\,HI \qquad (1)$$

$$2\,S_2O_3^{2-} + I_2 \rightleftharpoons S_4O_6^{2-} + 2\,I^- \qquad (2)$$

Beispiel:
 Vorlage: 25,00 ml 0,05 molare I_2-Lösung, $F = 1{,}030$
 Verbrauch: 10,20 ml 0,05 molare $S_2O_3{}^{2-}$-Lösung, $F = 1{,}009$
 $\Rightarrow 0{,}05\ \text{mmol/ml} \cdot 25{,}00\ \text{ml} \cdot 1{,}030 = 1{,}288\ \text{mmol}\ I_2$
 $\Rightarrow 0{,}05\ \text{mmol/ml} \cdot 10{,}20\ \text{ml} \cdot 1{,}009 = 0{,}5146\ \text{mmol}\ S_2O_3{}^{2-}$
 Berechnung:
 $1{,}288 - (0{,}5146/2) = 1{,}031$ mmol Iod, die in der Reaktion nach Gl. (1) umgesetzt wurden, das entspricht einer Menge von $1{,}031\ \text{mmol} \cdot 2 = 2{,}062$ mmol Thioglycolsäure.

Es wurde 1/4 (d. h. 25 ml von 100 ml) der als Analyse erhaltenen Thioglycolsäuremenge titriert. Damit ist das Analysenergebnis:

$2{,}062\ \text{mmol} \cdot 4 = 8{,}248\ \text{mmol}\ C_2H_4O_2S$ ($M = 92{,}1$ g/mol)

$= $ **759 mg $C_2H_4O_2S$**

32. Aufgabe

▶   Wasserstoffperoxid wird „indirekt" durch iodometrische Titration quantitativ bestimmt.

Wasserstoffperoxid oxidiert in saurer Lösung Iodid zu Iod, das anschließend mit Thiosulfat titriert wird.

 Die zu bestimmende Probe der H_2O_2-Lösung wird von der Assistentin in ein Titriergefäß gegeben. Man löst in einem Becherglas eine kleine Menge (eine gute Spatelspitze, mindestens 250 mg) KI in etwa 10 ml Wasser auf, säuert mit ca. 3 ml 2 molarer HCl an und gibt als Katalysator für die Oxidationsreaktion noch 1 ml verdünnte Ammoniummolybdat-lösung hinzu. Diese Mischung wird zur H_2O_2-Lösung im Titriergefäß gegeben. Iod wird freigesetzt und als I_3^- ($I_2 \cdot I^-$) gebunden. Das durch die Oxidation mit H_2O_2 entstandene I_2 wird mit der 0,1 molaren Thiosulfat-Lösung in der zuvor angegebenen Weise titriert. Die erhaltene Menge H_2O_2 ist in mg zu berechnen!

Stöchiometrie der Reaktion [zur Titration von Iod mit Thiosulfat] siehe Gl. (2)]:

$$H_2O_2 + 2H^+ + 2I^- \quad \rightleftharpoons \quad 2H_2O + I_2 \tag{3}$$

Beispiel: Verbrauch: 10,95 ml 0,1 molarer $S_2O_3^{2-}$-Lösung, F = 1,009
Berechnung:
10,95 ml $\cdot$ 0,1 mmol/ml $\cdot$ 1,009 = 1,105 mmol $S_2O_3^{2-}$
1 mmol $S_2O_3^{2-}$ entspricht 0,5 mmol I_2, entspricht 0,5 mmol H_2O_2
1,1051 mmol $S_2O_3^{2-}$ entsprechen 0,552 mmol H_2O_2
0,552 mmol H_2O_2 (M = 34 g/mol) = 18,8 mg H_2O_2

33. Aufgabe

▶   p-Benzochinon wird in wässriger Lösung durch Oxidation von Hydrochinon mit
    Kaliumbromat hergestellt.

Bei der Durchführung der Versuche mit Hydrochinon und p-Benzochinon sind Einmalhandschuhe zu benutzen! p-Benzochinon ist giftig, Kaliumbromat krebserzeugend! Beachten Sie die Sicherheitshinweise.

Auf einer Laborwaage werden 0,8 g Hydrochinon (1,4-Dihydroxybenzol) abgewogen und in ein Reagenzglas gegeben. Zu diesem Feststoff werden mit einer Messpipette 10 ml einer 0,25 molaren $KBrO_3$-Lösung gegeben und die Lösung solange vorsichtig erwärmt, bis sich der Feststoff gelöst hat. Was wird dabei beobachtet?

In einem 2. Reagenzglas werden 5 ml 1 molarer H_2SO_4 mit 5 ml H_2O verdünnt. 1,5 ml dieser so verdünnten Säure werden in die zuerst hergestellte Lösung gegeben (Umrühren mit Glasstab!). Anschließend wird das Gemisch mit heißem Wasser auf 60–70 °C erwärmt. Dazu wird das Reagenzglas in ein „Wasserbad" gegeben, das aus einem mit heißem Wasser gefüllten Becherglas hergestellt wird. Das Becherglas wird mit dem Bunsenbrenner (auf Dreifuß und Drahtnetz) vorsichtig erwärmt. Was wird in Abhängigkeit von der Reaktionsdauer beobachtet?

Tab. 1 Zusammenstellung der Versuchsergebnisse von Aufgabe 34

Substanz in Ethanol	Zugabe von I_2/KI + Stärke	Zugabe von KI + Stärke
p-Benzochinon		
Hydrochinon		

Der Versuch ist misslungen, wenn die Lösung auch nach einiger Zeit noch dunkel ist und kein Niederschlag ausfällt. In diesem Fall ist er nach dem Reinigen der Glasgeräte zu wiederholen und dabei darauf zu achten, dass die Versuchsbedingungen genau eingehalten werden.

Ist die Lösung rein gelb geworden, wird das Reagenzglas unter fließendem kalten Wasser abgekühlt und der entstandene Feststoff mit Hilfe eines Hirschtrichters auf einem Saugrohr, das mit der Wasserstrahlpumpe evakuiert wird, abfiltriert.

▶ **Wasserstrahlpumpen** dürfen nicht benutzt werden, wenn Lösungen abzusaugen sind, die leicht flüchtige Halogenkohlenwasserstoffe wie 1,1,1-Trichlorethan oder andere leichtflüchtige wassergefährdende Stoffe enthalten. Dieses würde zur Verunreinigung des Abwassers mit gefährlichen Stoffen führen!

Die Substanz wird auf einem Rundfilter ausgebreitet und durch Zusammendrücken von anhaftendem Wasser befreit. anschließend wird die „Ausbeute" durch Wiegen der erhaltenen Substanzmenge bestimmt und notiert.

So hergestelltes p-Benzochinon riecht stechend und schmilzt bei 116 °C.

Es wird für den nächsten Versuch aufbewahrt. Formulieren Sie die stöchiometrisch exakte Reaktionsgleichung für diese Synthese!

(Hinweis: Bromat, BrO_3^-, wird vollständig zu Bromid, Br^-, reduziert).

34. Aufgabe

▶ Die pH-abhängigen Redoxeigenschaften des Systems p-Benzochinon/Hydrochinon wird mit Reagenzglasversuchen untersucht.

In jeweils einem Reagenzglas ist aus einer Spatelspitze Substanz und etwa 3 ml Ethanol eine gesättigte Lösung von p-Benzochinon in Ethanol und eine gesättigte Lösung von Hydrochinon in Ethanol herzustellen.

In zwei anderen Reagenzgläsern werden jeweils 2 ml Stärkelösung mit einem Tropfen Iodlösung ($I_2 \cdot I^-$ in H_2O) gemischt. In eines dieser Reagenzgläser tropft man etwas von der gesättigten Hydrochinonlösung, in das andere etwas von der gesättigten p-Benzochinonlösung. Die Beobachtungen sind in Tab. 1 einzutragen.

In zwei weiteren Reagenzgläsern sind 2 ml Stärkelösung, 3 Tropfen KI-Lösung und ein Tropfen der verdünnten H_2SO_4 zu vermischen. Zu je einer dieser Mischungen werden ebenfalls 10 Tropfen der ethanolischen p-Benzochinon- bzw. der ethanolischen Hydrochinonlösungen gegeben. Was wird bei der Zugabe beobachtet? Notieren Sie auch diese Beobachtungen in der Tab. 1. Es ist die Reaktionsgleichung für das Redox-Gleichgewicht p-Benzochinon/Hydrochinon aufzustellen. Erklären Sie damit die in der Tabelle zusammengefassten Versuchsergebnisse!

Erläuterungen

1. Oxidation und Reduktion

1.1 Die Begriffe Oxidation und Reduktion beziehen sich ursprünglich auf Reaktionen mit Sauerstoff und die Zurückführung sauerstoffreicher Stoffe in sauerstoffarme:
Oxidation des Eisens zu Eisenoxid

$$4\,Fe + 3\,O_2 \rightleftharpoons 2\,Fe_2O_3 \tag{4}$$

Reduktion des Eisenoxids zu Eisen

$$2\,Fe_2O_3 + 3\,C \rightleftharpoons 4\,Fe + 3\,CO_2 \tag{5}$$

Wird dieser Vorgang genauer betrachtet, ist festzustellen, dass Eisen bei der Oxidation Elektronen an den Reaktionspartner abgegeben hat. Eisen(III)oxid besteht in fester Form vereinfacht gesagt aus Fe^{3+}-Kationen, die oktaedrisch von O^{2-}-Anionen umgeben sind. Bei der Reduktion werden die Fe^{3+}-Kationen unter Elektronenaufnahme wieder in den elementaren Zustand als Fe zurückgeführt.

Analoge Reaktionen, die unter Abgabe bzw. Aufnahme von Elektronen ablaufen, lassen sich auch mit anderen Stoffen als Sauerstoff durchführen:

$$2\,Fe + 3\,Cl_2 \rightleftharpoons 2\,FeCl_3 \qquad Fe^{3+}\text{-Kationen und } Cl^-\text{-Anionen} \tag{6}$$

▸ Als **Oxidation** eines Stoffes wird ein Vorgang bezeichnet, bei dem der Stoff **Elektronen** an den Reaktionspartner **abgibt**.
  Als **Reduktion** eines Stoffes wird ein Vorgang bezeichnet, bei dem von ihm **Elektronen** vom Reaktionspartner **aufgenommen** werden.

Die Aufnahme und die Abgabe von Elektronen sind danach immer gekoppelte Vorgänge, die Kombination wird als „**Redoxreaktion**" bezeichnet.

▸ Stoffe, die bei einer Reaktion Elektronen an den Reaktionspartner abgeben, bezeichnet man als **Reduktionsmittel**, diejenigen, die diese Elektronen aufnehmen, als **Oxidationsmittel**.

Unter Vernachlässigung der eigentlichen Bindungssituation werden diese Definitionen für Redoxreaktionen auch dann angewandt, wenn als Reaktionsprodukte weitgehend kova-

Tab. 2 Elektronegativitäten nach Pauling

H 2,20							He
Li 0,98	Be 1,57	B 2,04	C 2,55	N 3,04	O 3,44	F 3,98	Ne
Na 0,93	Mg 1,31	Al 1,61	Si 1,90	P 2,19	S 2,58	Cl 3,16	Ar
K 0,82	Ca 1,00	Ga 1,81	Ge 2,01	As 2,18	Se 2,55	Br 2,96	Kr 3,0
Rb 0,82	Sr 0,95	In 1,78	Sn 1,96	Sb 2,05	Te 2,10	I 2,66	Xe 2,6
Cs 0,79	Ba 0,89	Tl 2,04	Pb 2,33	Bi 2,02			

lente Verbindungen entstehen, wie z. B. in Gl. (5) Kohlendioxid, O=C=O. Dem elektronegativeren Bindungspartner werden in diesen Fällen die Bindungselektronen formal zugeordnet. Man betrachtet CO_2 so, als habe das Kohlenstoffatom auf jedes Sauerstoffatom jeweils 2 Elektronen übertragen.

1.2 Als **Oxidationszahl(OxZ)** eines Atoms wird die Zahl der gegenüber dem Elementzustand **formal** aufgenommenen (negatives Vorzeichen) oder abgegebenen (positives Vorzeichen) Elektronen bezeichnet (Tab. 2).

Entscheidendes Kriterium für die Bestimmung der formalen Oxidationszahlen ist die Elektronegativitätsdifferenz zwischen Bindungspartnern. Das Konzept der Oxidationszahl ersetzt den früher benutzten vieldeutigen Begriff der „Wertigkeit".

▶ Die „**Elektronegativität**" eines bestimmten Atoms ist ein Maß für das Bestreben dieses Atoms, in einer chemischen Verbindung (Molekül, mehratomiges Ion usw.) Elektronen an sich zu ziehen. Sie ist eine dimensionslose relative Größe.

Oxidationszahlen werden unter Verwendung bekannter Oxidationszahlen der Bindungspartner derart festgelegt, dass die **Summe aller Oxidationszahlen in einem neutralen oder ionischen Teilchen der Ladung dieses Teilchens entspricht.** Einige der als bekannt vorauszusetzenden „fundamentalen" Oxidationszahlen sind in Tab. 3 zusammengefasst.

Beispiel: Zuordnung von Oxidationszahlen

$$2\overset{?}{S}_2\overset{-2}{O}_3^{2-} + \overset{0}{I}_2 \;\rightleftharpoons\; \overset{?}{S}_4\overset{-2}{O}_6^{2-} + 2\overset{?}{I}^- \tag{7}$$

$$2\,\overset{+1}{Na}_2\overset{?}{S}_2\overset{-2}{O}_3 + \overset{0}{I}_2 \;\rightleftharpoons\; \overset{+1}{Na}_2\overset{?}{S}_4\overset{-2}{O}_6 + 2\,\overset{+1\,?}{NaI} \tag{8}$$

Tab. 3 Oxidationszahlen (OxZ)

Atom	Elektronegativität	Oxidationszahl
F	3,98	-1
Li, Na, K	0,98–0,82	$+1$
Mg, Ca, Ba	1,31–0,89	$+2$
H	2,2	$+1$ Ausnahme in NaH usw.: -1
O	3,44	-2 Ausnahmen in $-O-O-$: -1; in OF_2: $+2$

Elementen (z. B.: I_2, H_2, O_2, C, Fe) wird definitionsgemäß die OxZ 0 zugeordnet

Berechnung der Oxidationszahlen (OxZ) des Schwefels:

$$Na_2S_2O_3: \quad 2 \cdot OxZ(S) + 2 \cdot (+1) + 3 \cdot (-2) = 0; \quad | \; OxZ(S) = +2$$
$$S_2O_2^{2-}: \quad 2 \cdot OxZ(S) + 3 \cdot (-2) = -2 \quad | \; OxZ(S) = +2$$
$$S_4O_6^{2-}: \quad 4 \cdot OxZ(S) + 6 \cdot (-2) = -2 \quad | \; OxZ(S) = +2,5$$

Im Gegensatz zur Anzahl von Elementarladungen, die nur ganzzahlig sein kann, ist es möglich, dass formale Oxidationszahlen auch als Dezimalbrüche erscheinen. Auch Strukturfragmente von Molekülen oder Ionen können mit Oxidationszahlen belegt werden:

$$\overset{\text{Rest: } +1 \mid -2 \text{ für C}}{CH_3 - CH_2 - CH_2 - OH} \rightleftharpoons \overset{+1 \mid 0}{CH_3 - CH_2 - CHO} + 2H^+ + 2e^- \tag{9}$$

Dadurch, dass hier dem Alkylrest CH_3-CH_2 als Gruppe die Oxidationszahl $+1$ zugesprochen wird, ist die Berechnung der Oxidationszahlen des eigentlich reaktionsrelevanten Kohlenstoffatoms in der Ausgangsverbindung und im Reaktionsprodukt vereinfacht.

Die Bilanzierung der Oxidationszahlen hilft, Redoxvorgänge und die beteiligten Oxidations- bzw. Reduktionsmittel zu erkennen. Ferner erlaubt sie die Aufstellung stöchiometrischer Reaktionsgleichungen. Aus der Differenz der Oxidationszahlen in der betreffenden Ausgangsverbindung und im Reaktionsprodukt ergibt sich die Zahl der übertragenen Elektronen:

Bei der Oxidation des Thiosulfats zum Tetrathionat nach Gl. (7) ändert Schwefel seine OxZ von $+2$ nach $+2,5$. Da 4 Schwefelatome an der Reaktion beteiligt sind, ergibt sich ein Elektronenumsatz von $4 \cdot 0,5 = 2$ Elektronen. Diese werden vom Oxidationsmittel, dem I_2-Molekül aufgenommen, wobei sich die OxZ des Iods von 0 in I_2 nach -1 im I^--Ion verändert.

1.3 Die Aufstellung von stöchiometrischen Redoxgleichungen erfolgt am besten, indem die Reduktion des einen und die Oxidation des anderen Reaktionspartners als Teile der Gesamtreaktion („Halbreaktionen") aufgefasst werden.

Wasserstoffperoxid reagiert in saurer Lösung mit Iodid unter Bildung von Wasser und Iod (siehe Gl. (3)):

Reduktion (Elektronenaufnahme) :

$$H_2 \overset{-1}{O}_2 + 2\,H^+ + 2\,e^- \rightleftharpoons 2\,H_2 \overset{-2}{O} \tag{10}$$

Oxidation (Elektronenabgabe)

$$2\,\overset{-1}{I^-} + 2\,e^- \rightleftharpoons \overset{0}{I}_2 \tag{11}$$

$$\text{Summe}: H_2O_2 + 2\,H^+ + 2\,I^- \rightleftharpoons 2\,H_2O + I_2 \tag{12}$$

Die Anzahl der Elektronen, die in die Gleichungen für die Halbreaktionen einzusetzen ist, kann aus der Differenz der Oxidationszahlen ermittelt werden. Ist diese Anzahl im Reduktionsschritt nicht genau so groß, wie im Oxidationsschritt, müssen die Teilgleichungen vor der Summenbildung mit ganzzahligen Faktoren multipliziert werden, bis dieses der Fall ist, da die Zahl der aufgenommenen Elektronen der Zahl der abgegebenen entsprechen muss:

Beispiel: Reaktion von Bromat mit Bromid in saurer Lösung.

Reduktion :

$$\overset{+5}{BrO_3^-} + 6\,H^+ + 5\,e^- \rightleftharpoons 1/2\,\overset{0}{Br}_2 + 3\,H_2O \quad | \cdot 1 \tag{13}$$

Oxidation :

$$\overset{-1}{Br^-} - 1\,e^- \rightleftharpoons 1/2\,\overset{0}{Br}_2 \quad | \cdot 5 \tag{14}$$

$$\text{Summe}: BrO_3^- + 5\,Br^- + 6\,H^+ + \rightleftharpoons 3\,Br_2 + 3\,H_2O \tag{15}$$

Auf jeden Fall soll nach dem Aufstellen einer chemischen Reaktionsgleichung überprüft werden, ob auf der linken und der rechten Seite der Reaktionsgleichung die gleiche Art und die gleiche Anzahl von Atomen vorliegt („**Stoffbilanz**"). Auch die Summe der Ionenladungen muss auf der rechten Seite einer Reaktionsgleichung genauso groß sein wie auf der linken („**Ladungsbilanz**").

2. Redox-Disproportionierungsreaktionen

Als **Disproportionierung** wird eine Reaktion bezeichnet, bei der ein Stoff so reagiert, dass Reaktionsprodukte entstehen, in denen ein bestimmtes Element des Ausgangsstoffes gleichzeitig seine Oxidationszahl gegenüber der ursprünglichen erhöht als auch erniedrigt. Der Ausgangsstoff reagiert damit gleichzeitig als Oxidationsmittel und als Reduktionsmittel.

Die in der 28. Aufgabe durchgeführte Reaktion von Iod mit Wasser ist hierfür ein Beispiel:

Elementares I_2 [OxZ(I) = 0] setzt sich zu einem geringen Teil mit Wasser zu HI [OxZ(I) = – 1] und HOI [OxZ(I) = + 1] um:

$$I_2 + H_2O \rightleftharpoons I^- + IOH + H^+ \tag{16}$$

$$I_2 + 2\,HO^- \rightleftharpoons I^- + IO^- + H_2O \tag{17}$$

Bei der Reaktion nach Gl. (16) liegt das Gleichgewicht stark auf der Seite des Halogens I_2. Wird jedoch zur Lösung die Base HO^- zugesetzt, wird durch das Abfangen der Protonen das Gleichgewicht nach rechts verschoben (Gl. (17)). Beim Ansäuern der entstehenden Lösung von Iodid und Hypoiodit wird wieder das Halogen gebildet. Auch die Halogene Chlor und Brom reagieren in dieser Weise.

Die desinfizierende Wirkung, die durch das Versetzen von Trinkwasser oder Schwimmbadwasser mit Cl_2 erreicht werden soll, ist weitgehend auf das sich bildende Hypochlorit ClO^- zurückzuführen und nicht auf das molekular gelöste Chlor. Deshalb muss in diesen Fällen auch der pH-Wert des Wassers kontrolliert werden, da ein zu niedriger pH-Wert diese Maßnahme unwirksam macht oder eine zu hohe toxikologisch bedenkliche Chlorkonzentration erfordert, um einen desinfizierenden Effekt zu erzielen.

Die Redoxreaktion nach Gl. (15) stellt die Umkehr einer Redox-Disproportionierungsreaktion dar, eine „**Komproportionierung**": Eine Bromverbindung mit hoher Oxidationszahl für Brom reagiert mit einer Bromverbindung, in der dem Element eine niedrige Oxidationszahl zuzuordnen ist. Dabei entsteht eine Bromverbindung mit einer Oxidationszahl für Brom, die zwischen den beiden Oxidationszahlen des Broms in den Ausgangsverbindungen liegt.

3. Iodometrische Reaktionen und Analysenverfahren

3.1 Iod besitzt eine mittlere Elektronegativität von 2,5, die mit der von Kohlenstoff und Schwefel vergleichbar ist. Das **Redoxsystem Iod/Iodid** ist deshalb sehr vielseitig. Einerseits wirkt Iod gegenüber einer Reihe von Stoffen als Oxidationsmittel, andererseits kann Iodid von einer Reihe von Oxidationsmitteln in elementares Iod überführt werden.

Beispiele dafür sind die Reaktion von Iod mit Thiosulfat nach Gl. (12) und die von Iodid mit Wasserstoffperoxid nach Gl. (3).

Maßanalytisch wird die Titration von I_2-haltigen Proben mit Thiosulfatlösungen bekannten Gehalts nach Gl. (12) als Bestimmungsmethode herangezogen. Zur Endpunktindikation wird die reversible Bildung der intensiv tiefblau gefärbten Einschlussverbindung von Iod mit Stärke herangezogen. Am Äquivalenzpunkt tritt die Entfärbung der titrierten Lösung ein.

Die tiefblaue Farbe der I_2-Stärke-Einschlussverbindung kommt durch Einlagerung von I_2 in die Polysaccharidkette der Stärke zustande, wobei sich mehrere I_2-Moleküle zusammenlagern und starkpolarisiert werden. Diese Einschlussverbindung wird beim Erhitzen zerstört, beim Abkühlen aber wieder zurückgebildet. Da I_2 auch Stärke oxidieren kann, setzt man Stärke als Indikator erst kurz vor dem Erreichen des Äquivalenzpunktes hinzu.

Die direkte Titration mit einer Iod-Maßlösung kann bei anderen Reduktionsmitteln als Thiosulfat nur dann durchgeführt werden, wenn die der Titration zugrunde liegende Redoxreaktion die an titrimetrische Verfahren zu stellenden Bedingungen erfüllt (siehe 1. Kurstag). Diese sind vor allem die stöchimetrische Eindeutigkeit und eine hohe Reaktionsgeschwindigkeit.

Reaktionen mit Iod, die nur sehr langsam ablaufen oder solche, bei denen das Reduktionsmittel auch mit dem Sauerstoff der Luft reagieren kann und deswegen sehr schnell mit Iod umgesetzt werden muss, eignen sich nicht zur direkten Titration mit einer Iod-Maßlösung.

Die im Praktikum zu bestimmende Thioglycolsäure, $HS-CH_2CO_2H$, ist eine solche Substanz, die mit Luftsauerstoff unter Oxidation reagiert.

3.2 Deshalb wird Thioglycolsäure iodometrisch mit dem Verfahren der **Rücktitration** bestimmt. Die Thioglycolsäure enthaltende Probe wird mit einer bestimmten Menge an Iod versetzt, die im Verhältnis zur vorliegenden Menge an $HS-CH_2CO_2H$ stöchiometrisch ein Überschuss ist. So ist sichergestellt, dass $HS-CH_2CO_2H$ stöchimetrisch eindeutig mit I_2 reagiert. Anschließend wird die überschüssige Menge von I_2 in der Lösung mit Thiosulfat „zurücktitriert". Aus der Differenz der eingesetzten molaren Menge an Iod und der zurücktitrierten wird die Menge an Iod ermittelt, die mit $HS-CH_2CO_2H$ nach Gl. (1) reagiert hat (siehe 31. Aufgabe).

3.3 Oxidationsmittel werden iodometrisch dadurch bestimmt, dass sie mit einem stöchiometrischen Überschuss von Iodid umgesetzt werden. Dabei entsteht eine Menge Iod, die dem Oxidationsmittel äquivalent ist. Iod wird durch Titration mit einer Thiosulfat-Maßlösung quantitativ bestimmt. Dieses Verfahren wird als **indirekte** Bestimmung bezeichnet.

So lässt sich Wasserstoffperoxid nach Gl. (3) in saurer Lösung mit I^- umsetzen und durch Titration der Iodmenge mit Thiosulfat quantitativ bestimmen. Zur Beschleunigung der Oxidation des Iodids wird ein Katalysator, Ammoniummolybdat, eingesetzt. Die Wirkungsweise und Bedeutung von Katalysatoren wird im Zusammenhang mit der Reaktionskinetik besprochen.

4. Elektrochemische Potentiale

4.1 Definitionsgemäß sind Redox-Reaktionen **Elektronenübertragungsreaktionen**. Bringt man einen Zinkstab in eine wässrige Lösung von $CuSO_4$, wird Zn durch Cu^{2+} oxidiert. Es scheidet sich metallisches Cu ab und Zn^{2+}-Kationen gehen in Lösung.

$$Cu^{2+} + Zn \;\rightleftharpoons\; Cu + Zn^{2+} \tag{18}$$

Die bei der Reaktion zwischen Cu^{2+} und Zn stattfindende Übertragung von Elektronen vom Zink auf die Kupferkationen kann „sichtbar" gemacht werden, wenn die Reaktion

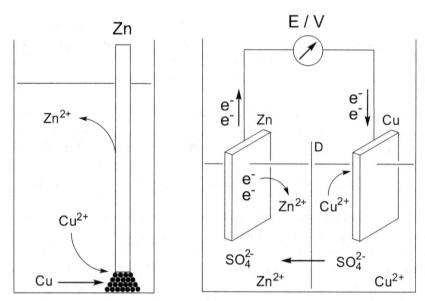

Abb. 1 Daniell-Element, Beispiel einer elektrochemischen Zelle

derart durchgeführt wird, dass Zn und Cu^{2+} räumlich so voneinander getrennt sind, so dass ein direkter Elektronenübergang nicht möglich ist.

Dieses geschieht in zwei elektrochemischen Halbzellen, die durch eine semipermeable Membran („Diaphragma") voneinander getrennt sind. Die Membran erfüllt die Aufgabe, eine Durchmischung der wässrigen Lösungen der Halbzellen zu verhindern und die spontane Diffusion von Ionen zwischen den Lösungen zu behindern. Der Elektronenfluss wird über einen elektrischen Leiter, der den Zinkstab mit einem Kupferstab verbindet, gewährleistet. In die Leitung kann ein Messinstrument (Voltmeter, Amperemeter) geschaltet werden (Abb. 1). Durch die Membran diffundieren nur die zum Ladungsausgleich erforderlichen Ionen.

Dieser Versuchsaufbau repräsentiert eine einfache Form einer „**Batterie**" zur Speicherung von elektrischer Energie, die in den verschiedensten Elektrodenkombinationen vielfältige Verwendung findet.

Ist durch den technischen Aufbau, die Auswahl der Elektroden („Halbzellen") und die Art der Stromentnahme gewährleistet, dass die chemischen Redoxvorgänge in einer solchen elektrochemischen Zelle weitgehend umkehrbar („reversibel") sind, kann durch das Anlegen einer äußeren elektrischen Spannung der ablaufende Redoxvorgang umgekehrt werden. Das führt zur erneuten Ansammlung („Akkumulation") der Ausgangsstoffe in den Halbzellen. Solche elektrochemischen Zellen werden als **Akkumulatoren** bezeichnet (Beispiel: Blei„batterie" in Automobilen).

4.2 Das elektrochemische Potential ΔE („Elektromotorische Kraft, EMK", „**Redoxpotential**") ist die Spannung, die zwischen den Elektroden einer elektrochemischen Zelle gemessen wird (Einheit: Volt). ΔE ist abhängig von der Art der Stoffe, die die Halbzellen bilden und deren Konzentrationen in den Lösungen. Als thermodynamische Größe ist sie

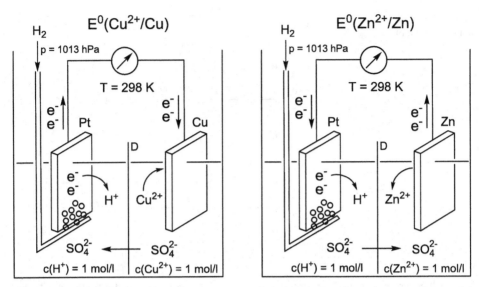

Abb. 2 Standardwasserstoffelektrode zum Messen des Standard-Reduktionspotentials von Cu/Cu²⁺ bzw. Zn/Zn²⁺

ebenfalls von der Temperatur und dem herrschenden Druck (bei gasförmigen Reaktionspartnern) abhängig.

Soll jeder Halbzelle, d. h. jedem Redoxsystem wie Cu/Cu²⁺ oder Zn/Zn²⁺ ein stoffspezifisches charakteristisches **Elektrodenpotential** zugesprochen werden, bedarf es einer Bezugsgröße, also einer **Bezugselektrode** und der Definition thermodynamischer **Standardbedingungen für Temperatur, Druck und Konzentrationen.**

▶ Als **Standardbedingungen** sind die Temperatur von 298 K (25 °C), der Druck von 1013 hPa und für alle an der Redoxreaktion beteiligten gelösten Stoffe die Konzentration von 1 mol/l festgelegt.

4.3 Als **Bezugselektrode** ist die **Standardwasserstoffelektrode** definiert. Dieses ist eine Versuchsanordnung, in der ein auf bestimmte Weise oberflächenbehandeltes und bestimmt geformtes Platinblech bei einem H_2-Druck von 1013 hPa in einer Lösung mit einer Protonenkonzentration von 1 mol/l bei einer Temperatur von 298 K mit gasförmigem Wasserstoff umspült wird. Das als Bezugssystem definierte Redoxsystem ist in Gl. (19) formuliert (Abb. 2):

$$H_2 + 2\,H_2O \rightleftharpoons 2\,H_3O^+ + 2\,e^- \tag{19}$$

Wird unter Standardbedingungen eine Halbzelle, deren Potential bestimmt werden soll, mit der Standardwasserstoffelektrode kombiniert, so liefert diese **Messkette** das **Standard-Reduktionspotential** (kurz: **Standardpotential**) E^0 der Halbzelle.

4.4 Die experimentelle Durchführung von Messungen der elektrochemischen Potentiale verschiedener Redoxsysteme gegenüber der Standardwasserstoffelektrode unter

Abb. 3 Standard-
Reduktionspotentiale

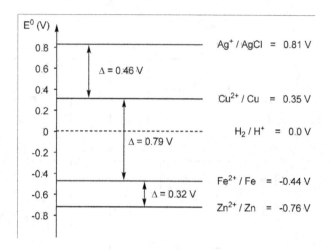

Standardbedingungen führt zur Aufstellung einer Liste von Standardpotentialen E^0, der **Spannungsreihe**. Aus den darin notierten Werten lassen sich Redoxpotentiale ΔE^0 für beliebige Kombinationen von Halbreaktionen rechnerisch als Differenz der jeweiligen Standardpotentiale E^0 gegenüber der Standardwasserstoffelektrode berechnen (Abb. 3).

Beispiel:

Das Potential des Daniell-Elements (Gl. (18), Abb. 1) unter Standardbedingungen wird als Differenz der Standard-Reduktionspotentiale $E^0(Cu^{2+}/Cu)$ und $E^0(Zn^{2+}/Zn)$ berechnet:

$$\Delta E^0 = 0,35\,V - (-0,76\,V) = 1,11\,V$$

4.5 Für Rahmenbedingungen, die nicht den Standardbedingungen entsprechen, sind Redoxpotentiale mit Hilfe der **Nernstschen Gleichung** zu berechnen. Danach setzt sich das Elektrodenpotential E unter Nicht-Standardbedingungen aus einem stoffabhängigen Term, dem Standardpotential E^0, und einem temperatur- und konzentrationsabhängigen (bzw. druckabhängigen) Term zusammen, die addiert werden:

Nernstsche Gleichung für eine Halbzelle (bzw. Halbreaktion):

$$E = E^0 + \frac{R \cdot T}{n \cdot F} \cdot \ln \frac{c(Ox)}{c(Red)}$$

R = Gaskonstante; T = Temperatur in K, n = Zahl der übertragenen Elektronen

F = Faradaykonstante (Ladung eines Mols Elektronen)

Bei 298 K gilt unter Einbeziehung des Briggschen Faktors zur Umwandlung natürlicher Logarithmen in dekadische:

$$\frac{R \cdot T}{n \cdot F} \cdot \ln \frac{c(Ox)}{c(Red)} = \frac{0,06}{n} \cdot^{10} \log \frac{c(Ox)}{c(Red)}$$

Allgemein lässt sich die Nernstsche Gleichung für das Redoxpotential E einer Halbreaktion oder die Kombination zweier Halbreaktionen zu einer Redoxreaktion formulieren:

$$\Delta E = \Delta E^0 + \frac{0{,}06}{n} \cdot \log \frac{c(Ox)}{c(Red)}$$

oder

$$\Delta E = \Delta E^0 - \frac{0{,}06}{n} \cdot \log \frac{c(Red)}{c(Ox)}$$

Die zweite Darstellungsform wird der Bedeutung des Standardpotentials als **Reduktionspotential** gerecht.

▶ Der Quotient **c(Ox)/c(Red)** bzw. **c(Red)/c(Ox)** bedeutet dabei eine Abkürzung für den Quotienten aus dem Produkt der Konzentrationsterme der die oxidierte Form repräsentierenden Seite der Redoxgleichung, dividiert durch das Produkt der Konzentrationsterme der die reduzierte Form repräsentierenden Seite der Redoxgleichung bzw. für den entsprechenden reziproken Wert.

Der Quotient $c(Red)/c(Ox)$ gleicht damit zwar **formal** dem Quotienten des Massenwirkungsgesetzes für die Reduktionsreaktion, ist mit diesem jedoch betragsmäßig nicht identisch, da das betrachtete Redoxsystem sich nicht im Gleichgewicht befindet.

Im Gleichgewichtszustand, in dem $E = 0$ ist, ist der Wert für diesen Quotienten hingegen gleich der Massenwirkungskonstante der behandelten Reduktionsreaktion:

$$0 = E^0 - (RT/nF) \cdot \ln K \quad | \ln K = (nF/RT) \cdot E^0$$

Aus dieser Beziehung ist ersichtlich, dass ein Stoff umso leichter reduziert wird (also ein gutes Oxidationsmittel ist), je positiver sein Standard-Reduktionspotential ist; denn umso größer ist die Massenwirkungskonstante dieser Reduktionsreaktion. Entsprechend sind Stoffe umso bessere Reduktionsmittel, je niedriger ihr Standard-Reduktionspotential ist.

Für die Halbreaktion H_2O/H_2O_2 nach Gl. (20) wird mit der Nernstschen Gleichung das Redoxpotential wie folgt berechnet:

$$H_2O_2 + 2H^+ + 2e^- \rightleftharpoons 2H_2O \tag{20}$$

$$E_{(H_2O/H_2O_2)} = E^0_{(H_2O/H_2O_2)} + \frac{0{,}06}{2} \cdot \log c(H_2O_2) \cdot c^2(H^+)$$

Auch in der Nernstschen Gleichung ist die Konzentration von Wasser in wässrigen Lösungen als Konstante zu behandeln, die in E^0 enthalten ist. Gleiches gilt für Gleichgewichtskonstanten von Phasengleichgewichten, was zur Folge hat, dass analog zum Massenwirkungsgesetz Stoffe, die sich nicht in der homogenen Phase Lösung befinden [z. B. Cu und Zn in Gl. (18)], keinen Konzentrationsterm in der Nernstschen Gleichung aufweisen.

5. pH-abhängige Redoxpotentiale

5.1 Wie zu ersehen ist, geht in die Gleichung zur Berechnung des Redoxpotentials von H_2O_2 die Protonenkonzentration der Reaktionslösung ein. Die **Oxidationswirkung** von H_2O_2 ist also **pH-abhängig**. Die Oxidationswirkung von H_2O_2 ist umso besser, je niedriger der pH-Wert der Reaktionslösung ist.

Eine andere stark pH-abhängige Redoxreaktion ist die Reduktion von Bromat zu Bromid nach Gl. (21):

$$BrO_3^- + 6H^+ + 6e^- \rightleftharpoons Br^- + 3H_2O \tag{21}$$

pH-abhängige Redoxreaktionen sind gerade im physiologischen Bereich sehr häufig. Dieses ist mit ein Grund dafür, dass der pH-Wert in physiologischen Systemen konstant gehalten werden muss und diese Systeme effizient gepuffert sind.

5.2 Das Redoxsystem Hydrochinon/p-Benzochinon ist ein Modell für physiologisch wichtige pH-abhängige Redoxsysteme.

$$Hy \quad \rightleftharpoons \quad Chi + 2H^+ + 2e^-$$

Hy =   Hydrochinon, systematischer Name: 1,4-Dihydroxybenzol

Chi =   p-Benzochinon

In der 33. Aufgabe wird Bromat als Oxidationsmittel eingesetzt, das gemäß Gl. (21) reagiert.

Nach entsprechender Multiplikation von Gl. (22) mit dem Faktor 3 und Addition von Gl. (21) erhält man die Reaktionsgleichung für die Synthese von p-Benzochinon aus Hydrochinon durch Oxidation mit Bromat:

$$Hy + BrO_3^- \rightleftharpoons 3Chi + Br^- + 3H_2O \tag{23}$$

Formuliert man die Nernstsche Gleichung für die Reaktionen nach Gl. (21) und (22), werden folgende Beziehungen erhalten: (E^0(Chi/Hy) = 0,70 V)

$$E_{(Chi/Hy)} = E^0_{(Chi/Hy)} + \frac{0,06}{2} \cdot \log \frac{c(Chi) \cdot c^2(H^+)}{c(Hy)}$$

$$E_{(BrO_3^-/Br^-)} = E^0_{(BrO_3^-/Br^-)} + \frac{0,06}{6} \cdot \log \frac{c(BrO_3^-) \cdot c^6(H^+)}{c(Br^-)}$$

$$E^0_{(BrO_3^-/Br^-)} = 1,42 \text{ V}$$

Gleichung (23) erklärt nicht, warum die Synthesereaktion von p-Benzochinon nur in saurer Lösung abläuft.

Dieses ist auf die Reaktivität des Oxidationsmittels Bromat (BrO_3^-) zurückzuführen: Bei pH = 7 reagiert BrO_3^- nicht nach Gl. (21), sondern gemäß Gl. (24).

$$BrO_3^- + 3\,H_2O + 6\,e^- \rightleftharpoons Br^- + 6\,OH^- \qquad E^0 = 0,61\text{ V} \qquad (24)$$

Diese Reaktion besitzt ein niedrigeres Redoxpotential als die Reaktion in saurer Lösung (E^0 = 1,42 V). Deshalb kann Hydrochinon in neutraler oder basischer Lösung nicht mit Bromat oxidiert werden (E^0(Chi/Hy) = 0,70 V).

Die Zugabe von Protonen bei der Oxidation des Hydrochinons mit Bromat bestimmt also den Reaktionsweg. Die Protonen werden bei der Reaktion nicht „verbraucht" (siehe Gl. (23)). Es liegt der typische Fall einer **Katalyse** vor (siehe auch 7. Kurstag).

Die pH-Abhängigkeit des Redoxpotentials E(Chi/Hy) kann demonstriert werden, wenn dieses System mit einem Redoxsystem wie Iod/Iodid gekoppelt wird, das nicht von der Protonenkonzentration der Reaktionslösung abhängig ist.

$$I_2 + 2\,e^- \rightleftharpoons 2\,I^- \qquad E^0_{(I_2/I^-)} = 0,535\text{ V} \qquad (25)$$

Unter der Voraussetzung, dass c(Hy) = c(Chi) ist, lautet die Nernstsche Gleichung für die Reaktion nach Gl. (22):

$$E_{(Chi/Hy)} = E^0_{(Chi/Hy)} + \frac{0,06}{2} \cdot \log c^2(H^+)$$

$$E_{(Chi/Hy)} = 0,70 + 0,06 \cdot \log c(H^+)$$

$$E_{(Chi/Hy)} = 0,70 - 0,06\,pH$$

Für den Fall, dass die Konzentrationen c(I^-) = c(I_2) und c(Hy) = c(Chi) sind, lässt sich der pH-Wert berechnen, bei dem die Redoxpotentiale E(Chi/Hy) und E(I_2/I^-) gleichgroß sind, bei dem also die beiden Redoxsysteme im Gleichgewicht stehen. Man erhält für den Gleichgewichtszustand durch Einsetzen des Zahlenwertes E^0(I_2/I^-) = 0,535 V = E(Chi/Hy):

$$0,535 = 0,7 - 0,06 \cdot \text{pH} \quad | \; 0,165 = 0,06 \cdot \text{pH} \quad | \; \text{pH} = 2,75$$

Daraus wird erkennbar, dass bei **pH-Werten > 2,75** eine äquimolare Lösung von Hydrochinon und p-Benzochinon durch eine äquimolare Lösung von Iodid und Iod oxidiert wird, **I$_2$ also das Oxidationsmittel und Hydrochinon das Reduktionsmittel** ist.

Bei pH-Werten < 2,75 kehrt sich das Verhältnis um: Iodid (Reduktionsmittel) wird durch p-Benzochinon (Oxidationsmittel) oxidiert.

6. pH-Messungen

Redoxsysteme, deren Redoxpotential pH-abhängig ist wie in obigem Beispiel, können zur Messung von pH-Werten herangezogen werden. Dazu bedarf es eines Vergleichspotentials, einer „Bezugselektrode". Als Bezugselektroden eignen sich besonders solche Messanordnungen, die zu leicht reproduzierbaren Potentialwerten führen, wie z. B. die „Silber/Silberchloridelektrode". In dieser ist ein Silberstab in eine gesättigte Lösung von Silberchlorid (mit dem Feststoff als Bodenkörper) getaucht. Dabei wird die Konzentration c(Ag$^+$) und damit auch das Elektrodenpotential über das Löslichkeitsprodukt von AgCl konstant gehalten. Die mit einem empfindlichen Voltmeter („Potentiometer") zu messende Potentialdifferenz zwischen der Silber/Silberchlorid-Elektrode und z. B. der p-Benzochinon/Hydrochinonelektrode („Chinhydronelektrode") ist direkt abhängig vom pH-Wert in der Messlösung. Durch das Messen von Lösungen mit bekannten pH-Werten (am besten Pufferlösungen) lässt sich die Skala des Messinstrumentes auf pH-Einheiten eichen. Man spricht dann von „**pH-Metern**".

In der Praxis werden am häufigsten „Glaselektroden" zur pH-Messung verwandt. Glas ist ein ionischer Feststoff, in dessen Oberfläche in einer dünnen Schicht Wassermoleküle eindringen können. Die Glasoberfläche „quillt". Das Ausmaß dieses Phänomens ist von Glasart zu Glasart verschieden und führt dazu, dass Glasgegenstände, die längere Zeit in Wasser liegen, sich „glitschig" anfühlen. In die gequollene Glasschicht dringen auch Protonen ein. Die Protonenkonzentration in der Quellschicht ist dann proportional zur Konzentration in der wässrigen Lösung, in der sich das Glas befindet. Wird eine Messanordnung konstruiert, in der eine sehr dünne Glasschicht die Trennschicht („Membran") zwischen zwei Lösungen mit unterschiedlichen Protonenkonzentrationen darstellt, entsteht an der Glasmembran ein Potential, dass vom Konzentrationsverhältnis der Protonen in den beiden Lösungen abhängt („Membranpotential").

Wird in einer der Lösungen der pH-Wert z. B. durch eine Pufferlösung konstant gehalten, ist das Potential der Glaselektrode direkt proportional zum pH-Wert der anderen Lösung. Wird diese Glaselektrode in einer „Messkette" mit einer Vergleichselektrode konstanten Potentials zusammengeschaltet, erhält man ein genaues Messinstrument für pH-Werte. Diese Versuchsanordnung ist in Abb. 4 schematisch in Form einer „Einstabmesskette" dargestellt.

Abb. 4 Prinzip der pH-Wert-Messung durch Ermittlung des Redoxpotentials einer Glaselektrode gegen eine Ag/Ag$^+$-Elektrode

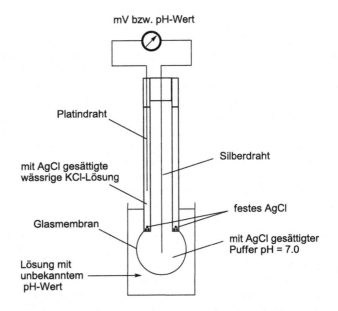

mV bzw. pH-Wert

Platindraht

mit AgCl gesättigte wässrige KCl-Lösung

Glasmembran

Lösung mit unbekanntem pH-Wert

Silberdraht

festes AgCl

mit AgCl gesättigter Puffer pH = 7.0

Zur Beachtung

Bei der Verwendung der Einstabmesskette zur Bestimmung von pH-Werten (siehe 2. Kurstag) ist darauf zu achten, dass ein Druckausgleich zwischen dem Elektrodenraum der Vergleichselektrode und der zu analysierenden Lösung besteht. Ist ein Verschluss des Elektrodenraums an der Einstabmesskette angebracht, muss dieser während der Messungen geöffnet sein, damit durch den statischen Überdruck der Flüssigkeitssäule in der Elektrode verhindert wird, dass Flüssigkeit und Ionen aus der Analysenlösung durch das Diaphragma in die Elektrode eindringen. In jedem Fall muss das Diaphragma (meistens eine kleine in den Glaskörper der Elektrode eingeschmolzene Glasfritte) voll in die Analysenlösung eintauchen.

6. Kurstag: Funktionelle Gruppen – Löslichkeit, Verteilung – Nukleophile Substitution

Untersuchung der Löslichkeit von Flüssigkeiten, Ermittlung des Verteilungskoeffizienten, Durchführung einfacher organischer Reaktionen im Reagenzglas, Benutzung von Molekülmodellen.

Einfluss funktioneller Gruppen auf das Verhalten organischer Verbindungen, Hydrophile und hydrophobe Reste, Wasserstoffbrückenbindung, Löslichkeitsverhalten, Verteilung zwischen zwei Phasen, Nukleophile Substitution bei Alkylhalogeniden und Alkoholen, Effekt der Alkylgruppen, Chiralität.

Benutzte Lösungsmittel und Chemikalien mit Gefahrenhinweisen und Sicherheitsratschlägen:

	H-Sätze	P-Sätze
Cyclohexan	225/304/315/336/410	210/243/280/273/301 + 331/ 302 + 352/304 + 340/309 + 310
Ethanol	225/302/371	210/260
1-Pentanol	226/332/335/315	280/302 + 352/304 + 340/ 309 + 311
1,2-Ethandiol	302	301 + 312
Essigsäure, unverdünnt	226/314	210/243/280/301 + 330 + 331/ 304 + 340/309 + 310
Essigsäureethylester	225/319/336	210/280/305 + 351 + 338
Aceton (Propanon)	225/319/336	210/280/305 + 351 + 338

G. Hilt, P. Rinze, *Chemisches Praktikum für Mediziner*, Studienbücher Chemie, DOI 10.1007/978-3-658-00411-8_6, © Springer Fachmedien Wiesbaden 2015

	H-Sätze	P-Sätze
3-Pentanon (Diethylketon)	225/335/336	210/261
1-Octanol	315/319	305 + 351 + 338
2-Propanol	225/319/336	210/280/305 + 351 + 338
2-Methyl-2-propanol (t-Butanol)	225/332/319/315	210/243/280/202 + 352/304 + 340/305 + 351 + 338/309 + 311
1-Brombutan	225/315/319/335/411	210/261/273/305 + 351 + 338
2-Brombutan	225	210
2-Brom-2-methylpropan	225	210
LUCAS-Reagenz (136 g wasserfreies $ZnCl_2$ in 105 g HCl, 32 % in H_2O)	302/314/335/410	260/273/280/303 + 361 + 353/ 304 + 340/305 + 351 + 338
Silbernitrat 2 % in Ethanol	$AgNO_3$: 315/319/410 Ethanol: 225/302/371	$AgNO_3$: 273/305 + 351 + 338/501 Ethanol: 210/260
Phenolphthalein (0,1 % in 60 % Ethanol/H_2O)	225/351/341/361f	210/243/281/308 + 313
Natriumiodid, gesättigt in Aceton	225/319/336/400	210/280/305 + 351 + 338/273
Natronlauge 0,1 molar (0,4 % in H_2O)	314	280/305 + 351 + 338/310
Ameisensäure 0,2 molar (0,9 % in H_2O)	314	280/305 + 351 + 338/310
Essigsäure 0,2 molar (1,2 % in H_2O)	–	–
Propansäure 0,2 molar (1,5 % in H_2O)	314	280/305 + 351 + 338/310

Zusätzlich benötigte Geräte
MINIT Molekülbaukasten-System, Etiketten, 50 ml Quetschhahnbürette.

Entsorgung
Silberhaltige Abfälle (38. Aufgabe) sind in die dafür vorgesehenen Sammelgefäße zu geben. Silberionen sind als stark wassergefährdend eingestuft (WGK 3). Sie werden der Wiederverwendung zugeführt.

Lösungen, die organische Stoffe enthalten, sind in einem im Abzug aufgestellten Gefäß zu sammeln. Sie werden der Sonderabfallentsorgung zugeführt.

Die bei der **Durchführung der 36. Aufgabe anfallenden wässrigen Lösungen** können in den nach der Versuchsbeschreibung anfallenden Mengen dem Abwasser beigegeben werden.

Aufgaben

35. Aufgabe

▶ Qualitative Bestimmung der Löslichkeit unterschiedlich polarer Verbindungen in Wasser und in Cyclohexan.

In jeweils sieben Reagenzgläser füllt man 2–3 ml Wasser bzw. Cyclohexan ein. Etwa 1 ml der folgenden Verbindungen wird einerseits zum Wasser, andererseits zum Cyclohexan gegeben: Ethanol, 1-Pentanol, Ethylenglykol (1,2-Ethandiol), Eisessig (= unverdünnte Essigsäure), Essigsäureethylester, Aceton und Diethylketon. Dann schüttelt man jede Probe kurz durch und stellt anschließend fest, ob ein homogenes Gemisch, d. h. eine Lösung, vorliegt oder ob sich zwei Phasen gebildet haben. Das Ergebnis wird in Form einer kurzen Tabelle im Laborjournal festgehalten.

Welche Schlussfolgerungen lassen sich bezüglich der Polarität der getesteten Verbindungen und ihrer Löslichkeit in Wasser bzw. Cyclohexan ziehen?

36. Aufgabe

▶ Ermittlung des Verteilungskoeffizienten K zwischen 1-Octanol und Wasser für Carbonsäuren.

Alle Arbeiten mit 1-Octanol sind wegen der Geruchsbelästigung im Abzug durchzuführen!

In einen 100 ml Messkolben werden 15 ml 0,2 molarer wässriger Ameisensäure und 15 ml 1-Octanol (mit einer Messpipette abzumessen) eingefüllt. Anschließend wird der Kolben verschlossen und sein Inhalt 15 min lang durchgeschüttelt. Danach gießt man das Gemisch in einen Messzylinder und wartet etwa 5–10 min bis zur Phasentrennung. Von der unteren, wässrigen Phase werden dann genau 10 ml mit einer Vollpipette abpipettiert und in einen Erlenmeyer-Weithalskolben gegeben. Es werden noch etwa 10 ml Wasser hinzugefügt, dann wird mit 0,1 molarer NaOH gegen Phenolphthalein als Indikator titriert.

Der Verbrauch an NaOH entspricht dem Gehalt an Ameisensäure in 10 ml Wasser, daraus ergibt sich ihr Gehalt in der wässrigen Phase in mol/l. Der Gehalt der Octanolphase kann aus der Differenz zur Ausgangskonzentration (0,2 mol/l) ermittelt werden, da die Volumina der wässrigen Phase und der Octanol-Phase gleich groß sind. (Andernfalls müsste nämlich der Gehalt der gesamten wässrigen Phase in mmol berechnet und von der ursprünglichen Gesamtmenge abgezogen werden). Damit lässt sich der Verteilungskoeffizient $K = c_{Octanol}/c_{Wasser}$ ermitteln.

In der gleichen Weise wird anschließend mit 0,2 molarer Essigsäure und mit 0,2 molarer Propionsäure der Verteilungskoeffizient K zwischen 1-Octanol und Wasser für diese beiden Carbonsäuren bestimmt.

Welche allgemeine Aussage über die Verteilung der drei Carbonsäuren zwischen den beiden Phasen lässt sich aus dem Vergleich ihrer Verteilungskoeffizienten ableiten (siehe auch 3. Kurstag, Abschnitt 1.5 Verteilungsgleichgewichte)?

37. Aufgabe

▶   Unterscheidung zwischen primären, sekundären und tertiären Alkoholen.

Zwei Alkoholproben (a) Ethanol, (b) Isopropanol = 2-Propanol oder (c) *tert.*-Butylalkohol = 2-Methyl-2-propanol – je 0,2 ml in gekennzeichneten Reagenzgläsern versetzt man mit je 3 ml LUCAS-Reagenz (H_2ZnCl_4 aus $ZnCl_2$ + konz. HCl – Vorsicht: Schutzbrille), schüttelt und lässt dann die Proben stehen. Man prüfe, ob sofort oder erst nach 5–15 min eine Trübung eintritt oder ob die Lösung über längere Zeit klar bleibt.
Stellen Sie aufgrund dieser Beobachtung fest, um welche Alkohole es sich bei den beiden Proben handelt und begründen Sie das!

38. Aufgabe

▶   Reaktivität von primären, sekundären und tertiären Alkylbromiden gegenüber ethanolischer Silbernitrat-Lösung.

In drei Reagenzgläser gibt man je 2 ml (Messpipette) einer 2 %igen $AgNO_3$-Lösung in Ethanol. Dann fügt man je 0,5 ml einer Lösung des entsprechenden Butylbromids in Ethanol (Butylbromid: Ethanol = 1:4) hinzu und beobachtet, welche der drei Verbindungen am schnellsten und welche am langsamsten reagiert (Niederschlag bzw. Trübung).
a) *n*-Butylbromid = 1-Brombutan, b) *sek.*-Butylbromid = 2-Brombutan, c) *tert.*-Butylbromid = 2-Brom-2-methylpropan
Formulieren Sie den Reaktionsverlauf (s. auch Erläuterungen)!
Wie lässt sich die unterschiedliche Reaktivität erklären?

39. Aufgabe

▶   Reaktivität von primären und sekundären Alkylbromiden gegenüber Natriumiodid.

In zwei trockene Reagenzgläser gibt man je *einen* ml einer gesättigten Lösung von Natriumiodid in Aceton. Dann fügt man *einen* ml Lösung der folgenden Bromide in Aceton (Butylbromid: Aceton = 1:1) hinzu: a) *n*-Butylbromid = 1-Brombutan, b) *sek.*-Butylbromid = 2-Brombutan.

In welchem Fall tritt zuerst ein Niederschlag auf? Formulieren Sie die Reaktionsgleichungen für die Umsetzungen der beiden Alkylbromide mit NaI! Welches der beiden Produkte ist in Aceton schwer löslich? Erklären Sie die unterschiedliche Reaktivität der Alkylbromide. (Welcher Mechanismus liegt vor?)

40. Aufgabe

▶   Aufbau von Molekülmodellen.

Das Modell eines sp^3-hybridisierten Kohlenstoffatoms (C-Tetraeder) wird mit vier verschiedenen Substituenten (vier verschiedenfarbige Kugeln) versehen. An einem zweiten C-Tetraeder werden die gleichen vier Kugeln so angebracht, dass sich die beiden Modelle wie Bild und Spiegelbild verhalten.

Versuchen Sie, durch Drehen die beiden Modelle zur Deckung zu bringen, also herauszufinden, ob Sie identisch sind!

Bauen Sie dann zwei spiegelbildliche Moleküle aus je einem C-Tetraeder und drei verschiedenen Substituenten (von den vier Kugeln haben zwei die gleiche Farbe). Können Sie jetzt die beiden Modelle zur Deckung bringen, d. h. sind diese identisch (zur Frage der Chiralität siehe Erläuterungen)?

Erläuterungen

1. Funktionelle Gruppen

Die Einteilung der organischen Verbindungen in Stoffklassen basiert auf ihrer formalen Zerlegung in das Kohlenstoffskelett R (Alkyl- oder Arylrest) und die funktionellen Gruppen X. So lassen sich Verbindungen mit einwertiger funktioneller Gruppe allgemein als R-X formulieren. Beide Teile eines Moleküls sind für die physikalischen und chemischen Eigenschaften wichtig. Der *unpolare Charakter der Alkylreste* spiegelt sich im Verhalten der reinen Kohlenwasserstoffe wider. Dagegen bedingt die unterschiedliche Elektronegativität des C-Atoms und des mit ihm verknüpften Heteroatoms *einer funktionellen Gruppe* – ebenso wie die unterschiedlichen Elektronegativitäten unterschiedlicher Atome in mehratomigen funktionellen Gruppen – mehr oder weniger *polare Eigenschaften* eines Moleküls.

$$H_3C-CH_2-O-H \qquad H_3C-C \qquad H_3C-N \qquad H_3C-S-H \qquad H_3C-Br$$

Ethanol   Essigsäure   Methylamin   Methanthiol   Methylbromid

So ist es letztlich für die physikalischen Eigenschaften eines Moleküls entscheidend, ob der Einfluss des Alkylrests oder der funktionellen Gruppe überwiegt.

Zu den wichtigsten funktionellen Gruppen zählen die OH-Gruppe (Alkohole), die C=O-Gruppe (Carbonylverbindungen – Aldehyde und Ketone), die COOH-Gruppe (Carbonsäuren) und deren Derivate COX, bei denen die OH-Gruppe durch eine andere Gruppierung X ersetzt ist (z. B. X=OR – Carbonsäureester), die NH_2-Gruppe (Amine), die SH-Gruppe (Thioalkohole), und Cl, Br oder I (Halogenide).

2. Wasserstoffbrückenbindung

Die Hydroxyl-Gruppe (-OH) nimmt wegen ihrer Fähigkeit zur Ausbildung starker *Wasserstoffbrücken* eine Sonderstellung ein. Aufgrund der besonders starken Polarisierung der OH-Bindung fungiert sie sowohl als „H-Brücken-Donor" (starke positive Teilladung δ^+ am H-Atom) als auch als „H-Brücken-Akzeptor" (starke negative Teilladung δ^- am O-Atom). In vereinfachter Form wird die Ausbildung von H-Brücken wie folgt dargestellt:

Auf starke H-Brücken ist auch der hohe Siedepunkt des Wassers zurückzuführen (H_2O: $+100\,°C$, H_2S: $-61\,°C$, H_2Se: $-41,5\,°C$, H_2Te: $-2\,°C$). Eine eminent wichtige Rolle spielt auch die Ausbildung von H-Brücken mit NH- und OH-Gruppierungen als „Donor" und N- oder O-Atomen als „Akzeptor" in den Desoxyribonucleinsäuren (DNA) und den Ribonucleinsäuren (RNA) und zwischen NH und Carbonyl-O in den Proteinen. CH-Gruppierungen können dagegen nur in Ausnahmefällen als vergleichsweise sehr schwache H-Brücken-Donoren wirken.

3. Hydrophobe und hydrophile Molekülteile (35. und 36. Aufgabe)

In Analogie zu den unpolaren Kohlenwasserstoffen, speziell den Alkanen, bezeichnet man auch unpolare Alkylreste als hydrophob oder lipophil, während polare Gruppen – insbesondere solche, die starke H-Brücken bilden können – als hydrophil bezeichnet werden. So lässt sich das unterschiedliche Verhalten der einzelnen Verbindungen beim Versuch des Lösens in Wasser bzw. Cyclohexan aufgrund der überwiegend hydrophilen oder hydrophoben Eigenschaften der Moleküle erklären. Im Ethanolmolekül überwiegt z. B. der hydrophile Charakter der OH-Gruppe. Deshalb ist der Lösungsvorgang in Wasser stark exergonisch, und Wasser und Ethanol bilden in jedem Verhältnis homogene Gemische. Dagegen dominiert im Pentanolmolekül mit seinem größeren Alkylrest der hydrophobe

Charakter, und dadurch wird seine Löslichkeit in Wasser stark herabgesetzt (2,3 g in 100 g H_2O), so dass bei den hier benutzten Mengenverhältnissen zwei Phasen auftreten. (Aufgabe 35) Auch die Änderung der Verteilungskoeffizienten $K = c_{Octanol}/c_{Wasser}$ in der Reihe Ameisen-, Essig- und Propionsäure wird als Balance zwischen hydrophilen und hydrophoben Wechselwirkungen verständlich. (K = 0,25; 0,44 und 1,82)

4. Der Einfluss des Alkylrests auf den Verlauf der nukleophilen Substitution (37. bis 39. Aufgabe)

Die chemischen Eigenschaften einer Verbindung werden durch die funktionelle(n) Gruppe(n), aber auch durch den Alkylrest bestimmt. Hierbei spielt die Natur des Alkylrests häufig eine wichtige Rolle. Man unterscheidet zwischen primären, sekundären und tertiären Alkylverbindungen:

$$
\begin{array}{ccc}
R^1\!-\!\overset{\displaystyle H}{\underset{\displaystyle H}{C}}\!-\!X & R^1\!-\!\overset{\displaystyle R^2}{\underset{\displaystyle H}{C}}\!-\!X & R^1\!-\!\overset{\displaystyle R^2}{\underset{\displaystyle R^3}{C}}\!-\!X \\
\text{primär} & \text{sekundär} & \text{tertiär}
\end{array}
$$

4.1 Substitution der OH-Gruppe durch Cl. Bei der 37. Aufgabe werden Alkohole in die entsprechenden Chlorverbindungen umgewandelt, d. h. die OH-Gruppe wird durch Cl *substituiert*. Der Ablauf der Reaktion in der wässrigen Lösung ist daran zu erkennen, dass bei der Bildung der Alkylchloride mit stärker hydrophoben Eigenschaften die Ausbildung einer zweiten Phase erfolgt (Trübung der Lösung), während vor der Reaktion infolge des überwiegend hydrophilen Charakters der Alkohole die Lösung klar ist.

Bei dieser Reaktion handelt es sich um einen *Mehrstufenprozess*. Alkohole verfügen ebenso wie Wasser über freie Elektronenpaare, an die sie Protonen addieren können (Protonendonor = H_2ZnCl_4). Aus der protonierten Form wird dann im entscheidenden, geschwindigkeitsbestimmenden Schritt unter Bildung eines Carbenium-Ions (R^+) Wasser abgespalten. Dieses ist stark elektrophil (Elektronenlücke) und reagiert daher sehr schnell mit dem schwachen Nukleophil Cl^- (freies Elektronenpaar), das im Gleichgewicht mit H_2ZnCl_4 bzw. dessen Anionen vorliegt.

$$
R\!-\!\overset{\displaystyle \cdot}{O}\!-\!H \xrightarrow{\ + H^{\oplus}\ } R\!-\!\overset{\oplus}{O}\!\overset{\displaystyle H}{\diagdown}\!H \xrightarrow{\ -\,H_2O\ } R^{\oplus} \xrightarrow{\ +\,Cl^{\ominus}\ } R\!-\!Cl
$$

4.2 Die unterschiedliche Bildungstendenz der Carbenium-Ionen. Bei dieser *nukleophilen Substitution* (Ersatz von HO^- durch das Nukleophil Cl^-) beobachtet man eine sehr unterschiedliche Reaktivität von primären, sekundären und tertiären Alkoholen, die durch die *unterschiedliche Bildungstendenz der Carbenium-Ionen* bedingt ist. Je besser stabilisiert (energieärmer) ein Carbenium-Ion (R^+) ist, umso leichter bildet es sich. Der Begriff Stabilisierung ist hier nicht als Stabilität im Sinne von Isolierbarkeit zu verstehen, Stabilisierung einer Spezies bedeutet vielmehr, dass sie relativ energiearm ist.

Zunehmende Stabilisierung der Carbenium-Ionen (R^+):

$$H_3C-\overset{\overset{\displaystyle H}{|}}{\underset{\underset{\displaystyle H}{|}}{C}}\oplus \quad \ll \quad H_3C-\overset{\overset{\displaystyle H}{|}}{\underset{\underset{\displaystyle CH_3}{|}}{C}}\oplus \quad < \quad H_3C-\overset{\overset{\displaystyle CH_3}{|}}{\underset{\underset{\displaystyle CH_3}{|}}{C}}\oplus$$

| primär | sekundär | tertiär |

Zusätzlich wird die Bildungstendenz tertiärer Carbenium-Ionen auch noch dadurch gefördert, dass die entsprechenden *tert.*-Alkylverbindungen infolge destabilisierender sterischer Wechselwirkungen der drei Alkylreste am tertiären C-Atom relativ energiereich sind. Weil der ursprüngliche Bindungswinkel von ca. 109,5° (sp^3-C) beim Übergang in das Carbenium-Ion auf 120° (sp^2-C) aufgeweitet wird, nimmt die destabilisierende Wechselwirkung dabei ab.

Da die Bildungstendenz tertiärer Carbenium-Ionen am größten ist, reagiert also *tert.*-Butylalkohol schneller als der sekundäre Alkohol Isopropanol. Der primäre Alkohol Ethanol reagiert überhaupt nicht auf diese Weise, weil die Bildungstendenz des Ethyl-Kations wegen zu geringer Stabilisierung unter den üblichen Bedingungen zu gering ist. Die in Aufgabe 37 durchgeführte Reaktion verläuft als S_N1-Reaktion, da am geschwindigkeitsbestimmenden Schritt, der Bildung des Carbenium-Ions, nur ein Reaktionspartner beteiligt ist.

4.3 S_N1- und S_N2-Mechanismus. Die nukleophile Substitution, d. h. der Ersatz einer nukleofugen Abgangsgruppe durch ein Nukleophil, kann grundsätzlich nach zwei Mechanismen erfolgen, die letztlich Grenzfälle darstellen, dem S_N1-(nukleophile Substitution erster Ordnung) und dem S_N2-Mechanismus (nukleophile Substitution zweiter Ordnung). Dazwischen gibt es jedoch alle möglichen Übergänge.

Die S_N1-Reaktion. Sie verläuft nach dem Geschwindigkeitsgesetz 1. Ordnung (siehe 7. Kurstag), d. h. die Reaktionsgeschwindigkeit ist nur von der Konzentration eines Reaktionspartners abhängig, nämlich von der Konzentration des Edukts R-X oder seiner protonierten Form R-X-H$^+$. Dies ist darauf zurückzuführen, dass der erste Reaktionsschritt, die Dissoziation von R-X bzw. R-X-H$^+$, vergleichsweise langsam verläuft und damit geschwindigkeitsbestimmend ist.

1. Reaktionsschritt

$$R - X \rightleftharpoons R^{\oplus} + X^{\ominus}$$

$$R - \overset{\oplus}{X} - H \rightleftharpoons R^{\oplus} + X - H$$

$\left.\vphantom{\begin{array}{c} \\ \\ \end{array}}\right\}$ langsam und daher **geschwindigkeitsbestimmend**

Das dabei gebildete Carbenium-Ion (R^+) reagiert dann im zweiten Reaktionsschritt schnell mit dem Nukleophil Y^- oder Y-H, so dass dessen Konzentration für die Reaktionsgeschwindigkeit keine Rolle spielt.

2. Reaktionsschritt

$$R^{\oplus} + Y^{\ominus} \rightarrow R-Y$$

$$R^{\oplus} + Y-H \rightarrow R-\overset{\oplus}{Y}-H \xrightarrow{-\overset{\oplus}{H}} R-Y$$

$\left.\right\}$ schnell und daher nicht **geschwindigkeitsbestimmend**

Faktoren, die eine Dissoziation der Ausgangsverbindungen fördern, sollten diesen Mechanismus begünstigen. D. h. eine S_N1-Reaktion ist zu erwarten, wenn

a. bei der Dissoziation besonders stabilisierte Carbenium-Ionen und/oder besonders stabile Anionen bzw. Neutralmoleküle entstehen,
b. die Solvatation der Carbenium-Ionen und nukleofugen Teilchen durch polare Lösungsmittel besonders gefördert wird.

So erfolgen Substitutionsreaktionen von tertiären Alkylverbindungen grundsätzlich nach dem S_N1-Mechanismus. Bei sekundären sind dagegen die jeweiligen Reaktionsbedingungen entscheidend.

In Aufgabe 38 dient die Ausfällung von AgBr als Indikator für den Ablauf der Reaktion. Bei dieser Reaktion erleichtert das Ag^+-Ion infolge seiner starken Bindungstendenz zum Brom dessen ionische Abspaltung. So verläuft nicht nur die Reaktion des *tert.*-Butylbromids, sondern auch die des *sek.*-Butylbromids über Carbenium-Ionen. Diese reagieren dann sehr schnell mit dem Ethanol (oder zum Teil mit dem in der Lösung anwesenden Wasser) unter Bildung entsprechender Ether (bzw. Alkohole). Als Nebenprodukte können auch Alkene durch Deprotonierung der Carbenium-Ionen entstehen.

n-Butylbromid kann jedoch wegen der zu geringen Stabilisierung des primären *n*-Butyl-Kations nicht mehr nach diesem Mechanismus reagieren.

Formulieren Sie die Etherbildung mit Ethanol für das *tert.*-Butyl-Kation und das *sek.*-Butyl-Kation! Welche Alkene können aus den beiden Carbenium-Ionen als Nebenprodukte entstehen?

Die S_N2-Reaktion. Sie erfolgt nach dem Geschwindigkeitsgesetz 2. Ordnung (siehe 7. Kurstag), d. h. die Reaktionsgeschwindigkeit wird von den Konzentrationen beider Reaktionspartner, des Substrats R-X und des Nukleophils Y^- oder YH, bestimmt. Hier sind also beide am geschwindigkeitsbestimmenden Schritt beteiligt. Es handelt sich um eine einstufige Reaktion, bei der die Lösung der C-X-Bindung und die Knüpfung der C-Y-Bindung konzertiert erfolgen. Dabei greift das Nukleophil Y^- das C-Atom von der Seite an, die der nukleofugen Gruppe X gegenüber liegt. In dem Maße, in dem sich das Nukleophil dem C-Atom nähert und die nukleofuge Gruppe sich entfernt, weiten sich zunächst die Bindungswinkel zwischen den Substituenten R^1, R^2 und H auf 120° auf (pentakoordiniertes C-Atom).

Mit fortschreitender Ablösung von X bewegen sich R^1, R^2 und H weiter in derselben Richtung, bis am Ende des Prozesses die Bindungswinkel wieder etwa 109,5° betragen. Die so erfolgte *Inversion* ist bildlich mit dem Umklappen eines Regenschirms vergleichbar.

Diesem Mechanismus entsprechend werden S_N2-Reaktionen durch folgende Faktoren begünstigt:

a. durch starke Nukleophile,
b. durch aprotische Lösungsmittel, die das Nukleophil möglichst schlecht solvatisieren und so seine Nukleophilie relativ wenig herabsetzen,
c. durch Substrate, deren Alkylgruppen einem rückseitigen Angriff gut zugänglich sind.

Demzufolge sind Methylverbindungen am besten für S_N2-Reaktionen geeignet. Primäre Alkylverbindungen reagieren wiederum schneller als sekundäre, während tertiäre infolge zu starker sterischer Abschirmung des C-Atoms auf diese Weise überhaupt nicht mehr reagieren können. Nach dem S_N2-Mechanismus erfolgt der in der 39. Aufgabe beschriebene Versuch.

Indikator für den Ablauf der Reaktion ist hier die Fällung des in Aceton schwerlöslichen Natriumbromids.

(Aprotische Lösungsmittel enthalten keine OH- oder NH-Gruppen und sind daher – im Gegensatz zu protischen Lösungsmitteln wie z. B. Wasser und Alkoholen – nicht zur Ausbildung von Wasserstoffbrücken befähigt.)

5. Chiralität (40. Aufgabe)

Im Zusammenhang mit den Mechanismen für die S_N1- und die S_N2-Reaktion soll der Begriff der Chiralität diskutiert werden.

Jede geometrische Figur, die mit ihrem Spiegelbild nicht deckungsgleich (identisch) ist, wird *chiral* genannt. Das gilt entsprechend für Moleküle.

Die Chiralität organischer Moleküle wird in den meisten Fällen durch ein C-Atom hervorgerufen, das vier unterschiedliche Substituenten besitzt. Ein solches C-Atom im Molekül wird als asymmetrisch substituiertes „asymmetrisches C-Atom" oder allgemeiner als „Chiralitätszentrum" bezeichnet.

Die zueinander spiegelbildlichen Formen einer chiralen Substanz nennt man Enantiomere („Enantiomerenpaar"). Enantiomere besitzen gleiche physikalische und chemische Eigenschaften. Ausgenommen sind Eigenschaften, die sich auf Wechselwirkungen mit einem anderen chiralen Medium (z. B. Säulenmaterialien, siehe Chromatographie) beziehen und mit linear polarisierten elektromagnetischen Wellen.

Ein Gemisch zweier Enantiomere im Verhältnis 1:1 bezeichnet man als Racemat.

Für Reaktionen chiraler Substanzen ergeben sich folgende Konsequenzen: Ausgehend von einem Enantiomeren wird im Idealfall einer S_N1-Reaktion das Racemat des Produkts gebildet, da das intermediär gebildete Carbenium-Ion (planares sp^2-C-Atom) vom Nukleophil von beiden Seiten mit gleich großer Wahrscheinlichkeit angegriffen wird. Dagegen entsteht bei einer idealen S_N2-Reaktion eines Enantiomers das Produkt in Form eines Enantiomeren (vgl. Formelbild für die S_N2-Reaktion unter 4.3). Wären in diesem Formelbild das Nukleophil Y^- und die Austrittsgruppe X^- identisch, dann würde bei dieser S_N2-Reaktion das Eduktmolekül in sein Enantiomeres übergehen. Wegen der Inversion ändert sich die räumliche Anordnung der Substituenten am C-Atom, es tritt Konfigurationsumkehr ein.

Unter **Konstitution** versteht man die Art und Abfolge der Verknüpfung von Atomen zu einem Molekül.

Unter **Konfiguration** versteht man die räumliche, dreidimensionale Anordnung der Atome eines Moleküls, ohne dass man die verschiedenen Anordnungen der Atome berücksichtigt, die sich nur durch Rotationen um Einfachbindungen ergeben.

Konformationen sind dagegen die räumlichen Anordnungen der Atome eines Moleküls bestimmter Konfiguration, die sich durch Drehungen um Einfachbindungen erzeugen lassen.

Konstitution

$$H_3C-O-CH_3 \qquad\qquad H_3C-CH_2-OH$$

$$Me_2O \qquad\qquad\qquad EtOH$$

unterschiedliche Moleküle aufgrund **verschiedener Verknüpfung** der Atome bei gleicher Summenformel

Konfiguration

unterschiedliche Moleküle aufgrund **verschiedener räumlicher Anordnung** der Atome (*R* und *S*) bei gleicher Konstitution

Konformation

drei (von vielen) **unterschiedlichen Konformationen** ein und desselben Moleküls aufgrund unterschiedlicher Winkel der Atomgruppen zueinander

Bei den beiden Molekülen Me_2O (Dimethylether) und EtOH (Ethanol) sind die Atome in unterschiedlicher Art und Weise miteinander verknüpft, die **Konstitution** ist unterschiedlich. Bei den beiden Molekülen (*R*)-2-Butanol und (*S*)-2-Butanol sind die vier verschiedenen Substituenten am fett gedruckten C-Atom 2 unterschiedlich im Raum angeordnet (die Bezeichnungen *R* und *S* kommen aus der Nomenklatur nach Cahn, Ingold und Prelog – CIP-Nomenklatur). Hierbei handelt es sich also um zwei Moleküle mit unterschiedlicher **Konfiguration**.

Im Gegensatz zu den beiden verschiedenen Molekülen *R* und *S* stellen die Formeln K1 bis K3 nur drei von vielen möglichen **Konformationen** desselben Moleküls dar. (Da Rotationen um Einfachbindungen in der Regel sehr leicht erfolgen – freie Drehbarkeit – nimmt ein Molekül eine bestimmte Konformation immer nur eine extrem kurze Zeit ein).

Die meisten organischen Naturstoffmoleküle sind chiral. Häufig enthalten sie mehrere Chiralitätszentren („asymmetrische C-Atome"). Dazu gehören Aminosäuren, Kohlenhydrate, Steroide, Alkaloide, Terpene und viele andere natürlich vorkommende Verbindungen. Beispiele für solche Naturstoffe werden am 10. Kurstag behandelt.

Obwohl es Ihnen nicht gelungen ist, die beiden spiegelbildlichen Formen (Enantiomere) aus Aufgabe 40 durch Drehen zur Deckung zu bringen, diese also chiral sind, kann eine Verbindung trotzdem zwei (oder auch mehrere) asymmetrische C-Atome enthalten und achiral sein. Diese müssen allerdings die gleichen Substituenten tragen, so dass achirale Formen (sogenannte *meso*-Formen) auftreten können. Einen solchen Fall findet man bei der Weinsäure, einer 2,3-Dihydroxybutan-1,4-dicarbonsäure, die in drei Formen auftritt, der *meso*-, *D*- und *L*-Weinsäure, wobei die erste Form achiral ist, obwohl sie zwei Chiralitätszentren enthält, die vier verschiedene Substituenten tragen.

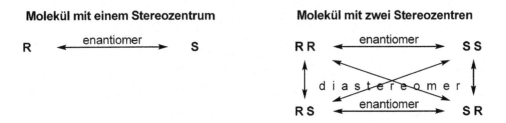

σ	Bild σ	Spiegelbild
meso-Weinsäure oder (*R*,*S*)-Weinsäure	*D*-Weinsäure oder (*S*,*S*)-Weinsäure	*L*-Weinsäure oder (*R*,*R*)-Weinsäure

Ein Molekül, das mindestens zwei Chiralitätszentren enthält und bei dem eine Konformation angenommen werden kann, bei der eine Spiegelebene innerhalb des Moleküls existiert, so dass die eine Molekülhälfte in die andere gespiegelt wird, ist achiral. Eine solche Verbindung wird als *meso*-Verbindung bezeichnet, wie das Beispiel der *meso*-Weinsäure zeigt. Im Gegensatz dazu existiert eine solche Spiegelebene (σ) bei den beiden anderen Konfigurationen der *D*- und der *L*-Weinsäure nicht, diese Verbindungen verhalten sich also wie Bild und Spiegelbild und sind chiral. Prinzipiell gibt es bei einem Molekül mit einem Stereozentrum ($n = 1$) nur zwei Möglichkeiten der Konfiguration, die beiden enantiomeren Formen mit einer R- und einer S-Konfiguration. Bei einem Molekül mit zwei Stereozentrum ($n = 2$) erhöht sich die mögliche Anzahl der Konfigurationsisomere bereits auf vier, wobei sich zwei Paare enantiomer (d. h.: wie Bild und Spiegelbild, siehe unten: horizontale Paare) zueinander verhalten während sich alle anderen Konfigurationsisomere diastereomer zueinander sind (diagonal und vertikal). Das heißt sie verhalten sich nicht wie Bild und Spiegelbild zueinander).

Molekül mit einem Stereozentrum   **Molekül mit zwei Stereozentren**

R ⟷ enantiomer ⟷ S   R R ⟷ enantiomer ⟷ S S

diastereomer

R S ⟷ enantiomer ⟷ S R

Allgemein haben Moleküle mit n Stereozentren maximal 2^n mögliche Konfigurationen. Im Fall der *meso*-Verbindungen sind die beiden Konfigurationsisomere der *R*,*S*-Form und der *S*,*R*-Form identisch, da sie eine molekülinterne Spiegelebene (σ) besitzen.

7. Kurstag: Hydrolyse von Carbonsäureestern – Reaktionskinetik – Katalyse

Lernziele

Durchführung organischer Reaktionen mit Erhitzen unter Rückfluss, kinetische Untersuchungen zur Bestimmung der Reaktionsgeschwindigkeit und der Reaktionsordnung.

Grundlagenwissen

Mechanismen der Hydrolyse von Carbonsäureestern. Reaktionskinetik, Reaktionsgeschwindigkeitskonstante, Reaktionsdiagramm, Freie Aktivierungsenthalpie, Aktivierungsenergie, Übergangszustand, Katalyse.

Benutzte Lösungsmittel und Chemikalien mit Gefahrenhinweisen und Sicherheitsratschlägen

Substanz	H-Sätze	P-Sätze
Ethanol	225/302/371	210/260
Essigsäureethylester	225/319/336	210/280/305 + 351 + 338
Schwefelsäure (95–98 % H_2SO_4 in H_2O)	314	280/301 + 330 + 331/305 + 351 + 338/309 + 310
Oxalsäurediethylester	302/319	305 + 351 + 338
Calciumchlorid-Lösung (20 % $CaCl_2$ in H_2O)	–	–
Ammoniak-Lösung (ca. 3,5 % NH_3 in H_2O)	319/315	280/302 + 352/305 + 351 + 338
Phenolphthalein 0,1 % in Ethanol	225/351/341/361f	210/243/281/308 + 313

G. Hilt, P. Rinze, *Chemisches Praktikum für Mediziner*, Studienbücher Chemie, DOI 10.1007/978-3-658-00411-8_7, © Springer Fachmedien Wiesbaden 2015

Substanz	H-Sätze	P-Sätze
Indigo	315/319/335	261/305 + 351 + 338
Salzsäure, 2 molare und 0,1 molare Lösung	–	–
Natronlauge, 0,1 molare/0,01 molare Lösung	314	280/305 + 351 + 338/310

Zusätzlich benötigte Geräte
100 ml Rundkolben mit Normalschliff (NS), Kühler mit Normalschliffen (NS), Wasserbad, 50 ml Bürette mit Stativ und Stativklemmen, Millimeterpapier, kleine Etiketten, Siliconfett, Siedesteine.

Entsorgung
Alle Lösungen werden in ein Sammelgefäß gegeben. Sie werden der Sonderabfallentsorgung zugeführt.

Aufgaben

41. Aufgabe

► Qualitative Untersuchung der Hydrolyse von Essigsäureethylester.

Ein Gemisch aus 30 ml Wasser, 15 ml Ethanol und 15 ml Essigsäureethylester wird halbiert. Eine Hälfte der homogenen Mischung gießt man in einen 100 ml-Rundkolben, der mit Hilfe einer Klammer an einem Stativ befestigt ist. Dann fügt man 1 ml konz. H_2SO_4 (**Schutzbrille!**) und 2–3 Siedesteinchen hinzu und setzt einen mit zwei Wasserschläuchen versehenen Kühler auf, dessen Schliff zuvor mit etwas Silikonfett eingefettet worden ist. Der Kühler wird in der Mitte mit einer zweiten Klammer am Stativ befestigt. Man verbindet einen der Wasserschläuche mit der Wasserleitung und legt den anderen in den Abfluss. Dabei muss so angeschlossen werden, dass das eintretende Kühlwasser im Kühler von oben nach unten fließt (siehe Abb. 1). Dann stellt man ein Wasserbad unter den Rundkolben und erhitzt 20 min zum Sieden. Nach Entfernen des Wasserbads lässt man den Kolbeninhalt abkühlen, gibt 2–3 Kristalle Indigo hinzu und gießt ihn auf 30 ml Wasser (Erlenmeyer-Kolben oder Becherglas). Anschließend verfährt man mit der zweiten Hälfte der Mischung *ohne Schwefelsäurezusatz* in der gleichen Weise. Der Zusatz von Indigo dient dazu, die organische Phase anzufärben und so gegebenenfalls die Bildung von zwei Phasen deutlicher zu machen.

Abb. 1 Rundkolben mit aufgesetztem Kühler zum Erhitzen unter Rückfluss mittels eines Ölbades

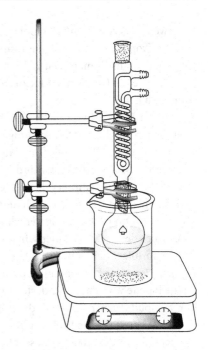

Formulieren Sie die Reaktionsgleichung für die Hydrolyse von Essigsäureethylester!

Welche Schlussfolgerung können Sie daraus ziehen, dass in einem Falle Phasentrennung eingetreten ist, im anderen nicht? Die Ergebnisse der 35. Aufgabe (6. Kurstag) weisen Ihnen den Weg. (Es muss jedoch betont werden, dass es sich hier nur um einen qualitativen Versuch handelt, tatsächlich verläuft die Reaktion nicht vollständig.)

Welche Rolle spielt der Säurezusatz? Versuchen Sie, die einzelnen Schritte der Reaktion zunächst unabhängig von den Erläuterungen selbst zu formulieren!

42. Aufgabe

▶ Bestimmung der Geschwindigkeitskonstanten der alkalischen Hydrolyse von Essigsäureethylester.

a: Bei der hier durchzuführenden Messung ist es notwendig, stark verdünnte Säure mit stark verdünnter Lauge zu titrieren. Da der Indikatorumschlag hierbei weniger scharf eintritt, wird die Feststellung des Äquivalenzpunktes zunächst durch Probetitrationen geübt.

In einem kleinen, trockenen Erlenmeyer-Kolben holt man sich etwa 20 ml der ausstehenden 0,1 molaren NaOH, in zwei größeren, ebenfalls trockenen Gefäßen etwa 200 ml 0,01 molare NaOH und 100 ml 0,01 molare HCl.

Sollte die Bürette nicht trocken sein, muss vor dem Einfüllen der 0,01 molaren NaOH zweimal mit je etwa 10 ml dieser Lösung ausgespült werden. Hierauf titriert man mindestens zweimal genau 10 ml 0,01 molare HCl mit der 0,01 molaren NaOH unter Verwendung von 1–2 Tropfen Phenolphthaleinlösung als Indikator. Die beiden Titrationsergebnisse sollen gut übereinstimmen. Hat man auf diese Weise den Faktor der 0,01 molaren NaOH gegen die genau 0,01 molare HCl ermittelt, spült man die Titriergefäße und stellt sie für Aufgabe **b** bereit.

b: Beim Mischen von Natronlauge mit einer wässrigen Lösung von Essigsäureethylester läuft die hydrolytische Spaltung („Verseifung") des Esters mit bequem messbarer Geschwindigkeit ab. Dabei wird pro Mol Ester ein Mol NaOH verbraucht. Geht man von bestimmten Molmengen Ester und NaOH (hier im Verhältnis 2:1) aus und bestimmt die innerhalb kleiner Zeitintervalle umgesetzten Mengen (durch Titration der jeweils noch vorhandenen NaOH), so lässt sich die Geschwindigkeitskonstante mit Hilfe der Gleichung für eine Reaktion 2. Ordnung berechnen.

Um bei der reaktionskinetischen Messung zügig und ungestört arbeiten zu können, trifft man folgende Vorbereitungen: Man stellt 6 Titriergefäße bereit, pipettiert in jedes 10 ml 0,01 molare HCl und nummeriert die Kolben mit Etiketten. Die zum Abmessen benutzte Pipette wird dann mindestens zweimal mit kleinen Anteilen der 0,1 molaren NaOH durchgespült. Ferner füllt man die Bürette mit 0,01 molarer NaOH auf und stellt Indikatorlösung bereit (kleine Probe im Reagenzglas mit Tropfpipette).

Man gibt in den 100 ml Messkolben, der 10 ml dest. Wasser und genau 2 mmol Essigsäureethylester enthält, 70 ml Wasser und schüttelt um. Anschließend misst man mit der Pipette genau 10 ml 0,1 molare NaOH ab und lässt sie in den Messkolben einfließen. Da die Hydrolysereaktion sofort einsetzt, sobald Natronlauge hinzukommt, wählt man als Zeitpunkt des Reaktionsbeginns und als Nullpunkt der Zeitmessung t_0 diejenige Zeit, zu der gerade die Hälfte der Lösung aus der Pipette ausgelaufen ist. Diese Zeit notiert man im Labortagebuch. Nach beendeter NaOH-Zugabe, füllt man *unverzüglich* genau bis zur Marke auf und mischt gründlich durch. Unmittelbar danach spült man die Pipette mit dest. Wasser aus, entnimmt dem Reaktionsgemisch einige ml, spült damit die Pipette durch und entnimmt schließlich genau 10 ml. Diese *1. Probe* lässt man sofort in den ersten der 10 ml 0,01 molare HCl enthaltenden Titrierkolben einfließen (Pipettenspitze an die Gefäßwand anlegen, nicht in die HCl eintauchen!) und notiert die Zeit, zu der die Pipette zur Hälfte ausgelaufen ist, im Labortagebuch: 1. Messzeit – t_1.

Durch den Säureüberschuss wird die Hydrolysereaktion sofort unterbrochen. Dieses Verfahren wird allgemein „quenchen" genannt (engl. *to quench* = (aus)löschen, unterdrücken).

Man wartet nun etwa 5 min, entnimmt dann mit der Pipette die 2. Probe, lässt sie in die im zweiten Titrierkolben enthaltenen 10 ml 0,01 molare HCl einfließen und notiert wiederum die Zeit: 2. Messzeit – t_2. In der gleichen Weise verfährt man noch zweimal in Abständen von je etwa 5 min, hiernach noch zweimal in Abständen von je etwa 10 min: 3.–6. Probe; 3.–6. Messzeiten – $t_3 - t_6$.

Nach Beendigung der Messung oder bereits in der Zeit zwischen der Entnahme der einzelnen Proben titriert man den Überschuss an 0,01 molarer HCl in den einzelnen Lösungen mit 0,01 molarer NaOH gegen Phenolphthalein zurück. Durch Einfließen der 10 ml

Versuchsproben in 10 ml 0,01 molare HCl wurden die für den Ablauf der Hydrolyse erforderlichen HO^--Ionen verbraucht (nach: $HO^- + H^+ \rightarrow H_2O$). Damit wird die Hydrolyse unterbrochen, so dass jeder Ansatz jetzt in Ruhe analysiert werden kann. Die Hydrolyse erfolgt nach der Bruttogleichung:

| Essigsäureethylester | | Natriumacetat |

Bei Beginn des Versuchs (siehe linke Seite der Gleichung) liegen im Messkolben die folgenden Konzentrationen vor:

$$c(\text{Ester}) = 2 \text{ mmol} / 100 \text{ ml} = 2 \text{ mol} / 100 \text{ l} = 0,02 \text{ mol} / l$$
$$c(HO^-) = (10 \text{ ml} \cdot 0,1 \text{ mol} / l) / 100 \text{ ml} = 0,01 \text{ mol} / l$$

Beim Eingießen einer 10 ml Probe der Reaktionslösung **vor Beginn der Hydrolyse** in die 10 ml Probe 0,01 molarer HCl würde Neutralisation erfolgen, und bei der Rücktitration wäre der NaOH-Verbrauch = 0.

Nach Beendigung des Versuchs (siehe rechte Seite der Gleichung) ist die Esterkonzentration auf 0,01 mol/l abgesunken, während die Natronlauge vollständig in Natriumacetat umgewandelt ist. Nach Zugabe einer 10 ml Probe zur 10 ml Probe 0,01 molarer HCl bleibt deren potentielle Acidität voll erhalten, obwohl in der Lösung nahezu ausschließlich Essigsäure vorliegt (siehe auch 2. Kurstag). Der Verbrauch an 0,01 molarer NaOH bei der Rücktitration beträgt dann 10 ml.

Bei fortschreitender Hydrolyse im Laufe des Versuchs nehmen also die Esterkonzentration und die HO^--Konzentration im gleichen Maße ab. Je geringer die HO^--Konzentration im Reaktionsgemisch, desto größer wird der Protonenüberschuss in der vorgelegten Probe und dementsprechend größer wird der Verbrauch an Natronlauge bei der Rücktitration.

▶   Der bei der Rücktitration ermittelte Verbrauch an Natronlauge ist also ein direktes Maß für die bis zum Zeitpunkt der Säurezugabe umgesetzten Mengen an Hydroxid (HO^-) im Reaktionsgemisch, also ein Maß für das Fortschreiten der Hydrolyse.

Werden z. B. 3,88 ml 0,01 molare NaOH verbraucht, so bedeutet das, dass 0,00388 mol/l NaOH und Ester umgesetzt worden sind (3,88 ml 0,01 molare NaOH entsprechen 0,0388 mmol/10 ml = 3,88 mmol/l). Die noch im Reaktionsgemisch vorhandenen Konzentrationen betragen dann: $c(HO^-) = 0,00612$, $c(\text{Ester}) = 0,0162$ mol/l. Die für jede Messzeit

Tab. 1 Muster für die Eintragung der Ergebnisse der 43. Aufgabe

Zeit (min)	Verbrauch NaOH (ml)	Umsatz (mol/l)	$c(HO^-)$ (mol/l)	c(Ester) (mol/l)
$t_0 = 0$	0	0,00	0,01	0,02
$t_1 = 5$	3,88	0,00388	0,00612	0,01612
$t_2 = 10$	5,94	0,00594	0,00406	0,01406

t_n ermittelten Werte werden in Form einer Tabelle (Muster siehe weiter unten) ins Laborjournal eingetragen.

Berechnung der Geschwindigkeitskonstanten k_2. Für eine Reaktion 2. Ordnung gilt:

$$-dc(Ester)/dt = k_2 \cdot c(Ester) \cdot c(HO^-) \quad \text{Einheit: } (mol \cdot l^{-1} \cdot min^{-1})$$

Die Reaktionsgeschwindigkeit (Abnahme der Esterkonzentration mit der Zeit) ist also dem Produkt aus der jeweiligen Esterkonzentration und der jeweiligen Hydroxidionenkonzentration proportional. Bei der Auswertung der Versuchsergebnisse muss hier statt des Differentialquotienten der Differenzenquotient benutzt werden. Dadurch wird zwar die Genauigkeit der Ermittlung etwas verringert, das Prinzip bleibt jedoch unverändert (Tab. 1).

$$-\Delta c(Ester)/\Delta t = k_2 \cdot (Ester) \cdot c(HO^-) \quad \text{Einheit: } (mol \cdot l^{-1} \cdot mol^{-1})$$

Durch Umformung erhält man:

$$k_2 = -\frac{\Delta c(Ester)}{\Delta t \cdot c(Ester) \cdot c(HO^-)} \quad \text{Einheit: } (l \cdot min^{-1} \cdot mol^{-1})$$

usw.

Die Geschwindigkeitskonstante k_2 kann nun aus jeweils zwei Messungen t_{n+1} und t_n nach folgendem Schema ermittelt werden:

$$k_2 = -\frac{\Delta c(Ester)}{\Delta t \cdot \dfrac{c_{n+1}(Ester) + c_n(Ester)}{2} \cdot \dfrac{c_{n+1}(HO^-) + c_n(HO^-)}{2}}$$

Einheit: $(l \cdot min^{-1} \cdot mol^{-1})$

Dabei wird die aktuelle Konzentration zwischen den beiden Messungen durch Mittelung der jeweiligen Werte c_{n+1} und c_n erhalten.

Für die in der Mustertabelle angeführten Werte der Messzeiten t_1 und t_2 würde sich dann beispielsweise ergeben:

$$k_2 = \frac{0,00206}{5 \cdot 0,00509 \cdot 0,01509} = 5,36 \, l \cdot min^{-1} \cdot mol^{-1}$$

Abb. 2 Reaktionsablauf bei der Esterhydrolyse; vorhandene ml 0,01 molare NaOH im gesamten Versuchsansatz in Abhängigkeit von der Zeit t

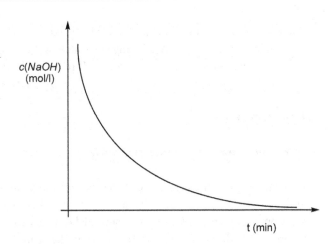

In dieser Weise berechnet man für jeweils zwei Messungen von t_0/t_1 bis t_5/t_6 die Werte für k_2. Da die Esterhydrolyse tatsächlich eine Reaktion 2. Ordnung ist, müsste bei richtiger Versuchsführung der aus den verschiedenen Δt-Werten berechnete Wert für k_2 einigermaßen konstant sein. Allerdings fällt häufig der aus der ersten Messung ermittelte Wert wegen Schwierigkeiten bei der exakten Zeitbestimmung stärker heraus. Auch die aus den letzten Messungen erhaltenen Werte können etwas stärker abweichen, da geringe Fehler bei der Bestimmung der HO^--Konzentration dann stärker ins Gewicht fallen.

Eine graphische Darstellung, bei der die Zeit t auf der Abszisse und die HO^--Konzentration $c(HO^-) = c(NaOH)$ auf der Ordinate aufgetragen wird, veranschaulicht den Reaktionsverlauf (s. Abb. 2).

43. Aufgabe

▶ Hydrolyse von Oxalsäurediethylester.

In drei Reagenzgläser füllt man je 2 ml Oxalsäurediethylester ein. In zwei von diesen gibt man zusätzlich je 4 ml destilliertes Wasser, in das dritte 5 ml destilliertes Wasser und 5 ml 2 molare HCl (kennzeichnen!). Die Proben werden kurz durchgeschüttelt. Eine der Proben, die neben dem Ester nur Wasser enthält, wird im Wasserbad auf 50–70 °C erhitzt, während man die anderen beiden bei Raumtemperatur („RT") stehen lässt.

Nach 15–20 min wird von allen drei Proben die wässrige Phase (oben!) abpipettiert und in drei andere Reagenzgläser eingefüllt, die nach der Art der Versuchsbedingungen zu kennzeichnen sind: „RT" (d. h. Raumtemperatur), „50–70 °C" und „H⁺". Dabei sollte darauf geachtet werden, dass vor dem Abpipettieren eine deutliche Phasentrennung eingetreten ist und die Pipettenspitze so weit oberhalb der Phasengrenze gehalten wird, dass kein Ester mit abpipettiert wird. Dann fügt man in jedes dieser Reagenzgläser verdünnte

Ammoniaklösung bis zur *schwach alkalischen* Reaktion und versetzt mit einigen Tropfen Calciumchlorid-Lösung. Die Ausfällung von Calciumoxalat dient als Indiz dafür, dass eine Hydrolyse stattgefunden hat. Diskutieren Sie Ihre Beobachtungen!

Erläuterungen

1. Hydrolyse von Carbonsäureestern

Bei der Hydrolyse von Estern handelt es sich um eine mehrstufige Reaktion. Die Reaktivität der Ester beruht auf der Polarisierung der C=O Doppelbindung. Insbesondere die π-Elektronen werden infolge der größeren Elektronegativität stärker zum Sauerstoff verschoben, so dass dort eine negative Teilladung vorliegt, am Kohlenstoffatom entsprechend einer positiven Teilladung. Das C-Atom ist daher an Elektronendichte verarmt, es ist *elektrophil* und wird dementsprechend von Nukleophilen (Nu⁻) angegriffen, wenn auch nicht in so starkem Maße wie Carbenium-Ionen (6. Kurstag).

1.1 Die alkalische Esterhydrolyse (42. Aufgabe). Schwache Nukleophile wie das Wasser-Molekül haben beim Angriff auf das schwach elektrophile Carbonyl-C-Atom der Estergruppe eine relativ hohe „Aktivierungsbarriere" zu überwinden und reagieren unter Normalbedingungen (Raumtemperatur, kein Katalysator) allenfalls extrem langsam (Aufgaben 41 und 43). Zwar stimmen Basizität und Nukleophilie nicht völlig überein, grundsätzlich laufen aber die Tendenz zur Aufnahme eines Protons (Gleichgewichtsreaktion) und die Tendenz zum Angriff an einem elektrophilen Zentrum (Reaktionsgeschwindigkeit) in gewissen Grenzen parallel. So kann das Hydroxid-Ion als starkes Nukleophil das schwach elektrophile Estercarbonyl-C-Atom viel leichter angreifen, und es findet eine relativ rasche Reaktion statt (42. Aufgabe). Je weiter sich das HO⁻-Ion dem Carbonyl-C-Atom annähert, desto stärker wird das π-Elektronenpaar zum Carbonyl-O-Atom hin verschoben, bis schließlich das Anion **2** als Zwischenstufe entstanden ist. Seine Bildung ist der langsamste und damit geschwindigkeitsbestimmende Schritt der Esterhydrolyse. Das Anion **2** kann entweder wieder in die Edukte zerfallen oder in einer Folge schneller Reaktionsschritte zunächst Carbonsäure **3** und Alkoholat-Ion und daraus dann irreversibel das Carboxylat-Ion **4** und den Alkohol **5** bilden.

Weil das Produkt **4** sehr viel stabiler (mesomeriestabilisiert) als HO⁻ ist, liegt das „Gleichgewicht" praktisch völlig auf der Seite der Produkte, das Edukt **1** ist nicht mehr nachweisbar, die Reaktion verläuft also irreversibel.

Der Reaktionsverlauf (die Kinetik der Reaktion) ist hier durch die Abnahme der HO⁻-Ionen-Konzentration titrimetrisch bestimmt worden. Wie sich ergeben hat, sind *am geschwindigkeitsbestimmenden Schritt beide Reaktionspartner* (**1** und HO⁻) *beteiligt*, d. h. es handelt sich hier um eine Reaktion 2. Ordnung. Da man die Stöchiometrie der Reaktion kennt, hätte man auch die Abnahme der Konzentration von **1** oder die Zunahme der Konzentration von **4** oder **5** bestimmen können. Die Konzentrationsbestimmungen sind grundsätzlich mit einer Vielzahl von Methoden möglich, besonders häufig bedient man sich dabei moderner physikalisch-chemischer Methoden, wie z. B. der Messung der Abnahme oder Zunahme der Lichtabsorption im UV-sichtbaren Bereich eines Edukts bzw. Produkts.

1.2 Die Protonen-katalysierte Esterhydrolyse (41. und 43. Aufgabe). Im Gegensatz zur alkalischen Esterhydrolyse führt die *Protonen-katalysierte* Hydrolyse zu einem messbaren Gleichgewicht, d. h. am Ende der Reaktion sind Edukte und Produkte nebeneinander vorhanden. Das gleiche Gleichgewicht stellt sich – ebenfalls unter Protonenkatalyse – auch ein, wenn man von der Carbonsäure und einem Alkohol ausgeht. Die Reaktion ist also umkehrbar oder reversibel. Der Verlauf der Reaktion in seinen Einzelschritten ist folgender:

H_3C-C ... **1** $+ H^\oplus$ *reversibel* ... H_3C-C ... **6** $+ H_2O$ *reversibel* ... H_3C-C ... **7**

$H^\oplus$-Wanderung

reversibel

H_3C-C ... **10** $- H^\oplus$ *reversibel* ... H_3C-C ... **9** $- HO\text{-}CH_2\text{-}CH_3$ *reversibel* ... H_3C-C ... **8**

Das negativierte, nukleophile O-Atom des Esters nimmt ein Proton unter Bildung eines stabilisierten Kations **6** auf, bei dem die vier π-Elektronen und damit auch die positive Ladung über die beiden O-Atome und das C-Atom verteilt sind (Delokalisierung der π-Elektronen – Mesomerie). Die Formel **6** gibt also nicht den wahren Zustand des Moleküls wieder, sie stellt nur eine *Grenzformel* dar. Der wahre Zustand lässt sich nur durch „Übereinanderprojizieren" der drei Grenzformeln **6**, **6a** und **6b** beschreiben. Gleiches gilt auch für die Zwischenstufe **9**.

H_3C-C ... **6** $\longleftrightarrow$ H_3C-C ... **6a** $\longleftrightarrow$ H_3C-C ... **6b**

Das Phänomen, dass man den Zustand eines Moleküls nicht mit einer einzigen Formel sondern mit mehreren so genannten Grenzformeln beschreiben muss, bezeichnet man als *Mesomerie* (siehe auch Zwischenstufe **9**). Im Unterschied zum chemischen Gleichgewicht (2 Pfeile) werden solche mesomeren Grenzformeln durch einen einzigen mit zwei Spitzen versehenen Pfeil verbunden. Meist schreibt man allerdings aus Gründen der Übersichtlichkeit nur eine dieser Formeln, zweckmäßigerweise diejenige, welche der Realität am nächsten kommt oder aus der heraus sich die Folgereaktion am einfachsten formulieren lässt. Das trifft hier für **6** zu.

Im Gegensatz zum neutralen Ester **1** ist im Kation **6** das Carbonyl-C-Atom viel stärker positiviert und damit ausreichend elektrophil, um leicht mit dem schwachen Nukleophil Wasser zu reagieren. Nach Protonen-Wanderung entsteht dann aus **7** die Zwischenstufe **8**, in der das Ethanol-Molekül als gute Austrittsgruppe vorgebildet ist. Seine Abspaltung führt zu **9**, für das in Analogie zu **6** ebenfalls drei Grenzformeln möglich sind. Deprotonierung von **9** ergibt das neben Ethanol zweite Produkt, die Carbonsäure **10**. Jeder dieser Einzelschritte ist umkehrbar, so dass sich das Gleichgewicht zwischen **1** + H_2O und **10** + Ethanol auch genauso ausbildet, wenn man die Carbonsäure **10** mit Ethanol unter Protonenkatalyse umsetzt.

Die Reaktionssequenz (**1** reagiert reversibel zu **10**) macht die Wirkungsweise des Protons als Katalysator deutlich: Es greift in die Reaktion ein, indem es den wenig reaktiven Ester in das stark elektrophile Kation **6** umwandelt und so die Reaktion beträchtlich beschleunigt, am Ende geht es aber wieder unverändert aus der Reaktion hervor.

2. Reaktionskinetik

Während sich die Thermodynamik im Wesentlichen mit den Gesetzen befasst, die die *Änderung der Energiezustände chemischer Systeme* und den *Gleichgewichtszustand* einer Reaktion betreffen, behandelt die *Kinetik* die Gesetze für die *Reaktionsgeschwindigkeit*, mit der Reaktionen bis zum Gleichgewichts- bzw. Endzustand ablaufen.

Im Gegensatz zu den sehr schnell ablaufenden Reaktionen zwischen gelösten ionischen Verbindungen verlaufen die meisten organischen und biochemischen Reaktionen relativ langsam. Für diese Reaktionen sind die Gesetze der Reaktionskinetik von besonderer Bedeutung.

2.1 Reaktionsgeschwindigkeit und Reaktionsordnung. Man muss zwischen der Stöchiometrie einer Reaktion (Stoffmengenverhältnisse bei chemischen Reaktionen, siehe auch 1. und 5. Kurstag) und der Reaktionsordnung unterscheiden. Während die stöchiometrische Gleichung nur das Gesamtgeschehen einer Reaktion beschreibt, gibt die Reaktionsordnung die experimentell ermittelte Abhängigkeit der Reaktionsgeschwindigkeit von den jeweiligen Konzentrationen der Reaktionspartner wieder.

Reaktion 2. Ordnung:

Gehorcht die Geschwindigkeit einer Reaktion $A + B \rightarrow C + D$ der Beziehung

$$-dc(A)/dt = k_2 \cdot c(A) \cdot c(B),$$

dann liegt eine Reaktion 2. Ordnung vor. Die Reaktionsordnung wird bestimmt durch die Summe der Exponenten der Konzentrationsterme in der jeweiligen Geschwindigkeitsgleichung (Beispiel: $c^1(A) = 1$. Ordnung in A und $c^1(B) = 1$. Ordnung in B, $c^1 \cdot c^1 = c^2$).

Bei Reaktionen 2. Ordnung handelt es sich vorwiegend um bimolekulare einstufige Reaktionen. Aber auch mehrstufige Reaktionen, deren geschwindigkeitsbestimmender Schritt bimolekular ist, können nach 2. Ordnung verlaufen. Beispiele für Reaktionen 2. Ordnung sind Substitutionen nach dem S_N2-Mechanismus und die alkalische Esterhydrolyse.

Bimolekular ist ein Reaktionsschritt, wenn er durch den Zusammenstoß zweier Moleküle oder Ionen verursacht wird. Entsprechend verläuft ein Reaktionsschritt monomolekular, wenn ein Molekül oder Ion ohne Zusammenstoß mit einem Reaktionspartner zerfällt. Zu den bimolekularen Reaktionen zählen auch solche, die durch Zusammenstöße zweier gleicher Moleküle verursacht werden. Gilt für eine derartige Reaktion

$$-dc(A)/dt = k_2 \cdot c^2(A),$$

dann liegt ebenfalls eine Reaktion 2. Ordnung vor.

Reaktion 1. Ordnung:

Die Reaktionsgeschwindigkeit hängt von der Konzentration nur eines Reaktionsteilnehmers ab. Reaktionen 1. Ordnung treten vorwiegend bei mehrstufigen Reaktionen auf, deren geschwindigkeitsbestimmender Schritt ein monomolekularer Zerfall ist.

$$AB \rightarrow A + B; \quad -dc(AB)/dt = k_1 \cdot c(AB)$$

Beispiele: Substitutionsreaktionen nach dem S_N1-Mechanismus.

Reaktionen höherer Ordnung, bei denen drei oder mehr Reaktionspartner am geschwindigkeitsbestimmenden Schritt beteiligt sind, kommen dagegen kaum vor. Häufig stößt man jedoch auf pseudomonomolekulare Reaktionen, die nach pseudo-erster Ordnung verlaufen. Es handelt sich dabei um bimolekulare Reaktionen, bei denen ein Reaktionspartner in so großem Überschuss vorliegt (z. B. als Lösungsmittel), dass seine Konzentrationsabnahme durch die Reaktion nicht ins Gewicht fällt, seine Konzentration also nahezu konstant bleibt. Die Reaktionsgeschwindigkeit wird dann nur von der Konzentration des anderen Reaktionspartners bestimmt. Viele Enzym-katalysierte Reaktionen verlaufen nach pseudo-erster Ordnung.

2.2 Reaktionsgeschwindigkeitskonstante k und Aktivierungsenthalpie $\Delta H^\ddagger$. Die Reaktionsgeschwindigkeitskonstante k entspricht sozusagen der „konzentrationsbereinigten" Reaktionsgeschwindigkeit, d. h. der Reaktionsgeschwindigkeit bei den Standardkonzentrationen c(A), c(B)… = 1,0 mol/l. Sie ist temperaturabhängig; eine Erhöhung der Reaktionstemperatur um 10 °C erhöht k in der Regel auf das Zwei- bis Dreifache.

Die Geschwindigkeit einer Reaktion wird von mehreren Faktoren bestimmt:

Damit eine Reaktion zwischen zwei Molekülen stattfinden kann, muss es nicht nur zu einem Zusammenstoß der beiden Moleküle kommen, beide müssen dabei auch die richtige Orientierung zueinander haben und außerdem über ausreichende Energie verfügen.

Für *Reaktionen 2. Ordnung* wird dieser Sachverhalt durch folgende Beziehung ausgedrückt:

$$k_2 = \left(R \cdot T/N_A \cdot h \right) \cdot e^{\Delta S^{\ddagger}/R} \cdot e^{-\Delta H^{\ddagger}/R \cdot T} = \left(R \cdot T/N_A \cdot h \right) \cdot e^{-\Delta G^{\ddagger}/R \cdot T}$$

R = ideale Gaskonstante,

N_A = Avogadrosche Zahl,

h = Plancksches Wirkungsquantum,

T = Temperatur in K *(Kelvin)*,

$\Delta H^{\ddagger}$ = Aktivierungsenthalpie (Enthalpie = Energie bei konstantem Druck),

$\Delta S^{\ddagger}$ = Aktivierungsentropie,

$\Delta G^{\ddagger}$ = Freie Aktivierungsenthalpie (Gibbs-Aktivierungsenergie) (siehe auch 2.3)

Die Zahlenwerte der Naturkonstanten sind im Anhang tabellarisch zusammengestellt.

Die einzelnen Teile der Gleichung haben folgende anschauliche Bedeutung:

k_2 = Zahl der erfolgreichen Molekülzusammenstöße, die zu einer Reaktion führen.

$R \cdot T/N_A \cdot h$ = Zahl aller Zusammenstöße = Stoßzahl

$e^{\Delta S^{\ddagger}/R}$ = Anteil der Moleküle mit der richtigen Orientierung

$e^{-\Delta H^{\ddagger}/R \cdot T}$ = Anteil der Moleküle mit ausreichender Energie

Häufig wird anstelle der Aktivierungsenthalpie $\Delta H^{\ddagger}$ die Aktivierungsenergie E_a angegeben ($E_a = \Delta H^{\ddagger} + R \cdot T$). Die Angabe von E_a ist insofern praktikabel, als die Unterschiede zwischen den beiden Größen gewöhnlich innerhalb der Fehlergrenzen der Messungen liegen (bei 298 K ist $R \cdot T = 2,5$ kJ/mol).

Die obige Gleichung für k_2 macht deutlich, dass eine Reaktion umso langsamer abläuft, je größer die Aktivierungsenthalpie $\Delta H^{\ddagger}$ ist. Im Falle $\Delta H^{\ddagger} = 0$ würde dagegen $e^{-\Delta H^{\ddagger}/R \cdot T} = 1$, so dass jeder richtig orientierte Zusammenstoß zu einer Reaktion führen müsste.

Aus dem am 6. Kurstag durchgeführten Versuch zur S_N2-Reaktion (Umsetzung von Alkylbromiden mit NaI) lässt sich also der qualitative Schluss ableiten, dass die Aktivierungsenthalpie für die langsamer ablaufende Reaktion des 2-Brombutans (sekundärer Alkylrest) größer ist als für das 1-Brombutan (primär). Genau das entspricht der größeren sterischen Behinderung des Rückseitenangriffs im ersten Fall. Bei den an diesem 7. Kurstag durchgeführten Aufgaben zur nicht-katalysierten Esterhydrolyse (Teil der Aufgaben 41 und 43) ist die Aktivierungsenthalpie so groß, dass die Reaktion bei Raumtemperatur nicht schnell genug abläuft.

Da mit steigender Temperatur T der Ausdruck $e^{-\Delta H^{\ddagger}/R \cdot T}$ größer wird (T im Nenner eines negativen Exponenten), wird dadurch k_2 und somit die Reaktionsgeschwindigkeit größer.

Abb. 3 Reaktionsdiagramm
einer S_N2-Reaktion

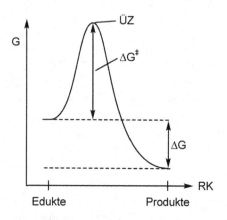

Die unterschiedlichen Ergebnisse bei der nicht-katalysierten Hydrolyse des Oxalsäurediet-hylesters bei Raumtemperatur und bei erhöhter Temperatur machen dies deutlich.

2.3 Reaktionsdiagramme (43. Aufgabe). Die entscheidenden thermodynamischen und kinetischen Aspekte einer Reaktion können durch ein Reaktionsdiagramm veranschaulicht werden. In Abb. 3 ist ein solches Diagramm für eine exergonische Einstufenreaktion (z. B. eine S_N2-Reaktion) wiedergegeben. Die Kurve stellt die kontinuierliche Änderung der Freien Enthalpie des Systems während des Reaktionsverlaufs von den Edukten zu den Produkten dar. Die Differenz der Freien Enthalpien der Edukte und Produkte ΔG bestimmt die Lage des Reaktionsgleichgewichts (Gleichgewichtskonstante K). Der höchste Punkt auf der Reaktionskurve wird als Übergangszustand (ÜZ, oder *engl.: transition state*) bezeichnet. Beschreibt man das Teilsystem „Edukte - Moleküle im Übergangszustand" als eine Art „Gleichgewicht", so kommt man zum Begriff der Freien Aktivierungsenthalpie $\Delta G^{\ddagger}$ (*Gibbs*-Aktivierungsenergie).

$\Delta G^{\ddagger}$ entspricht der Differenz der Freien Enthalpien zwischen Edukten und Molekülen im Übergangszustand (auch als „aktivierter Komplex" bezeichnet). Einzig und allein von dieser Größe hängt es ab, ob eine Reaktion bei gegebener Temperatur schnell oder langsam abläuft. Wie ΔG (siehe auch 3. Kurstag) kann auch $\Delta G^{\ddagger}$ in zwei Komponenten zerlegt werden: $\Delta G^{\ddagger} = \Delta H^{\ddagger} - T \cdot \Delta S^{\ddagger}$.

Wenn man die $\Delta G^{\ddagger}$-Werte ähnlicher Reaktionen miteinander vergleichen will, kann man in der Regel davon ausgehen, dass $\Delta S^{\ddagger}$ sich nicht sehr ändert, so dass entscheidende Unterschiede in den meisten Fällen tatsächlich auf Unterschiede in den Aktivierungsenthalpien $\Delta H^{\ddagger}$ zurückzuführen sind. Was nach dem Durchlaufen des Übergangszustandes geschieht, ist für k völlig belanglos. ΔG wird durch die Struktur von Edukten und Produkten bestimmt, $\Delta G^{\ddagger}$ dagegen durch die Struktur der Edukte und des Übergangszustands (= aktivierter Komplex).

Sehr große Werte für $\Delta G^{\ddagger}$ können verhindern, dass eine Reaktion unter gegebenen Bedingungen überhaupt abläuft, selbst wenn sie stark exergonisch ist. Häufig sind dann besonders extreme Bedingungen erforderlich. Ein Beispiel ist die Oxidation organischer Ver-

Abb. 4 Reaktionsdiagramm
einer S_N1-Reaktion

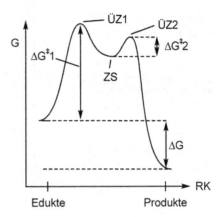

bindungen zu Kohlendioxid und Wasser, die üblicherweise nur als Verbrennungsprozess bei relativ hohen Temperaturen erfolgt.

Abbildung 4 stellt einen Zweistufenprozess dar, dessen erster Schritt langsam ($\Delta G^{\ddagger}_1$ groß) und dessen zweiter Schritt schnell ($\Delta G^{\ddagger}_2$ klein) erfolgt. Die Reaktionsgeschwindigkeit wird also durch $\Delta G^{\ddagger}_1$ bestimmt. Die intermediär gebildete Zwischenstufe (ZS) liegt in einem Minimum der Freien Enthalpie (*Gibbs*-Energie) und besitzt daher eine endliche, wenn auch meist nur geringe Lebensdauer.

Man überlege sich, welche Strecken den Werten der Freien Aktivierungsenthalpie $\Delta G^{\ddagger}$ entsprechen würden, wenn die in Abb. 3 und 4 dargestellten Prozesse in umgekehrter Richtung (also von den Produkten zu den Edukten) ablaufen würden.

Die Frage der Rückreaktion ist besonders wichtig, wenn für die Edukte zwei Reaktionswege zu unterschiedlichen Produkten existieren. Können unter den gegebenen Reaktionsbedingungen die beiden Rückreaktionen mit ausreichender Geschwindigkeit ablaufen, so stellt sich zwischen den Produkten ein Gleichgewicht ein. Dabei werden entsprechend den Unterschieden in den Freien Enthalpien ΔG die thermodynamisch stabileren (energieärmeren) Produkte bevorzugt gebildet. Die Reaktion wird als „thermodynamisch kontrolliert" bezeichnet. Ist dagegen die Freie Aktivierungsenthalpie $\Delta G^{\ddagger}_{Rück}$ so groß, dass die Rückreaktion unter den Reaktionsbedingungen nicht mit merklicher Geschwindigkeit abläuft, dann entstehen bevorzugt die Produkte, für deren Bildung die Freie Aktivierungsenthalpie $\Delta G^{\ddagger}_{Hin}$ am niedrigsten ist. Das müssen nicht notwendigerweise die energieärmsten Produkte sein. Die Reaktion ist dann „kinetisch kontrolliert".

2.4 Katalyse. Ein Katalysator ist ein Stoff, der eine Reaktion beschleunigt, ohne dabei selbst verbraucht zu werden. Er geht also nicht in die Reaktionsbilanz ein. Da die Änderung der Freien Enthalpie ΔG bei einer Reaktion vom Reaktionsweg unabhängig ist, *können Katalysatoren die Lage des Gleichgewichts zwischen Edukten und Produkten nicht beeinflussen, sie beschleunigen jedoch die Einstellung des Gleichgewichts.*

Dies kann so geschehen, dass ein Katalysator den Reaktionsweg beibehält und die Freie Aktivierungsenthalpie $\Delta G^{\ddagger}$ herabsenkt und somit die Reaktionsgeschwindigkeit erhöht (Katalyse 1). In vielen Fällen bildet der Katalysator mit einem der Edukte ein Intermediat

Abb. 5 Reaktionsdiagramm einer nicht-katalysierten Reaktion (fette Linie), einer katalysierten Reaktion unter Absenkung der Aktivierungsenergie (gestrichelte Linie, Katalyse 1) und einer katalysierten Reaktion mit einem alternativen Reaktionsmechanismus (durchgezogene Linie, Katalyse 2)

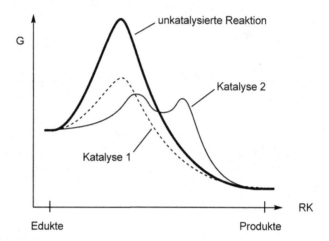

(Zwischenstufe), d. h. der Reaktionspfad wird geändert und ein Reaktionsschritt wird in zwei (oder mehr) Reaktionsschritte mit jeweils kleineren Freien Aktivierungsenthalpien zerlegt (Katalyse 2). Ist der erste Schritt der katalysierten Reaktion der langsamere, dann bestimmt dessen Freie Aktivierungsenthalpie $\Delta G^{\ddagger}$ die Geschwindigkeit. Etwas komplizierter ist die Situation, wenn der zweite Schritt geschwindigkeitsbestimmend ist (Abb. 5).

Wegen des Faktors $e^{-\Delta G^{\ddagger}/R \cdot T}$ hat eine kleine Absenkung von $\Delta G^{\ddagger}$ schon einen erheblichen Effekt. So führt z. B. die Herabsetzung von $\Delta G^{\ddagger}$ von 80 kJ mol^{-1} auf 60 kJ mol^{-1} bei 298 K zu einer Erhöhung der Reaktionsgeschwindigkeit um den Faktor 3200.

Enzyme sind Makromoleküle, die als Biokatalysatoren in der Regel eine hohe Substratspezifität zeigen, da sie für ein bestimmtes Substrat (Edukt) und die zu katalysierende Reaktion „maßgeschneidert" sind. Darauf beruht auch ihre extrem hohe katalytische Wirkung, die die Selektivität „normaler" organisch-chemischer Katalysatoren oft weit übertrifft. Auch diese Biokatalysatoren verändern den Reaktionspfad oder setzen die Aktivierungsenergie herab. Die Folge ist, dass viele Stoffwechselreaktionen bereits bei etwa + 37 °C (menschlicher Organismus) in wässrigem Milieu unter Normaldruck hinreichend schnell ablaufen können.

8. Kurstag: Carbonylverbindungen

Umkristallisation als Reinigungsmethode, Schmelzpunktsbestimmung, Reaktionen mit Absorption des sich entwickelnden Gases.

Reaktionen der Carbonylgruppe: Kondensation mit Verbindungen des Typs H_2N-X und mit CH-aciden Verbindungen, Keto-Enol-Tautomerie, Decarboxylierung von β-Ketocarbonsäuren. Additionsreaktionen.

Benutzte Lösungsmittel und Chemikalien mit Gefahrenhinweisen und Sicherheitsratschlägen:

Substanz	H-Sätze	P-Sätze
Ethanol	225/302/371	210/260
Butanon (Ethylmethylketon)	225/319/336	210/280/305 + 351 + 338
3-Pentanon (Diethylketon)	225/335/336	210/261
Cyclopentanon	226/315/319	305 + 351 + 338
Cyclohexanon	226/302 + 312 + 332/315/318	280/305 + 351 + 338
Benzaldehyd	302	301 + 312
Aceton (Propanon)	225/319/336	210/280/305 + 351 + 338
1,1,1-Trichlorethan	315/319/332/420	305 + 351 + 338
Acetessigsäureethylester	319	305 + 351 + 338
Äpfelsäure	319	280/305 + 351 + 338

G. Hilt, P. Rinze, *Chemisches Praktikum für Mediziner*, Studienbücher Chemie,
DOI 10.1007/978-3-658-00411-8_8, © Springer Fachmedien Wiesbaden 2015

Substanz	H-Sätze	P-Sätze
Brom, (5 % Br_2 in CCl_3-CH_3)	314/331/420	304 + 340/305 + 351 + 338/ 310/403 + 233/273/501
Bromwasser (0,5 % Br_2 in H_2O)	314/330/400[a]	260/273/280/284/305 + 338/310[a]
Bariumhydroxid, gesättigt (72 g/l)	314/332	280/305 + 351 + 338/310
Eisen(III)chlorid-Lösung (1 % in H_2O)	290/317/319	261/280/302 + 352/ 305 + 351 + 338
Eisen(II)sulfat-Hydrat	318/302	280/305 + 351 + 338/309 + 310
2,4-Dinitrophenylhydrazin (40 g in 600 ml 85 % H_3PO_4 + 400 ml abs. Ethanol)	228/302[b] 314[c]	210[b] 280/301 + 330 + 331/ 305 + 351 + 338/309 + 310[c]
Wasserstoffperoxid (30 % H_2O_2 in H_2O)	271/332/302/314	210/308/301 + 330 + 331/304 + 340/309 + 310
Salzsäure, 2 molar (7,1 % HCl in H_2O)	315/319	280/305 + 351 + 338/302 + 352
Natronlauge, gesättigt (ca. 50 % NaOH in H_2O)	314	280/301 + 330 + 331/ 305 + 351 + 338/309 + 310

[a] H-/P-Sätze für Brom
[b] H-/P-Sätze für festes 2,4-Dinitrophenylhydrazin
[c] H-/P-Sätze für 85 % H_3PO_4

Zusätzlich benötigte Geräte
Saugröhrchen, Filterscheibchen für Hirschtrichter, Vakuumschlauch, Apparat zur Schmelzpunktbestimmung, Schmelzpunktsröhrchen, Wasserbad, Gärröhrchen.

Entsorgung
Bariumhaltige Rückstände die in der 48. Aufgabe in Form des im Gegensatz zum schwerlöslichen Bariumsulfat (3. Kurstag) in der Biosphäre leicht aktivierbaren Bariumcarbonats anfallen, werden wie andere schwermetallhaltige Abfall-Lösungen gesondert gesammelt. Sie werden der Sonderabfallentsorgung zugeführt. **Feste Substanzen** werden in dafür vorgesehene Behälter gegeben und der Sondermüllentsorgung zugeführt. Alle **organischen Lösungen** werden in Lösungsmittelabfall-Behältern gesammelt und der Sonderabfallentsorgung zugeführt. **1,1,1-Trichlorethan-Lösungen** werden getrennt gesammelt und entsorgt.

Abb. 1 Absaugvorrichtung
mit dickwandigem Erlenmeyer-
Kolben und Büchnertrichter

Aufgaben

44. Aufgabe

▶   Darstellung eines 2,4-Dinitrophenylhydrazons.

Man gibt 0,5 ml eines unbekannten Ketons in einen 50 ml Erlenmeyer-Kolben, löst es
in 5 ml Ethanol, fügt danach 5–10 ml der 2,4-Dinitrophenylhydrazin-Lösung hinzu und
mischt gut durch. Sogleich oder nach kurzem Stehen fällt das Dinitrophenylhydrazon
als orangeroter, kristalliner Niederschlag aus. Nach etwa 10 min saugt man auf dem
Hirschtrichter ab (Abb. 1). (Das Filterblättchen muss genau den Boden des Hirschtrichters ausfüllen. Man feuchtet es zuerst mit ganz wenig Ethanol an, saugt es dann kurz
fest und kann dann das Reaktionsgemisch absaugen, ohne dass Kristalle in das Filtrat
gelangen).

Anschließend wird das 2,4-Dinitrophenylhydrazon umkristallisiert. Dazu gibt man
einen Teil in ein Reagenzglas, übergießt mit 2–3 ml Ethanol und erhitzt unter Durchschüt-
teln auf dem Wasserbad vorsichtig zum Sieden. (**Achtung Brandgefahr!** Siedeverzug vermeiden, Ethanol nicht herauskochen oder herausspritzen lassen!) Löst sich hierbei nicht
die gesamte Substanzmenge auf, so fügt man in ganz *kleinen Anteilen* weiteres Ethanol
zu, bis sich in der Siedehitze gerade alles gelöst hat. (Beim Nachfüllen das Reagenzglas in
den Reagenzglasständer stellen, Ethanol aus einem anderen Reagenzglas und nicht aus der
Vorratsflasche nachgießen und unbedingt darauf achten, dass keine Flamme in der Nähe
ist! Außerdem darf das Reagenzglas höchstens zu einem Viertel mit Lösungsmittel gefüllt
sein, andernfalls verringere man die Substanzmenge).

Die beim Erkalten der Lösung ausgeschiedenen Kristalle werden abgesaugt. Dann löst
man die Schlauchverbindung zur Pumpe, durchfeuchtet mit *ganz wenig* Lösungsmittel
und stellt danach die Verbindung zur Pumpe wieder her, um erneut trocken zu saugen.
Dann wird ein zweites Mal umkristallisiert.

Nach dem Absaugen presst man schließlich das umkristallisierte Produkt zwischen
Filterpapier trocken und bestimmt den Schmelzpunkt.

Zur *Bestimmung des Schmelzpunktes* wird eine 2–3 mm hohe Schicht des 2,4-Dinitro-
phenylhydrazons in das zugeschmolzene Ende des Schmelzpunktsröhrchens gebracht.

Tab. 1 Schmelzpunkte der 2,4-Dinitrophenylhydrazone einiger Ketone

Keton	Schmp. des jeweiligen 2,4-Dinitrophenylhydrazons (°C)
Ethylmethylketon (2-Butanon)	117
Diethylketon (3-Pentanon)	156
Cyclopentanon	142
Cyclohexanon	166

Man drückt das offene Ende des Röhrchens in die Kristalle, nimmt hierdurch eine kleine Probe auf und klopft dann vorsichtig mit dem zugeschmolzenen Ende auf die Tischplatte, so dass die Probe in das Röhrchen hinunter gleitet. Noch leichter lässt sich die Probe in das untere Ende des Röhrchens befördern, wenn man dieses durch ein 20–30 cm langes Glasrohr auf die Steintischplatte auffallen lässt.

Das Schmelzpunktsröhrchen mit der Substanz wird mit einer Klammer fixiert und in ein Ölbad eingetaucht. Man heizt nun die Badflüssigkeit (Glycerin oder Silikonöl) über *kleiner* Bunsenflamme langsam an. Die Temperatur soll nur etwa 3 °C pro Minute ansteigen. *Kurz vor dem Schmelzen* beobachtet man gewöhnlich ein deutliches *Zusammensintern der Kristalle*. Die Schmelztemperatur, der „Schmelzpunkt", wird abgelesen, wenn sich die Probe gerade klar verflüssigt hat. Auf keinen Fall darf in der Nähe des Schmelzpunktes stark erhitzt werden, da man hierdurch falsche (zu hohe) Schmelzpunkte findet! Anhand der nachstehenden Tabelle wird festgestellt, um welches Keton es sich handelte. Nach Beendigung der Versuche sind die benutzten Gefäße insbesondere die zur Herstellung und zum Umkristallisieren der Dinitrophenylhydrazone verwendeten Reagenzgläser gründlich zu spülen.

Man formuliere die Reaktionsgleichung für die Umsetzung (Tab. 1)!

45. Aufgabe

▶ Nachweis der Keto-Enol-Tautomerie von Acetessigsäureethylester.

In einem 100 ml Erlenmeyer-Kolben löst man etwa 0,5 ml Acetessigsäureethylester unter Schütteln in 20 ml Wasser, fügt 5 Tropfen Eisen(III)chlorid-Lösung (1 % in H_2O) hinzu und kühlt in einem Eisbad ab. Dann tropft man mit einer Pipette ca. 4 ml 0,5 %iges Bromwasser ziemlich rasch zu, bis die rote Färbung des Fe(III)-Enolats verschwunden ist. Nach kurzer Zeit tritt die Färbung erneut auf und kann durch Zugabe von ca. 2 ml Bromwasser wieder zum Verschwinden gebracht werden. Das lässt sich so lange wiederholen, bis der gesamte Acetessigsäureethylester bromiert ist.

46. Aufgabe

▶ Darstellung von Dibenzalaceton.

In einem Reagenzglas gibt man zu etwa 2 ml Benzaldehyd (C_6H_5-CHO) 1 ml Aceton und als Lösungsmittel ca. 4 ml Ethanol. Durch Zugabe von 1 ml gesättigter Natronlauge (Vorsicht! NaOH ist stark ätzend!) wird die Reaktion gestartet. Nach einigen Minuten reibt man die Reagenzglaswand von innen vorsichtig mit dem Glasstab. Was beobachtet man im Verlauf von etwa 5 min? Das Reaktionsprodukt wird auf einem Hirschtrichter abgesaugt, mit einigen ml Ethanol nachgewaschen und durch Umkristallisation aus Ethanol gereinigt. Bestimmen Sie den Schmelzpunkt des Produkts (er sollte bei 112 °C liegen). Stellen Sie zunächst die Bruttoreaktionsgleichung für die Kondensation (Wasserabspaltung) zwischen zwei Molekülen Benzaldehyd und einem Molekül Aceton (= Propanon) auf!

Welche der beiden Verbindungen wirkt als CH-acide Komponente? Versuchen Sie dann, die einzelnen Schritte der Reaktion zu formulieren!

47. Aufgabe

▶ Addition von Brom an Dibenzalaceton.

Eine etwa erbsengroße Menge des dargestellten Dibenzalacetons wird im Reagenzglas in ca. 3 ml 1,1,1-Trichlorethan (Cl_3C–CH_3) gelöst. Zur Kontrolle füllt man ein zweites Reagenzglas nur mit ca. 3 ml 1,1,1-Trichlorethan. Beide Reagenzgläser werden auf dem Wasserbad auf etwa 50 °C erwärmt. Dann nimmt man sie aus dem Wasserbad und gibt in beide Reagenzgläser mit einer Tropfpipette vorsichtig wenige (!) Tropfen einer Lösung von Brom in 1,1,1-Trichlorethan. Was beobachtet man? Wie kann man die Beobachtungen deuten?

48. Aufgabe

▶ Oxidative Decarboxylierung von Äpfelsäure.

0,2 g Äpfelsäure und ca. 0,1 g (kleine Spatelspitze) Eisen(II)-sulfat werden in 5 ml dest. Wasser in einem Reagenzglas gelöst. Etwa 1 ml dieser Lösung wird zum späteren Vergleich (Blindprobe) mit einer Pipette in ein weiteres Reagenzglas gefüllt. Zu den restlichen 4 ml Lösung pipettiert man 2 Tropfen einer 30 %igen H_2O_2-Lösung (Vorsicht! Schutzbrille tragen!) und verschließt das Reagenzglas sofort mit einem Gärröhrchen, welches zuvor mit 1 ml einer gesättigten Ba(OH)$_2$-Lösung gefüllt wurde. Nach der Zugabe des H_2O_2 färbt sich die Lösung intensiv rot, es setzt Gasentwicklung ein, die zu einer Trübung im Gärröhrchen führt. Sollte sich nach 3 min kein Gas entwickeln, fügt man weitere 2 Tropfen H_2O_2-Lösung hinzu.

Nachdem die Gasentwicklung beendet ist, erwärmt man diese Lösung einige Minuten bei etwa 50–60 °C auf dem Wasserbad zum Verkochen des überschüssigen H_2O_2. Anschließend versetzt man diese Probe sowie die Blindprobe mit je 1 ml einer 2,4-Dinitrophenylhydrazin-Lösung. Der gelb-orange Hydrazonniederschlag der durch oxidative Decarboxylierung entstandenen Brenztraubensäure bildet sich nur in der mit H_2O_2behandelten Probe. Nach Beendigung des Versuches löst man den Niederschlag im Gärröhrchen wieder mit 2 molarer HCl auf und spült anschließend mit dest. Wasser.

Welches Bariumsalz ist im Gärröhrchen ausgefallen? Welches Gas ist folglich bei der Reaktion entstanden? Stellen Sie zunächst die Reaktionsgleichung für die Oxidation der Äpfelsäure HOOC–CH(OH)-CH$_2$-COOH auf! (Hinweis: sekundäre Alkoholgruppe). Formulieren Sie dann auch den zweiten Reaktionsschritt, bei dem eine Spaltung des Moleküls eintritt!

Erläuterungen

Die Carbonylgruppe (C=O) gehört zu den wichtigsten funktionellen Gruppen. Zu den Carbonylverbindungen zählen die Aldehyde, die am Carbonyl-C noch ein H-Atom tragen (oder zwei H-Atome im Falle von Methanal = Formaldehyd), und die Ketone mit zwei Resten R am Carbonyl-C-Atom (R = Alkyl oder Aryl). Die chemischen Eigenschaften dieser Verbindungen werden von der Carbonylgruppe bestimmt. Daher reagieren Aldehyde und Ketone in den meisten Fällen gleichartig, bei einigen Reaktionen verhalten sich die beiden Verbindungstypen aber auch unterschiedlich (Oxidation!).

Aldehyd   Keton

1. Reaktionen am elektrophilen Carbonyl-C-Atom

Ähnlich wie bei den Estern ist auch bei den Carbonylverbindungen die C=O-Gruppe in der Weise polarisiert, dass das C-Atom eine positive Teilladung (δ^+) trägt, also elektrophil ist, während das O-Atom negativiert (δ^-) und somit nukleophil ist. Nukleophile können daher Carbonylverbindungen relativ leicht am elektrophilen C-Atom angreifen. Im Unterschied zu den Estern gibt es bei Aldehyden und Ketonen jedoch keine Abgangsgruppe, die eine Substitutionsreaktion ermöglichen würde (vgl. 7. Kurstag). So findet man bei Reaktionen mit Nukleophilen im Falle der Carbonylverbindungen Additions- oder Kondensationsreaktionen.

1.1 Die Additionsreaktion. Zu den wichtigsten Reaktionen dieses Typs gehört die Addition von Alkoholen unter Bildung von Halbacetalen bzw. Halbketalen. Dabei greift der Alkohol mit einem freien Elektronenpaar des O-Atoms (Nukleophil) das elektrophile C-Atom der Carbonylgruppe an. (Auch hier kann – wie bei Carbonsäureestern – die Carbonylfunktion durch Protonierung am O-Atom elektrophiler und damit reaktiver gemacht werden). Das so entstandene Zwitterion kann sehr leicht unter Protonenwanderung in das Halbacetal oder Halbketal übergehen. Es handelt sich bei der Halbacetal- bzw. Halbketalbildung um eine echte Gleichgewichtsreaktion, bei Ketonen und bei Aldehyden mit mittleren oder längeren Alkylresten liegt das Gleichgewicht in der Regel auf der Seite der Edukte, während mit Aldehyden wie Acetaldehyd (Ethanal) das Halbacetal überwiegt (vgl. aber auch die Zucker – 10. Kurstag).

Halbacetal

Acetal   Ketal

Unter Protonenkatalyse kann das Halbacetal durch Ersatz der OH-Gruppe durch eine zweite OR^3-Gruppe substituiert und damit in ein Acetal überführt werden.

Man versuche, den Mechanismus für die Acetalbildung selbst zu formulieren! An welcher Stelle muss das Proton angreifen? Was für ein Reaktionsschritt muss sich dann anschließen, um letztlich eine Substitution zu ermöglichen? (Siehe auch Erläuterungen zum 10. Kurstag).

1.2 Die Kondensationsreaktion (44. Aufgabe). Bei den Kondensationen reagieren Carbonylverbindungen unter Wasserabspaltung z. B. mit Verbindungen des Typs X-NH$_2$ unter Ausbildung einer C=N-Doppelbindung. Dazu gehört auch die in Aufgabe 44 durchgeführte Bildung von 2,4-Dinitrophenylhydrazonen. Diese und andere Derivate wie Phenylhydrazone, Oxime und Semicarbazone sind in der Regel gut kristallisierende Verbindungen, die zur Abtrennung der meist flüssigen Aldehyde oder Ketone aus Reaktionsmischungen benutzt werden können. Die Reinigung solcher kristalliner Derivate durch Umkristallisation kann sehr viel leichter erfolgen als die der flüssigen Carbonylverbindungen durch Destillation. Anschließend kann man dann durch saure Hydrolyse die C=N-Doppelbindung wieder spalten und so die ursprüngliche Carbonylverbindung zurückerhalten. Früher benutzte man die Bestimmung des Schmelzpunkts solcher Derivate zur Identifizierung der Carbonylverbindungen, heute bedient man sich moderner physikalisch-chemischer Methoden, wie der NMR- oder der Massenspektroskopie, die viel einfachere und informativere Möglichkeiten darstellen.

Die Reaktionen von Carbonylverbindungen mit Verbindungen des Typs X-NH$_2$ verlaufen unabhängig von der Natur von X nach dem gleichen Mechanismus. Sie werden von Protonen katalysiert.

Der erste Schritt ist völlig analog zur Halbacetalbildung; die nukleophile NH$_2$-Gruppe greift am elektrophilen C-Atom der Carbonylgruppe an, dann wird ein Proton von N auf O übertragen. Für diesen Reaktionsschritt ist es wichtig, dass das Reaktionsgemisch nicht zu stark sauer ist, weil sonst die basische NH$_2$-Gruppe weitgehend protoniert und damit das Nukleophil blockiert würde. Der eigentliche katalytische Zyklus beginnt mit der Addition des Protons an die OH-Gruppe der Zwischenstufe, wodurch H$_2$O als gute Austrittsgruppe gebildet wird. Die Abspaltung von Wasser kann hier besonders leicht erfolgen, weil dabei ein besonders stabilisiertes Kation entsteht. Infolge Delokalisierung des Elektronenpaares wird die positive Ladung zwischen C- und N-Atom verteilt (mesomere Grenzformeln – vgl. auch 7. Kurstag). Durch Abspaltung des Protons aus diesem Carbenium-Immonium-Kation entsteht schließlich das Carbonylderivat mit der C=N-Doppelbindung.

X	H$_2$N-X	R^{1}R^{2}C = N-X
-OH	Hydroxylamin	Oxim
-NH-CO-NH$_2$	Semicarbazid	Semicarbazon
-NH-C$_6$H$_5$	Phenylhydrazin	Phenylhydrazon
-NH-(2,4-(NO$_2$)$_2$)C$_6$H$_3$	2,4-Dinitrophenylhydrazin	2,4-Dinitrophenylhydrazon

Bei der Kondensation handelt es sich also um eine Addition gefolgt von einer Eliminierung. Sie verläuft – abhängig von der Natur von X – bei einem bestimmten pH-Wert optimal, weil eine zu hohe H$^+$-Konzentration infolge Blockierung des Nukleophils den ersten Schritt hemmen würde, während durch eine zu niedrige H$^+$-Konzentration die katalytische Wirksamkeit der Protonen eingeschränkt würde. Dieses Phänomen des optimalen

Reaktionsablaufs innerhalb eines bestimmten pH-Wert Bereichs wird sehr häufig auch bei biochemischen Reaktionen beobachtet.

Alle Reaktionsschritte sind reversibel. Durch die Auskristallisation des Produkts wird dieses jedoch ständig dem Gleichgewicht entzogen, so dass die Reaktion nahezu vollständig abläuft. Die Derivate lassen sich jedoch wieder zu den Carbonylverbindungen spalten, wenn sie mit der wässrigen Lösung einer starken Säure behandelt werden. Hier verschieben der große Überschuss an H_2O und die Bildung des Kations H_3N^+-X das Gleichgewicht in Richtung der Carbonylverbindung.

2. Die Knüpfung von C–C-Bindungen (46. Aufgabe)

Carbonylverbindungen können auch mit Verbindungen mit „aktivierter" CH_2-Gruppe kondensiert werden, wobei C=C-Doppelbindungen geknüpft werden. Diese Reaktion verläuft jedoch basenkatalysiert. Außerdem kann hier unter bestimmten Bedingungen die nach dem Additionsschritt gebildete Zwischenverbindung isoliert werden.

2.1 Die CH-Acidität der Carbonylverbindungen. Ausschlaggebend für diesen Reaktionstyp ist die CH-Acidität von Verbindungen mit C=O Gruppierung (Ketone, Aldehyde und Carbonsäurederivate wie z. B. Ester). Bei diesen Verbindungen kann nämlich – im Gegensatz zu Alkanen und vielen anderen Verbindungsklassen – durch starke Basen relativ leicht ein Proton von einem der Carbonylgruppe direkt benachbarten C-Atom (α-C-Atom) abgespalten werden (pKs für Ketone ca. 20). In dem dabei gebildeten Anion wird durch Delokalisierung der nunmehr vier π-Elektronen die negative Ladung zwischen dem α-C-Atom und dem O-Atom verteilt (mesomere Grenzformeln A und B mit stärkerer Gewichtung von B infolge höherer Elektronegativität von O), *deshalb Enolat- und nicht Carbeniat-Ion.* Dieser mesomere Effekt stabilisiert das Enolat-Anion entscheidend und bedingt so die CH-Acidität der Carbonylverbindung.

Enolat-Anion

Allyl-Anion

Derselbe Effekt spiegelt sich auch in der im Vergleich zum Propan (pK_S > 50) erhöhten
Acidität des Propens (pK_S ca. 43) wider. Wegen der im Vergleich zu O geringeren Elek-
tronegativität von C ist die Acidität des Propens jedoch deutlich schwächer als die von
Carbonylverbindungen.

2.2 Der Mechanismus der Aldol-Reaktion. Ketone wie z. B. Aceton (= Propanon) oder
Aldehyde sind also in der Lage, in Gegenwart von starken Basen (HO⁻-Ionen) zu einem
geringen Teil in Enolat-Ionen überzugehen. Ein Enolat-Ion ist ein starkes Nukleophil, das
über zwei nukleophile Zentren, das α-C-Atom und das O-Atom verfügt (siehe 2.1). Dieses
Enolat-Ion greift mit seinem freien Elektronenpaar am C-Atom (Grenzformel A) das Carbonyl-C-Atom eines Neutralmoleküls an. Das so gebildete Anion nimmt vom Wasser ein
Proton auf, wobei ein Aldol (R² = H, *Ald*ehydalkoh*ol*) oder Ketol (R² ≠ H) entsteht. Da die
Enolat-Ionen durch diese Reaktion ständig verbraucht werden, bilden sich im Rahmen des
Säure-Basen-Gleichgewichts laufend Enolat-Ionen nach, bis die Reaktion abgeschlossen
ist. In Abhängigkeit von den Bedingungen können entweder Aldole oder Ketole isoliert
werden (Verknüpfung zweier Moleküle unter Bildung einer C-C-Einfachbindung), oder
die Reaktion kann in einem Zuge unter Wasserabspaltung bis zu α,β-ungesättigten Car-
bonyl-Verbindungen führen. (Bildung einer C=C-Doppelbindung durch Kondensation).
Wegen der Aldol-Bildung hat die Reaktion den Namen Aldol-Reaktion.

α,β-ungesättigte
Carbonylverbindung

Aldol oder Ketol

Grundsätzlich könnte natürlich das Enolat-Ion die Carbonyl-Komponente auch über das
O-Atom (Grenzformel B) angreifen; das dabei entstehende Produkt wäre jedoch thermodynamisch ungünstiger.

2.3 Die Esterkondensation. Auch bei der Reaktion von Carbonsäureestern mit starken Basen wie Alkoholat RO⁻ kommt es zur Bindungsknüpfung zwischen zwei C-Atomen. Zwar kann das Nukleophil RO⁻ direkt die Estercarbonylgruppe angreifen, aus dieser Reaktion geht aber nur ein unverändertes Estermolekül hervor. In seiner Funktion als Base kann das RO⁻-Ion jedoch ein CH-acides Proton ablösen. Das so gebildete mesomeriestabilisierte Anion (in Analogie zum Enolat-Anion formulieren!) greift dann das elektrophile Estercarbonyl-C-Atom eines neutralen Estermoleküls an. Aus der Zwischenstufe wird in der für Carbonsäurederivate typischen Weise die energiearme Carbonylfunktion (C=O) unter Abspaltung eines Alkoholat-Ions (RO⁻) regeneriert. So entsteht schließlich unter C–C-Bindungsknüpfung aus zwei Molekülen Carbonsäureester ein β-Ketocarbonsäureester.

Acetyl-Coenzym A   β-Ketocarbonsäureester

Ausgehend von Acetyl-Coenzym A werden nach diesem Reaktionsprinzip bei der Synthese von Fettsäuren und beim ersten Schritt des Zitronensäure-Zyklus C–C-Bindungen gebildet. Natürlich laufen die Reaktionen im Organismus unter wesentlich milderen Bedingungen ab.

Warum können Sie bei der Bildung der β-Ketoester nicht HO⁻ als Base benutzen?

3. Die Keto-Enol-Tautomerie (45. Aufgabe)

Unter Tautomerie versteht man das Auftreten zweier isomerer Verbindungen, die miteinander im Gleichgewicht stehen. Dafür müssen zwei Voraussetzungen erfüllt sein:

a. die Freie Aktivierungsenthalpie $\Delta G^{\ddagger}$ für die gegenseitige Umwandlung der beiden Formen muss relativ niedrig sein, damit die Gleichgewichtseinstellung mit merklicher Geschwindigkeit ablaufen kann.

b. die Differenz der jeweiligen Freien EnthalpieΔG der beiden Komponenten darf nicht zu groß sein, weil sonst der Anteil der energiereicheren Verbindung verschwindend gering wird.

Im Falle des Acetessigsäureethylesters sind beide Voraussetzungen erfüllt. Diese Verbindung liegt in reinem Zustand zu etwa 92 % in der Keto-Form und 8 % in der Enol-Form vor.

a. Die CH-Acidität der Keto-Form und OH-Acidität der Enol-Form sind die Voraussetzung für eine ausreichend schnelle Gleichgewichtseinstellung.

b. Die Enol-Form ist durch eine intramolekulare Wasserstoffbrücke (s. 6. Kurstag) und die Konjugation der C=C-Doppelbindung mit der Estergruppe so stabilisiert, dass ihre Freie Enthalpie ΔG nur noch um etwa 6 kJ/mol größer ist als die der Keto-Form.

Im Falle von Aceton, wo diese beiden stabilisierenden Faktoren der Enol-Form fehlen, lassen sich nur noch etwa 10^{-4} % der Enol-Form nachweisen, was einer Differenz ΔG von etwa 35 kJ entspricht. Formulieren Sie zur Verdeutlichung des Unterschieds das „Gleichgewicht" zwischen Keto- und Enol-Form des Acetons.

Das Tautomerie-Gleichgewicht des Acetessigsäureethylesters ist stark lösungsmittelabhängig. So beträgt der Anteil der Enol-Form im unpolaren „Petrolether" (= Gemisch flüssiger Kohlenwasserstoffe) 46,5 %, in Wasser dagegen nur noch 0,4 %. Das ist darauf zurückzuführen, dass die Enol-Form infolge der intramolekularen H-Brücke weniger polar ist als die Keto-Form und auch kaum zur Ausbildung intermolekularer H-Brücken mit dem Wasser neigt.

Die Einstellung des Tautomeriegleichgewichts im Falle des Acetessigsäureethylesters lässt sich durch Zugabe von Brom verfolgen (46. Aufgabe). Nach Zugabe von Fe^{3+}-Ionen tritt zunächst die rote Färbung des Eisen-Chelatkomplexes der Enol-Form auf (um ein Fe-Atom sind drei Enolat-Anionen als Chelatliganden gruppiert). Das dann hinzugefügte Brom addiert sich an die C=C-Doppelbindungen dieser komplex gebundenen Enolate, wodurch Entfärbung eintritt. Das so gestörte Gleichgewicht stellt sich wieder ein, indem aus Molekülen in der Keto-Form wieder solche in der Enol-Form nachgebildet werden. Dies wird dadurch deutlich, dass nach einiger Zeit die Farbe des Eisen-Chelatkomplexes mit Enolat-Liganden wieder erscheint. Erneute Brom-Zugabe führt wieder zur Entfärbung. Dieser Vorgang lässt sich so lange wiederholen, bis die gesamte Verbindung über die Enol-Form bzw. deren Komplex bromiert worden ist. Der Versuch zeigt also, dass die Gleichgewichtseinstellung relativ zur Bromaddition langsam, aber doch mit merklicher Geschwindigkeit abläuft.

4. Decarboxylierung von β-Ketocarbonsäuren – Oxidation der Äpfelsäure und anschließende Decarboxylierung (48. Aufgabe)

Bei der Oxidation von Äpfelsäure mit Wasserstoffperoxid in Gegenwart von Fe^{2+}-Ionen wird die sekundäre Alkoholgruppe zur Ketogruppe oxidiert. Die dabei entstehende Oxalessigsäure ist gleichzeitig eine Dicarbonsäure, eine α-Ketocarbonsäure und eine β-Ketocarbonsäure.

Äpfelsäure   Oxalessigsäure   Oxalsäure

Essigsäure

β-Ketocarbonsäuren (und ihre Anionen) spalten unter milden Bedingungen CO_2 ab (Decarboxylierung), wobei zunächst die Enol-Form des Fragments entsteht, die sich dann rasch in die entsprechende Ketoform umwandelt. Auf diese Weise bildet sich aus der Oxalessigsäure Brenztraubensäure, eine in der Biochemie wichtige α-Ketocarbonsäure.

Brenztraubensäure

Die Decarboxylierung von β-Ketocarbonsäuren erfolgt deshalb so leicht, weil sie als konzertierte Reaktion mit relativ geringer Aktivierungsenergie abläuft. Konzertierte Reaktion bedeutet hier, dass bei der über einen cyclischen Übergangszustand erfolgenden Reaktion bereits während der allmählichen Lösung der H–O und C–C-Bindung sowie der C=O-Doppelbindung (siehe Pfeile im Formelbild) die sukzessive Ausbildung der neuen Bindungen (O–H und C=C-Bindungen des Enols, zweite C=O Doppelbindung von CO_2) beginnt. (Erklären Sie die leichte Decarboxylierung der Anionen von β-Ketocarbonsäuren!)

5. Additionen an die C=C-Doppelbindung (45. und 47. Aufgabe)

Die Bromaddition an das Dibenzalaceton und an die Enol-Form des Acetessigesters in Form des Eisen-Chelatkomplexes stellt einen weiteren Grundtyp organischer Reaktionen dar, nämlich die elektrophile Addition an die C=C-Doppelbindung.

Bei seiner Annäherung an das π-Elektronenpaar der C=C-Doppelbindung wird das Brommolekül so polarisiert, dass das dem π-Elektronenpaar zugewandte Brom-Atom immer mehr einem Br^+-Kation ähnlich wird. Schließlich erfolgt die heterolytische Spaltung der Br–Br-Bindung. Dabei werden eine kationische Dreiring-Zwischenstufe (Bromonium-Ion) und ein Bromid-Anion gebildet. Letzteres greift dann im zweiten, schnellen Reaktionsschritt die cyclische Zwischenstufe von der Rückseite unter Ringöffnung und Bildung einer α,β-Dibromverbindung an.

Bei welchem Typ von Alkenen lässt sich feststellen, dass die beiden Bromatome tatsächlich von entgegen gesetzten Seiten angegriffen haben?

Eine weitere wichtige Addition an die C=C-Doppelbindung ist die Addition von Wasser, die allerdings nur unter Säurekatalyse abläuft. Das an sich nukleophile Alken wird zunächst durch Protonierung der C=C-Doppelbindung in ein stark elektrophiles Carbenium-Ion umgewandelt, welches dann im zweiten Schritt schnell mit dem schwach nukleophilen Wasser reagiert. Durch Abspaltung eines Protons bildet sich schließlich der Alkohol.

Viele der hier behandelten Reaktionen spielen im biochemischen Geschehen eine wichtige Rolle. Im „Zitronensäure-Zyklus", der eine zentrale Bedeutung für die Energieumwandlung im lebenden Organismus hat, findet man analoge Reaktionen zu den hier angeführten Reaktionen wie Esterkondensation, Hydratisierung von C=C-Doppelbindungen, Oxidation sekundärer Alkoholgruppierungen, Decarboxylierung von β-Ketocarbonsäuren.

6. Reinigung fester Stoffe durch Umkristallisieren (44. Aufgabe, siehe auch 3. Kurstag)

Zum Umkristallisieren eines festen, kristallisierenden Stoffes wählt man ein Lösungsmittel oder Lösungsmittelgemisch, in dem der umzukristallisierende Stoff einen günstigen Temperatur-Löslichkeitskoeffizienten besitzt: Es soll sich im Lösungsmittel bei hohen Temperaturen möglichst viel, in der Kälte möglichst wenig von dem Stoff lösen. Man gibt zu der zu reinigenden Probe zunächst nur wenig Lösungsmittel, erhitzt zum Sieden und fügt nun nach und nach so viel Lösungsmittel zu, bis sich in der Siedehitze gerade alles gelöst hat. Man erhält auf diese Weise eine *heiß gesättigte Lösung*. Ungelöste Verunreinigungen können durch Filtrieren der heißen Lösungen entfernt werden. Lässt man diese *abkühlen, so kristallisiert der gelöste Stoff wieder aus*, und es bleibt nur so viel gelöst, wie der Löslichkeit des Stoffes bei der nach dem *Abkühlen* erreichten Temperatur entspricht („Mutterlauge"). Die „Ausbeute" an Kristallisat lässt sich daher in vielen Fällen verbessern, wenn man noch tiefer als auf Raumtemperatur abkühlt (Eisbad, Kältemischung aus Eis und Kochsalz 3:1, Tiefkühltruhe usw.).

Die Verunreinigungen bleiben normalerweise, sofern sie nicht überhaupt unlöslich waren und durch Filtrieren entfernt werden konnten, in der Mutterlauge gelöst und werden mit dieser von den ausgeschiedenen Kristallen durch Absaugen getrennt. Für sie ist nämlich – da sie nur in kleiner Menge vorhanden sind – die Lösung sehr stark verdünnt, so dass ihre Löslichkeitsgrenze beim Abkühlen noch nicht unterschritten wird. Um anhaftende Reste der Mutterlauge zu entfernen, wäscht man die Kristalle auf dem Filterpapier im Büchnertrichter mit einem geeigneten Lösungsmittel, wobei man das Absaugen unterbricht.

Das Umkristallisieren muss so lange fortgesetzt werden, bis sich der Schmelzpunkt der betreffenden Substanz auch bei weiterer Reinigung nicht mehr ändert, die Substanz also *„schmelzpunktsrein"* ist.

Der Schmelzpunkt ist, wie auch der Siedepunkt, die Löslichkeit usw., eine Stoffkonstante, die zur Identifizierung bekannter Substanzen dienen kann. Da der Schmelzpunkt bereits durch sehr kleine Mengen anderer Stoffe deutlich herabgesetzt wird („Gefrierpunktserniedrigung", Osmotische Gesetze!) ist er gleichzeitig ein wichtiges *Kriterium für die Reinheit* eines festen Stoffes.

9. Kurstag: Chromatographie – Aminosäuren – Säurederivate

Lernziele

Durchführung einer dünnschichtchromatographischen Trennung, Herstellung einfacher Derivate von Carbonsäuren und Sulfonsäuren, pH-Wert-Bestimmungen von Aminosäurelösungen.

Grundlagenwissen

Stofftrennung mit Hilfe chromatographischer Methoden, Strukturermittlung mittels spektroskopischer Methoden, Aminosäuren, Carbonsäurederivate und ihre Reaktionen, Sulfonsäureamide.

Benutzte Lösungsmittel und Chemikalien mit Gefahrenhinweisen und Sicherheitsratschlägen:

Substanz	H-Sätze	P-Sätze
0,1 %ige und 5 %ige wässrige Lösungen von: a) Glycin b) Lysin	–	–
Isoleucin, 0,1 %ige Lösung	–	–
gesättigte Lösung von Glutaminsäure	–	–
1-Butanol/Essigsäure/ $H_2O = 4{:}1{:}1$	226/302/335/315/318/336[a]	210/243/280/302 + 352/304 + 340/ 305 + 351 + 338/309 + 310[a]
Ninhydrin in Sprayflaschen	302/319/335/315	280/302 + 352/304 + 340/ 305 + 351 + 338/309 + 311

G. Hilt, P. Rinze, *Chemisches Praktikum für Mediziner,* Studienbücher Chemie, DOI 10.1007/978-3-658-00411-8_9, © Springer Fachmedien Wiesbaden 2015

Substanz	H-Sätze	P-Sätze
1-Butanol (115 g/l) in Pyridin	225/302 + 312 + 332/315/318	210/233/280/302 + 352/ 305 + 351 + 338
Methanol (80 g/l) in Pyridin	225/302/311 + 331/371	210/233/280/302 + 352/309 + 311
Piperidin (180 g/l) in Pyridin	225/302/311 + 331/314	210/233/280/301 + 330 + 331/ 302 + 352/305 + 351 + 338/312
Diethylamin (180 g/l) in Pyridin	225/302 + 312 + 332/314	210/233/280/302 + 352 + 353/ 305 + 351 + 338/310/403 + 235
3,5-Dinitrobenzoylchlorid	314	280/305 + 351 + 338/310
Diethylamin	225/332/312/302/314/335	210/243/280/301 + 330 + 331/ 302 + 352/304 + 340/309 + 310
Salzsäure (32 % HCl in H_2O)	314/335	280/301 + 330 + 331/305 + 351 + 338/309 + 310
4-Toluolsulfonsäurechlorid	315/318	280/305 + 351 + 338
Natriumhydrogencarbonat-Lösung 5–10 %	–	–
Natronlauge (8 % NaOH in H_2O)	314	280/301 + 330 + 331/305 + 351 + 338/310

[a] H-/P-Sätze für 1-Butanol

Zusätzlich benötigte Geräte

DC-Karten, Glasrohr für Kapillaren, Aluminium-Folie (zum Verschließen des DC-Gefäßes), Ampullensäge, Eisbad, Rückflusskühler, Wasserbad oder Heizpilz, Filterscheibchen für Hirschtrichter, Apparat zur Schmelzpunktsbestimmung, Schmelzpunktsröhrchen, Filterpapier, Glaselektrode.

Entsorgung

DC-Karten werden, ebenso wie mit Gefahrstoffen verunreinigte Filterpapiere und Filtermassen, als feste Laborabfälle gesammelt und als Sonderabfall verbrannt.

Das Natriumhydrogencarbonat-haltige Waschwasser (50. Aufgabe) kann ebenso wie Reste der wässrigen Aminosäurelösungen aus den Aufgaben 49 und 52 in das Abwasser gegeben werden.

Die weiteren an diesem Kurstag entstehenden Lösungen sind in den dafür vorgesehenen Abfallgefäßen zu sammeln und am Ende des Kurstages zu neutralisieren (pH ca. 5 bis 7; überprüfen mit Universalindikatorpapier, das mit Wasser angefeuchtet wurde). Die neutralisierten Lösungen werden der Sonderabfallverbrennung zugeführt.

Aufgaben

49. Aufgabe

▶ Dünnschichtchromatographische Trennung von α-Aminosäuren.

In bereitgestellten Reagenzgläsern erhält man je 1 ml einer 0,1 prozentigen Lösung von Glycin, Isoleucin und Lysin in Wasser, sowie eine Analysenlösung, die diese drei Aminosäuren enthalten kann.

Aus Glasrohr stellt man sich sodann Kapillaren zum Auftragen der Aminosäurelösungen auf die Dünnschicht-Chromatographie-Karte (DC-Karte) her. Man fasst die Enden des Rohres zwischen Daumen und Zeigefinger und hält das mittlere Stück in die nicht leuchtende Flamme eines Bunsenbrenners. Das Rohr wird zwischen den Fingern langsam gedreht, bis das Glas an der erhitzten Stelle genügend weich geworden ist. Man nimmt das Rohr aus der Flamme und zieht es vorsichtig, aber genügend kräftig nach beiden Seiten aus (**Vorsicht – heiß!**). Die erhaltene Kapillare zerlegt man in vier Stücke von je etwa 10 cm Länge.

Nachdem man sich vergewissert hat, dass die DC-Karte in einen 300 ml Erlenmeyer-Weithalskolben passt (die Karte eventuell noch passend zurechtschneiden), füllt man in den leeren Kolben ca. 30 ml Fließmittel (*n*-Butanol:Eisessig:Wasser = 4:1:1), so dass eine Flüssigkeitshöhe von 0,5– 1 cm erreicht wird. Dann wird der Kolben verschlossen (Einstellung des Verdampfungsgleichgewichts!).

Auf der DC-Karte wird 1,5–2 cm vom unteren Rand entfernt ganz vorsichtig mit Bleistift eine Startlinie gezogen, auf der im gleichen Abstand 4 Startpunkte markiert werden. Mit Hilfe der Kapillaren werden nun die Lösungen der drei bekannten Aminosäuren (Reihenfolge beachten!) und die Analysenlösung auf die markierten Punkte aufgetragen. Dazu muss die Kapillare mit der Lösung ruhig und senkrecht auf die DC-Karte aufgesetzt werden, die Lösung darf nicht auf die DC-Karte aufgetropft werden. Die aufgetragenen Flecke sollen einen Durchmesser von nicht mehr als 2–3 mm haben. Danach wartet man, bis die Lösung getrocknet ist.

Man stellt die DC-Karte in den Kolben und verschließt diesen sofort wieder. Dabei muss die DC-Karte etwa 0,5 cm in das Fließmittel eintauchen, auf keinen Fall aber dürfen

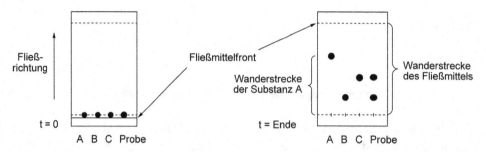

Abb. 1 Dünnschichtchromatogramm der Analysenprobe mit Vergleichssubstanzen A, B und C

die aufgetragenen Flecken in das Fließmittel eintauchen. Durch Wirkung der Kapillarkräfte steigt das Fließmittel auf der DC-Karte nach oben. Kurz bevor die Fließmittelfront das obere Ende der DC-Karte erreicht (ca. 1,5 h), nimmt man die DC-Karte aus dem Kolben, markiert die Fließmittelfront mit einem Bleistift und legt die DC-Karte 5 min lang in einen Trockenschrank (Temperatur 105 °C). Danach wird die DC-Karte mit Ninhydrinlösung besprüht und erneut 3 min lang im Trockenschrank bei 105 °C aufbewahrt. An den Stellen, bis zu denen die Aminosäuren gewandert sind, bilden sich violette Flecken. Bestimmen Sie die R_f-Werte der 3 Aminosäuren: Glycin, *iso*-Leucin und Lysin (Abb. 1).

$$R_f = \frac{\text{Wanderstrecke der Substanz}}{\text{Wanderstrecke des Fließmittels}}$$

Welche Aminosäuren haben in der Analysenlösung vorgelegen?

Da unter sauren Bedingungen chromatographiert worden ist, liegen die Aminosäuren als Kationen, bzw. Dikationen (Lysin) vor. Schreiben Sie zunächst die Formeln der Kationen bzw. Dikationen auf! Warum findet man diese Reihenfolge der R_f-Werte? Diskutieren Sie das auf der Grundlage der Polarität dieser Spezies! (Siehe auch Erläuterungen)

50. Aufgabe

▶   Darstellung und Identifizierung von 3,5-Dinitrobenzoesäurederivaten.

Vorsicht, Pyridin ist mindergiftig und riecht sehr unangenehm. Alle Versuche mit Pyridin müssen in einem ordnungsgemäß funktionierenden Abzug durchgeführt werden!

In einem verschlossenen 50 ml-Rundkolben erhält man die Lösung eines Alkohols (Methanol oder 1-Butanol) oder Amins (Diethylamin oder Piperidin) in Pyridin (ca. 0,5 g in 3 ml Pyridin). Der Kolben wird an einem Stativ angeklammert und in ein Eisbad platziert. In kleinen Portionen fügt man etwa 2 g 3,5-Dinitrobenzoylchlorid hinzu. Danach entfernt man das Eisbad und versieht den Kolben mit einem Rückflusskühler (oder mit einem einfachen Steigrohr). Der Inhalt des Kolbens wird nun 10 min lang auf dem Wasserbad auf ca.

Tab. 1 Schmelzpunkte der
3,5-Dinitrobenzoesäurederivate

Ester/Säureamid	Schmelzpunkt (°C)
n-Butylester	62
Methylester	109
Piperidid	147
N, N-Diethylamid	90

80 °C erwärmt. Nach dem Abkühlen gießt man die Reaktionsmischung in ein Becherglas, das mit 50 ml Eiswasser gefüllt ist und säuert mit konz. Salzsäure vorsichtig an. (Salzsäure mit der Tropfpipette vorsichtig zugeben – mit Indikatorpapier prüfen!). Den entstandenen Niederschlag kann man nun auf dem Büchnertrichter absaugen (s. 8. Kurstag). Die auf diese Weise erhaltenen Kristalle werden in einem kleinen Becherglas mit einer Lösung von Natriumhydrogencarbonat gewaschen, dann saugt man erneut ab. Die Substanz wird zwischen 2 Filterpapieren trocken gepresst. Ein Teil davon wird anschließend aus Ethanol umkristallisiert (siehe 8. Kurstag). Vorsicht beim Umkristallisieren! Ethanol ist leichtentzündlich, zum Erwärmen dürfen keine offenen Flammen benutzt werden.

Die aus der alkoholischen Lösung ausgefallenen Kristalle werden abgesaugt und zwischen Filterpapier trocken gepresst. Dann bestimmt man den Schmelzpunkt und identifiziert die Analysenprobe aufgrund des Schmelzpunkts (s. 8. Kurstag; Tab. 1).

Falls der Schmelzpunkt zu niedrig liegt, muss die Substanz nochmals umkristallisiert werden.

Formulieren Sie die Reaktionsgleichungen mit den entsprechenden Zwischenstufen für die Umsetzungen der beiden Alkohole und der beiden Amine mit 3,5-Dinitrobenzoylchlorid! (siehe auch Erläuterungen)

Carbonsäureester und Carbonsäureamide können durch die Lage der Carbonylbande im Infrarotspektrum (IR-Spektrum) unterschieden werden. Vom Assistenten werden Ihnen die IR-Spektren der vier Derivate vorgelegt. Welche davon sind den beiden Estern, welche den Amiden zuzuordnen?

51. Aufgabe

▶ Bildung eines Sulfonsäureamids.

Etwa 0,5 ml Diethylamin werden in einem Reagenzglas mit ca. 1 g 4-Toluolsulfonsäurechlorid (**Vorsicht exotherme Reaktion, kann spritzen!**) und 3–4 ml 2 molarer NaOH zusammengegeben. Das Reagenzglas wird mit einem Stopfen verschlossen und 5 min kräftig durchgeschüttelt. Danach prüft man mit Indikatorpapier, ob die Lösung noch alkalisch ist, andernfalls fügt man bis zur alkalischen Reaktion 2 molare NaOH hinzu. Dann kühlt man die Mischung im Eisbad ab. Falls dabei kein Niederschlag ausfällt, reibt man so lange mit einem Glasstab an der Innenwand des Reagenzglases, bis die Kristallisation einsetzt. Schließlich werden die Kristalle abgesaugt.

Formulieren Sie die Reaktionsgleichung für die Umsetzung von 4-Toluolsulfonsäurechlorid (Formel siehe Erläuterungen) mit Diethylamin. Die Reaktion verläuft analog zur Umsetzung von Carbonsäurechloriden.

52. Aufgabe

▶   pH-Wert-Bestimmung von Aminosäurelösungen.

Bestimmen Sie mit Hilfe einer Glaselektrode (siehe 5. Kurstag) den pH-Wert 5 %iger wässriger Lösungen von Glycin und Lysin, sowie den einer gesättigten Lösung von Glutaminsäure! Erklären Sie die sehr unterschiedlichen pH-Werte dieser drei Aminosäuren, indem Sie die jeweils entscheidenden Dissoziationsgleichgewichte aufschreiben!

Erläuterungen

1. Stofftrennung mit Hilfe chromatographischer Methoden (50. Aufgabe)

Bei den Reaktionen in der organischen Chemie fallen in der Regel Substanzgemische oder zumindest unreine Produkte an. Die Trennung von Substanzgemischen ist also neben der Identifizierung bzw. Strukturaufklärung eines der Hauptprobleme in der organischen Chemie. Das gilt aber auch im biochemischen Bereich, wo häufig sehr komplexe Substanzgemische, wie z. B. Gemische von Aminosäuren nach der Hydrolyse von Proteinen, getrennt werden müssen.

Relativ einfache Verfahren zur Stoffreinigung sind Umkristallisation (8. Kurstag) und Destillation. Die Trennung von Gemischen aus mehreren Substanzen erfordert jedoch in der Regel leistungsfähigere Methoden. Diesen Anforderungen werden insbesondere die chromatographischen Verfahren gerecht. Sie beruhen alle auf dem gleichen Prinzip, nämlich der *unterschiedlichen Verteilung* der zu trennenden Stoffe zwischen einer *stationären* und einer *beweglichen (mobilen) Phase*.

Dies sei für die Trennung zweier Stoffe A und B mit unterschiedlicher Verteilung zwischen stationärer und mobiler Phase im Folgenden veranschaulicht.

Die beiden Substanzen A und B müssen eine unterschiedlich starke Wechselwirkung mit der stationären Phase eingehen. Zu jedem Zeitpunkt der Trennung stellt sich ein Gleichgewicht (Verteilung) ein, bei dem Substanz A als auch Substanz B entweder in der mobilen Phase gelöst oder an der stationären Phase gebunden wird. Für den Fall, dass Substanz A stärker mit der stationären Phase wechselwirkt, ergibt sich eine stärkere Bindung an die stationäre Phase (längere Verweilzeit an der stationären Phase) und ein verlangsamtes „Vorankommen" für Substanz A in der mobilen Phase (niedriger R_f-Wert). Demgegenüber bindet Substanz B weniger stark an die stationäre Phase, kommt dementsprechend „schneller voran", was sich in einem höheren R_f-Wert niederschlägt.

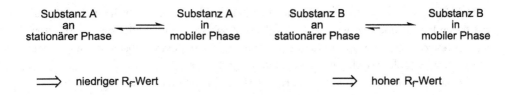

Der große Vorteil der chromatographischen Verfahren ist, dass sie kontinuierlich ablaufen, so dass prinzipiell nur eine Operation durchgeführt werden muss und nicht die einzelnen Operationen (z. B. Verteilung zwischen zwei Phasen im Scheidetrichter oder Umkristallisation) sehr oft wiederholt werden müssen, um eine entsprechende Trennung zu erreichen. Grundsätzlich kann man die chromatographischen Verfahren so gestalten, dass die getrennten Stoffe isoliert werden; man spricht dann von präparativer Chromatographie. Bei manchen Chromatographie-Verfahren ist das jedoch ziemlich aufwendig. Die Säulenchromatographie gehört hier zu den Ausnahmen.

Bei der technisch meist einfacher durchzuführenden analytischen Chromatographie weist man die getrennten Komponenten auf Grund spezifischer Eigenschaften nach. Dies ist z. B. dadurch möglich, dass man die Wanderungsgeschwindigkeiten bzw. Wanderungsstrecken der Komponenten mit denen von Referenzproben vergleicht, wie das in dem hier durchgeführten Versuch der Fall ist. Da unter standardisierten Bedingungen die Wanderungsgeschwindigkeiten Stoffkonstanten sind, genügt aber auch schon die Kenntnis derselben zur Identifizierung. In Aufgabe 1 wird der R_f-Wert ermittelt; die Wanderungsstrecken der einzelnen Substanzen relativ zur Wanderungsstrecke des Fließmittels sind letztlich ein Maß für deren relative Wanderungsgeschwindigkeiten. Die Sichtbarmachung der Substanzen erfolgt hierbei durch eine Farbreaktion mit Ninhydrin. Prinzipiell sind die Möglichkeiten für die Detektion der einzelnen Substanzen bei den unterschiedlichen Chromatographie-Verfahren jedoch vielfältig.

Man kennt verschiedene chromatographische Verfahren, je nachdem, was als mobile und stationäre Phase benutzt wird. Zu den wichtigsten gehören:

Art der Chromatographie	Mobile Phase	Stationäre Phase
Gaschromatographie	Inertgase (N_2 oder He)	Flüssigkeit bzw. Öl auf festem Träger
Dünnschichtchromatographie	Organische Lösungsmittel	SiO_2, Al_2O_3 auf Glas- oder Kunststoffplatten
Säulenchromatographie oder HPLC-Säulenchromatographie (HPLC = High Performance (Pressure) Liquid Chromatography)	Organische Lösungsmittel	SiO_2, Al_2O_3
RP-Chromatographie (RP = *reversed phase*)	Wässrige Lösungsmittel	Alkylierte Trägermaterialien (z. B. $C_{18}H_{37}$-modifiziertes SiO_2)
Papierchromatographie	Organische Lösungsmittel	H_2O auf Filterpapier als Träger

Entscheidend für die Verteilung zwischen den beiden Phasen (bzw. für die Adsorption an der festen Phase) sind die zwischenmolekularen Kräfte. Hier gilt ähnlich wie bei Wechselwirkungen zwischen Lösungsmitteln (s. 6. Kurstag), dass polare Substanzen stärker mit polaren und unpolare stärker mit unpolaren wechselwirken.

Da bei der **Dünnschichtchromatographie (DC)** die stationäre Phase (festes Adsorbens oder adsorbiertes Wasser) im Normalfall stärker polar ist als die mobile Phase (organisches Lösungsmittel), wandern polare Substanzen langsamer als weniger polare. Das gilt auch für die Säulenchromatographie und die Papierchromatographie.

Bei der DC ist ebenso wie bei der Papierchromatographie der R_f-Wert unter gegebenen Bedingungen eine Stoffkonstante.

Bei der **Gaschromatographie (GC)** ist die Retentionszeit (R_f-Wert) unter festgelegten Bedingungen (Länge und Beschaffenheit der Säule, Gasfluss etc.) eine charakteristische Größe für jeden Stoff. Je größer die Wechselwirkung der Moleküle mit der Flüssigkeit auf dem Träger (stationäre Phase), umso länger ist die Retentionszeit. Für die Kohlenwasserstoffe n-Pentan, 2,3-Dimethylbutan und n-Hexan nimmt die Retentionszeit in dieser Reihenfolge zu, weil die zunehmende Moleküloberfläche eine stärkere Wechselwirkung zur Folge hat. (Von den Isomeren 2,3-Dimethylbutan und n-Hexan ist das erstere kompakter und besitzt daher die kleinere Oberfläche). Mit der GC können eindrucksvolle Trennungen durchgeführt werden; z. B. können mehrere hundert Einzelkomponenten von Benzingemischen sichtbar gemacht werden.

Besonders wichtig ist die Kopplung der GC mit der **Massenspektrometrie (MS)**. Sie ermöglicht die Identifizierung der bei der GC-Trennung normalerweise anfallenden sehr kleinen Substanzmengen mittels der entsprechenden Spektren. Auf diese Weise gelingt der Nachweis geringer Spuren von Substanzen (Nachweis von Giften, Doping-Kontrolle etc.).

2. α-Aminosäuren (49. und 52. Aufgabe)

Von den einfachen aliphatischen Carbonsäuren $H_3C-(CH_2)_n-COOH$ lassen sich zwei Typen von Verbindungen ableiten. Ersatz der OH-Gruppe durch eine andere funktionelle Gruppe X führt zu den verschiedenen Carbonsäurederivaten R–COX. Andererseits gibt es eine Vielzahl von Möglichkeiten, durch Einführung von Substituenten in die Alkylgruppe zu neuen Verbindungsklassen zu kommen. Von besonderem Interesse sind dabei die α-substituierten Carbonsäuren, die diese Substituenten am C-Atom, das der Carboxylgruppe -COOH benachbart ist, tragen. Hier wiederum spielen die α-Aminosäuren eine besondere Rolle, da sie die Grundbausteine der Proteine darstellen. Das Vorhandensein zweier funktioneller Gruppen, der sauren Carboxylgruppe und der basischen Aminogruppe, führt dazu, dass die Aminosäuren so gut wie ausschließlich in Form der Zwitterionen vorliegen.

$$H_2N \diagdown {}^{COOH} \diagup R$$

$$\overset{\oplus}{H_3N} \diagdown {}^{COOH} \diagup R \quad \underset{+\ H^{\oplus}}{\overset{-\ H^{\oplus}}{\rightleftharpoons}} \quad \overset{\oplus}{H_3N} \diagdown {}^{COO^{\ominus}} \diagup R \quad \underset{+\ H^{\oplus}}{\overset{-\ H^{\oplus}}{\rightleftharpoons}} \quad H_2N \diagdown {}^{COO^{\ominus}} \diagup R$$

Kation   Zwitterion   Anion

Da Aminosäuren sowohl sauren als auch basischen Charakter besitzen (saure Gruppe NH_3^+, basische Gruppe COO^-), bezeichnet man sie als Ampholyte (amphotere Elektrolyte). Der pH-Wert, bei dem die maximale Konzentration an Zwitterion vorliegt, ist der **isoelektrische Punkt (IEP)**, der bei den meisten neutralen Aminosäuren um pH = 6 herum liegt. Saure Aminosäuren (Glutaminsäure, Asparaginsäure) besitzen einen deutlich niedrigeren, basische (Lysin – siehe vorn) einen deutlich höheren IEP.

$$\overset{\oplus}{H_3N} \diagdown {}^{COO^{\ominus}} \diagup {}_{COOH}$$

Asparaginsäure

$$\overset{\oplus}{H_3N} \diagdown {}^{COO^{\ominus}} \diagup \diagdown {}_{COOH}$$

Glutaminsäure   COOH

Alle als Proteinbausteine auftretenden α-Aminosäuren mit Ausnahme von Glycin (R = H) sind chiral und gehören zur L-Reihe (siehe 10. Kurstag).

Die farblosen Aminosäuren reagieren mit Ninhydrin unter Bildung eines blauvioletten Farbstoffs. Diese Reaktion wird zur Sichtbarmachung der Aminosäuren nach der DC benutzt.

3. Die Carbonsäurederivate (50. Aufgabe)

Die wichtigsten Carbonsäurederivate sind:

a. Carbonsäurechloride X = –Cl
b. Carbonsäureanhydride X = –O–CO–R
c. Carbonsäurethioester X = –SR
d. Carbonsäureester X = –OR
e. Carbonsäureamide X = –NH$_2$, –NHR und –NR$_2$

Diese Reihenfolge entspricht der Reaktivität gegenüber Nukleophilen. Die Carbonsäurechloride sind die reaktivsten, gefolgt von den Carbonsäureanhydriden und die Carbonsäureamide sind die am wenigsten reaktiven Verbindungen. Die Reaktivität der Carbonsäurederivate ist auf die Polarisierung der C=O-Doppelbindung zurückzuführen, die π-Elektronen werden stärker zum elektronegativen Sauerstoffatom gezogen, d. h. am Sauerstoffatom tritt eine negative Teilladung, am Kohlenstoffatom eine positive Teilladung auf, wie das auch mit mesomeren Grenzformeln (a und b) zum Ausdruck gebracht werden kann.

Die dadurch verursachte Elektrophilie des Carbonyl-C-Atoms kann jedoch durch Einbeziehung eines freien Elektronenpaares von X in die Delokalisierung (Grenzformel c) abgeschwächt werden. Dieser Effekt ist bei den Carbonsäureamiden besonders ausgeprägt, bei den Carbonsäurechloriden spielt er dagegen keine Rolle. Daher sind die Carbonsäurechloride auch stärker elektrophil als die Carbonsäureester und reagieren im Unterschied zu diesen bereits unter milden Bedingungen mit schwachen Nukleophilen. So werden mit Alkoholen leicht Carbonsäureester und mit Ammoniak bzw. Aminen Carbonsäureamide gebildet.

Die Reaktion verläuft nach einem Additions-Eliminierungs-Mechanismus in zwei rasch aufeinander folgenden Teilschritten analog zur alkalischen Esterhydrolyse (7. Kurstag). Die Verwendung des 3,5-Dinitrobenzoylchlorids (fest) als Acylierungsmittel hat gegenüber dem unsubstituierten Benzoylchlorid (flüssig und tränenreizend) den Vorteil der leichteren Handhabung und führt zu besser kristallisierenden Estern bzw. Amiden. Das als Lösungsmittel für die Reaktion verwendete Pyridin hat die wichtige Funktion, die entstehende Salzsäure als Pyridiniumhydrochlorid zu binden.

3,5-Dinitrobenzoylchlorid   Piperidin   Pyridin

In ganz analoger Weise wie die Amine reagieren auch die Aminosäuren mit Carbonsäurechloriden (z. B. Benzoylchlorid).

4. Sulfonamide (51. Aufgabe)

Ähnlich wie bei den Carbonsäurederivaten zählen bei den Sulfonsäurederivaten $R-SO_2X$ die Chloride ($X = Cl$) zu den reaktivsten ($R-SO_2-OH$ = Sulfonsäuren). So kann man durch ihre Umsetzung mit Ammoniak oder Aminen Sulfonsäureamide (Sulfonamide) erhalten.

$R-SO_2-NH_2$ $R-SO_2-NHR^1$ $R-SO_2-NR^1R^2$

primäres   sekundäres   tertiäres Sulfoinamid

4-Toluolsulfonsäurechlorid   Sulfanilamid

Sulfanilamid und seine Derivate sind Chemotherapeutika gegen bakterielle Infektionen (bakteriostatische Wirkung, Nobelpreis für Medizin 1939, G. Domagk). Wegen starker Nebenwirkungen sind sie jedoch weitgehend durch die Antibiotika ersetzt.

5. Infrarotspektroskopie (50. Aufgabe)

Die Infrarotspektroskopie (IR-Spektroskopie) ist ein bedeutendes Hilfsmittel bei der Strukturaufklärung organischer Verbindungen. Infrarotes „Licht" – d. h. elektromagnetische Strahlung der Wellenlänge $\lambda = 2,5 \cdot 10^{-4}$–$15 \cdot 10^{-4}$ cm oder in Wellenzahlen ausgedrückt ($\overline{v} = 1/\lambda$) von 4000 bis 667 cm^{-1} – wird durch die Probe (organische Substanz in einem geeigneten Lösungsmittel gelöst oder in festes Kaliumbromid eingepresst) geschickt. Das aufgenommene IR-Spektrum zeigt die Absorption durch die Probe in Abhängigkeit von der Wellenlänge der eingestrahlten Energie. Man erhält dabei Absorptionsbanden bei bestimmten Wellenlängen, die für bestimmte Gruppierungen charakteristisch sind und kann aus der Anwesenheit einer Absorptionsbande bei einer bestimmten Wellenlänge auf die Anwesenheit einer bestimmten Gruppe in der untersuchten Substanz schließen.

Für jeden Typ von Carbonsäurederivaten gibt es einen charakteristischen Absorptionsbereich für die C=O-Gruppierung. So findet man für die Alkylcarbonsäureester eine intensive Bande zwischen 1730–1750 cm^{-1}, während für Carbonsäureamide eine intensive Bande zwischen 1650 und 1690 cm^{-1} beobachtet wird.

10. Kurstag: Chemie der Kohlenhydrate

Lernziele

Nachweisreaktionen von Monosacchariden, Acetylierung von Zuckern, Veranschaulichung des räumlichen Baus von Zuckermolekülen mit Hilfe von Molekülmodellen.

Grundlagenwissen

Aldosen, Ketosen: Stereochemie, Enantiomere, Diastereomere, D-, L-Nomenklatur, Halbacetal-Formen. Glykoside, Disaccharide, reduzierende und nicht-reduzierende Zucker.

Benutzte Lösungsmittel und Chemikalien mit Gefahrenhinweisen und Sicherheitsratschlägen:

	H-Sätze	P-Sätze
Silbernitrat-Lösung 0,1 molar (17 g AgNO$_3$/l)	412	273
Ammoniak-Lösung 2 molar ca. 3,5 %	319/315	280/302 + 352/305 + 351 + 338
Glucose-Lösung 0,1 und 2 %	–	–
20 %ige ethanolische Lösungen von Butanal	225[a]	210[a]
20 %ige ethanolische Lösungen von Butanon	225/319/336[b]	210/280/305 + 351 + 338[b]
Fructose, fest	–	
Triphenyltetrazoliumchlorid-Lösung (2 % in H$_2$O gelöst, pH = 10, eingestellt mit NH$_3$)	–	–
Salzsäure 2 molar (7,1 % HCl in H$_2$O)	–	–

G. Hilt, P. Rinze, *Chemisches Praktikum für Mediziner,* Studienbücher Chemie, DOI 10.1007/978-3-658-00411-8_10, © Springer Fachmedien Wiesbaden 2015

	H-Sätze	P-Sätze
Seliwanoff-Reagenz	314/335	260/303 + 361 + 353/304 + 340/
(0,5 g Resorcin in 100 ml HCl 20 %)		305 + 351 + 338
Essigsäureanhydrid	226/332/302/314/335	210/243/280/301 + 330 + 331/
		304 + 340/309 + 310
Ethanol	225/302/371	210/260
Natriumacetat, wasserfrei	–	–
1 %ige Lösungen von	–	–
a) Saccharose		
b) Trehalose		
c) Saccharose + Glucose		
d) Glucose		
e) Galactose		

ᵃ H-/P-Sätze für Butanal
ᵇ H-/P-Sätze für Butanon

Zusätzlich benötigte Geräte

MINIT-Molekülbaukasten-System, 50 ml Heizpilz, Wasserbad, Filterpapier, Filterscheibchen für Hirschtrichter, Eisbad, Schmelzpunktsbestimmungsapparatur und Schmelzpunktsröhrchen.

Entsorgung

Die **silberhaltigen Lösungen** (53. Aufgabe) werden zum Zwecke der Aufarbeitung gesondert in einem Gefäß gesammelt. NH_3-haltige Silbersalzlösungen können nach längerem Stehen lassen explosive Verbindungen bilden. Deshalb ist darauf zu achten, dass im Abfallgefäß das Reduktionsmittel (z. B. Glucose) im Überschuss vorhanden ist und so alle Ag^+-Ionen reduziert werden. Ag^+ darf nicht ins Abwasser gelangen (siehe 3. Kurstag). Die weiteren anfallenden **Lösungen organischer Substanzen und organischen Lösungsmittel** werden in ein dafür vorgesehenes Sammelgefäß gegeben und der Sonderabfallentsorgung zugeführt. Die bei der 56. Aufgabe anfallenden **wässrigen Filtrate** können in das Abwasser gegeben werden.

Aufgaben

53. Aufgabe

▶   Reaktion von Carbonylverbindungen und Monosacchariden mit ammoniakalischer Silbernitratlösung.

Zu 10 ml einer 0,1 molaren AgNO$_3$-Lösung tropft man unter Umschütteln 2 molare Ammoniaklösung (ca. 3 ml), bis das zunächst ausgefallene Silber(I)oxid wieder klar gelöst ist. Von dieser Lösung gibt man a) die Hälfte in ein neues Reagenzglas, b) die andere Hälfte wird gleichmäßig auf drei Reagenzgläser verteilt.

a. Zur ersten Probe wird etwa 1 ml 0,1 %ige Glucoselösung hinzugefügt. Dann erwärmt man vorsichtig unter Drehen des Reagenzglases, bis sich an der Gefäßwand ein Silberspiegel abscheidet.

b. In die anderen Reagenzgläser gibt man jeweils 2 ml einer 20 %igen ethanolischen Lösung von Butanal, einer 10 %igen ethanolischen Lösung von Butanon (= Ethylmethylketon) bzw. eine Spatelspitze D-Fructose und erwärmt auf dem Wasserbad. In den Fällen, in denen hierbei Reduktion der Ag$^+$-Ionen zu metallischem Silber erfolgt, scheidet sich dieses als grauschwarzer, amorpher Niederschlag oder sogar teilweise als Spiegel ab.

Protokollieren Sie das Ergebnis des Versuchs. Schreiben Sie die Formeln der vier organischen Edukte und gegebenenfalls die der entsprechenden Oxidationsprodukte auf und diskutieren Sie das unterschiedliche Reaktionsverhalten. (Für die beiden Monosaccharide sind die Formeln der „offenen" Aldehyd- bzw. Keto-Formen zu benutzen).

54. Aufgabe

▶ Reduzierende Wirkung von D-Glucose gegenüber Triphenyltetrazoliumchlorid.

1 ml Triphenyltetrazoliumchlorid-Lösung wird im Reagenzglas zum Sieden erhitzt und dann mit etwa dem gleichen Volumen Glucoselösung versetzt. Es tritt Rotfärbung auf. Bei der Reduktion (Wasserstoffaufnahme) geht das farblose Edukt in das tiefrote Triphenylformazan über.

55. Aufgabe

▶ Identifizierung eines unbekannten Disaccharids.

Man erhält eine Lösung, die Saccharose, Trehalose, Maltose oder Saccharose zusammen mit Glucose enthalten kann.

Tab. 1 Reduktionseigenschaften von Disacchariden

Zucker	Reduktionsprobe (vor Hydrolyse)	Seliwanoff-Reaktion (nach Hydrolyse)
Saccharose	–	+
Trehalose	–	–
Maltose	+	–
Saccharose + Glucose	+	+

Mit einem kleinen Teil der Lösung führe man die Reduktionsprobe nach Aufgabe 54 durch. Bei negativem Ausfall können Saccharose oder Trehalose, bei positivem Ausfall Maltose oder Saccharose zusammen mit Glucose vorliegen. Wodurch wird die reduzierende Wirkung in den beiden letzten Fällen bedingt?

Durch Säurehydrolyse wird nun das Disaccharid in Monosaccharide zerlegt, indem man ca. 2 ml der Lösung mit dem gleichen Volumen 2 molarer HCl versetzt und im Reagenzglas 1 min zum Sieden erhitzt.

Dann führt man die Probe auf Fructose nach Seliwanoff durch: 1 ml des Hydrolysats wird mit dem gleichen Volumen einer Lösung von Resorcin (= 1,3-Dihydroxybenzol – 0,5 g/100 ml 20%iger Salzsäure) versetzt und zum Sieden erhitzt. Rotfärbung zeigt die Anwesenheit von Fructose an.

Nach dem Ergebnis von Reduktionsprobe und Seliwanoff-Probe kann nun entschieden werden, was die Analysenlösung enthielt (Tab. 1).

56. Aufgabe

▶ Darstellung des Pentaacetylderivats eines Monosaccharids (**Achtung Schutzbrille!**)

Man erhitzt 4 g von der Zuckerprobe mit 2 g wasserfreiem Natriumacetat und 20 g Essigsäureanhydrid in einem 100 ml Rundkolben mit aufgesetztem Rückflusskühler (s. 7. Kurstag, 41. Aufgabe) bis zur Auflösung und halte dann noch 10 min bei leichtem Sieden. Dann gießt man die Reaktionsmischung in 250 ml Eiswasser und rührt das sich abscheidende Öl bis zur Verfestigung. Man lässt noch 10 min unter gelegentlichem Umrühren stehen, saugt die feste Masse ab, wäscht mit ca. 100 ml Wasser nach und kristallisiert aus Ethanol um, indem man die Masse in einem 100 ml Rundkolben, der mit einem Rückflusskühler zu versehen ist, in möglichst wenig Ethanol heiß löst (Erhitzen mit einem Heizpilz) und danach die Lösung in einem Eisbad abkühlt. Der dabei entstehende Niederschlag wird mit dem Hirschtrichter abgesaugt und auf gleiche Weise wie zuvor nochmals kristallisiert. Eine kleine Probe der abgesaugten und mit etwas Ethanol nach gewaschenen Substanz wird zwischen Filterpapier trocken gepresst, dann wird eine Schmelzpunktbestimmung durchgeführt. Je nach dem ausgegebenen Zucker ist entweder Pentaacetyl-β-D-glucose (Schmp. 131–134 °C) oder Penta-acetyl-β-D-galactose (Schmp. 142 °C) durch Veresterung der OH-Gruppen von Glucose oder Galactose entstanden.

Daraufhin bestimmt man welcher Zucker vorgelegen hat. Um welche Art von Isomeren handelt es sich bei den beiden möglichen Produkten?

Pentaacetyl-β-D-Glucose　　　　Pentaacetyl-β-D-Galactose

Ac = H$_3$C

Acetyl-Rest

57. Aufgabe

▶ Aufbau von Molekülmodellen. Stereochemische Aspekte der Zuckerchemie.

Unter Benutzung von Bausteinen eines MINIT-Molekülbaukasten-Systems baue man sich Molekülmodelle verschiedener Verbindungen und diskutiere die entsprechenden stereochemischen Aspekte.

C-Atome = schwarze, O-Atome = rote, H-Atome = weiße Bausteine, CH- und OH-Bindungen sowie C=O-Doppelbindungen sollten durch kleinere, C–C- und C–O-Einfachbindungen durch größere Verbindungsstücke markiert werden. Für die Carbonyl-C-Atome sind die dreibindigen und für die Carbonyl-O-Atome die einbindigen Bausteine zu verwenden.

a. D- und L-Glycerinaldehyd: Man vergewissere sich, dass die beiden Formen (Bild u. Spiegelbild) nicht miteinander zur Deckung zu bringen sind! (Siehe auch 6. Kurstag). Wie müssen die Moleküle im Raum orientiert werden, damit man ihre Zuordnung (D-Form oder L-Form) treffen kann? Schreiben Sie die Formeln beider Verbindungen in der Fischer-Projektion auf! Welche der beiden möglichen Formen nach der *R*, *S*-Nomenklatur (*R*- oder *S*-) entspricht der D-Form?

b. Man fügt jeweils drei weitere H–C–OH Einheiten hinzu, so dass zwei D-Glucose-Moleküle in ihrer offenen Form entstehen. (Dabei muss natürlich die Stellung der OH-Gruppe an C-2 des ursprünglichen L-Glycerinaldehyds korrigiert werden!). Man beachte dabei, dass eine räumliche Orientierung des Moleküls, wie sie die Fischer-Projektion zur Festlegung der Konfiguration an den einzelnen C-Atomen vorschreibt, zu einer quasi-ringförmigen Anordnung des Moleküls führt. Aus den beiden identischen Molekülen bildet man einerseits α-D-Glucose, andererseits β-D-Glucose. Dabei muss das dreibindige sp^2-C-Atom durch ein vierbindiges sp^3-C-Atom ersetzt werden, und anstelle kürzerer Verbindungsstücke müssen längere angefügt werden. Zweckmäßigerweise zeichne man sich die Formeln der ringförmigen Formen vorher auf. Die beiden Isomere liegen genau wie Cyclohexan in der Sesselform vor. Um welche Art von Stereoisomerie handelt es sich bei diesem Isomerenpaar? Sind die beiden Formen energetisch gleichwertig oder nicht? Wenn nein, welches ist die energieärmere (stabilere) Form und warum?

Man vergleiche die Formeln von D-Glucose und D-Galactose (offene Form). An welchem C-Atom der Modelle müssten H und OH vertauscht werden, um α-D-Glucose und β-D-Glucose in α-D- bzw. β-D-Galactose zu überführen?

c. Man forme das Modell der β-D-Glucose ebenfalls in α-D-Glucose um. Dann verbinde man die beiden α-D-Glucose-Moleküle zum Disaccharid Maltose! (Vorher Formel aufschreiben!) An welchen Positionen müssen die beiden Moleküle miteinander verbunden werden? Welche OH-Gruppe wird bei der unter Wasserabspaltung ablaufenden Bildung der Maltose tatsächlich abgespalten und warum?

d. Nachdem das Modell der Maltose wieder in zwei α-D-Glucosemoleküle zerlegt worden ist, fügt man diese zum Disaccharid Trehalose zusammen! An welchen Stellen müssen die beiden Moleküle jetzt verbunden werden (vorher Formel aufschreiben!)?

Maltose und Trehalose verhalten sich bei der Reduktionsprobe völlig unterschiedlich (siehe auch Tab. 1, 55. Aufgabe), obwohl sie aus den gleichen Grundbausteinen bestehen. Erklären Sie das!

Erläuterungen

Bei den Kohlenhydraten (Zuckern) handelt es sich um polyfunktionelle Verbindungen, die neben einer Carbonylgruppe noch mehrere Hydroxylgruppen im Molekül enthalten. Aus dem Zusammenwirken der funktionellen Gruppen ergeben sich neue Eigenschaften. (Im Falle der Aminosäuren führt ja beispielsweise auch das Vorhandensein von Carboxylgruppe und Aminogruppe im gleichen Molekül zur Bildung von Zwitterionen).

1. Die Oxidation von Alkoholen und Thioalkoholen (53. Aufgabe)

Die Protonierbarkeit der OH-Gruppe unter Bildung der Abgangsgruppe H_2O wurde bereits am 6. Kurstag bei der Unterscheidung zwischen primären, sekundären und tertiären Alkoholen durch den LUCAS-Test besprochen. Grundsätzlich unterscheiden sich diese Typen von Alkoholen aber auch in ihrem Verhalten gegenüber Oxidationsmitteln.

$$R{-}CH_2{-}OH \quad \xrightarrow{-\ H_2} \quad R{-}\overset{\displaystyle O}{\underset{\displaystyle H}{C}} \quad \xrightarrow{[O]} \quad R{-}\overset{\displaystyle O}{\underset{\displaystyle OH}{C}}$$

primärer Alkohol   Aldehyd   Carbonsäure

$$\underset{R}{\overset{OH}{\underset{}{\bigwedge}}}R \quad \xrightarrow{-\ H_2} \quad \underset{R}{\overset{O}{\underset{}{\bigwedge}}}R \quad \xrightarrow{\ /\!/\ }$$

sekundärer Alkohol   Keton

$$\underset{R}{\overset{OH}{\underset{R}{\bigwedge}}}R \quad \xrightarrow{\ /\!/\ }$$

teriärer Alkohol

Primäre Alkohole lassen sich zu Aldehyden oxidieren (= dehydrieren, – 2 H), die ihrerseits leicht zu Carbonsäuren weiteroxidiert werden können. *Aldehyde wirken deshalb reduzierend.* Sekundäre Alkohole ergeben bei ihrer Oxidation Ketone, die im Gegensatz zu den Aldehyden mit üblichen Oxidationsmitteln nicht weiter oxidiert werden können und daher nicht reduzierend wirken. Tertiäre Alkohole können schließlich ohne Zerstörung des Molekülgerüstes überhaupt nicht oxidiert werden.

Die Oxidation einer sekundären Alkoholgruppe haben Sie bereits bei der oxidativen Decarboxylierung der Äpfelsäure (Äpfelsäure – 2 H → Oxalessigsäure – 8. Kurstag) durchgeführt. Die besonders leichte Oxidierbarkeit des Hydrochinons zum *p*-Benzochinon (5. Kurstag) ist ein Beispiel für die Oxidation phenolischer OH-Gruppen.

Im Gegensatz zur OH-Gruppe führt die Oxidation der Thioalkoholgruppe (SH-Gruppe) nicht zur Bildung von Thiocarbonylverbindungen (C = S-Gruppe), vielmehr findet hier eine Verknüpfung zweier Moleküle unter Ausbildung einer S–S-Einfachbindung statt. Diese Reaktion spielt insbesondere bei der Oxidation der Aminosäure Cystein zu Cystin eine wichtige Rolle (11. Kurstag).

$$2\ R{-}CH_2{-}SH \quad \xrightarrow{-\ 2H\cdot} \quad \left[\ 2\ R{-}CH_2{-}S\cdot\ \right] \quad \longrightarrow \quad R{-}CH_2{-}S{-}S{-}H_2C{-}R$$

Thioalkohol   Disulfid

2. Kohlenhydrate als Oxidationsprodukte mehrwertiger Alkohole

Die Existenz mehrerer OH-Gruppen im gleichen Molekül in mehrwertigen Alkoholen wie dem zweiwertigen Ethylenglykol (6. Kurstag), dem dreiwertigen Glycerin und den

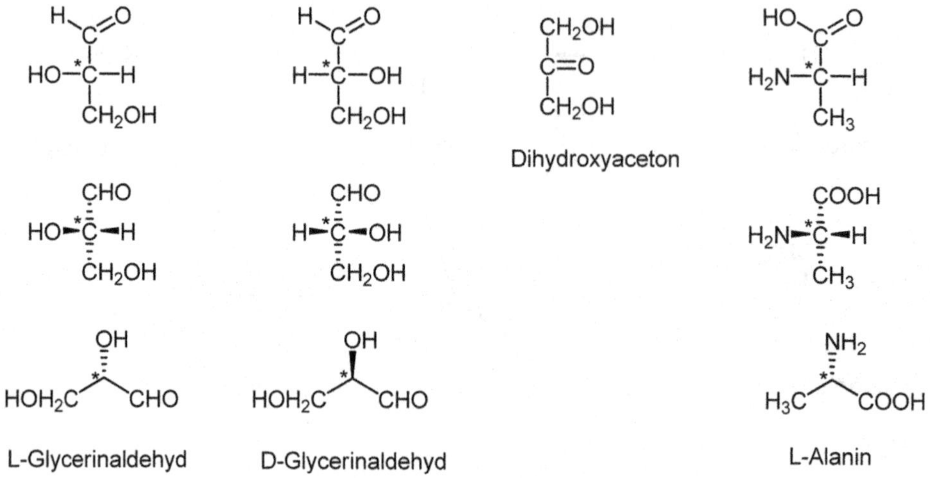

Abb. 1 Darstellung der sterischen Verhältnisse in Molekülen. Zur Kennzeichnung von asymmetrischen C-Atomen bzw. von Chiralitätszentren werden Sternchen (*) benutzt

sechswertigen Hexiten lassen den hydrophilen Charakter dieser Verbindungen noch stärker in Erscheinung treten. Schreiben Sie die Strukturformel des Glycerins in Ihr Labortagebuch!

Die Kohlenhydrate lassen sich von solchen mehrwertigen Alkoholen dadurch ableiten, dass eine der Alkoholgruppen (entweder eine der beiden primären oder eine der zu diesen benachbarten sekundären) zur Carbonylgruppe oxidiert ist. Je nach dem Vorliegen einer Aldehyd- oder einer Ketogruppe unterteilt man die Zucker in *Aldosen* bzw. *Ketosen*. Nach der Zahl der C-Atome differenziert man zwischen Aldotriosen, -tetrosen, -pentosen, -hexosen bzw. Ketotriosen, -tetrosen usw. Von Glycerin lassen sich Glycerinaldehyd und Dihydroxyaceton ableiten (siehe Abb. 1).

3. Chiralität, Enantiomere, Diastereomere (siehe auch 6. Kurstag)

Glycerinaldehyd ist eine chirale Substanz. Von jeder chiralen Substanz gibt es zwei verschiedene Formen, Enantiomere („Spiegelbildisomere"). Im Gegensatz zu achiralen Substanzen drehen die beiden Enantiomere die **Polarisationsebene von linear polarisiertem Licht** beim Durchtritt durch eine Lösung der Substanzen und zwar um denselben Betrag, aber in entgegen gesetzter Richtung. Man spricht deshalb auch von **optischer Aktivität** bzw. optisch aktiven Substanzen.

Bei einem Racemat (50:50-Gemisch zweier Enantiomerer) heben sich diese Drehungen gerade auf, so dass die Polarisationsebene nicht verändert wird. Das Racemat ist folglich optisch inaktiv.

Bei Enantiomeren handelt es sich um einen besonderen Typ von Stereoisomeren.

▶ Enantiomere haben – unter achiralen Bedingungen – die gleichen physikalischen und chemischen Eigenschaften, unterscheiden sich aber bei Wechselwirkungen mit einem chiralen Medium. *Die hier beschriebene optische Aktivität stellt einen Sonderfall dar.*
Alle anderen Stereoisomere, die keine Enantiomere sind, sich also nicht wie Bild und Spiegelbild verhalten, haben unterschiedliche chemische und physikalische Eigenschaften. Sie werden Diastereomere genannt.

Wechselwirkungen eines Enantiomerenpaares (A_D, A_L) mit einem chiralen Medium (enantiomerenreine Verbindung, z. B. B_D) führen zu einer **diastereomeren Beziehung**:

$$A_D + A_L \quad \xrightarrow{+B_D} \quad A_D B_D + A_L B_D$$
$$(\text{Enantiomere}) \qquad\qquad (\text{Diastereomere})$$

Die beiden Paare $A_D B_D$ und $A_L B_D$ verhalten sich nicht mehr spiegelbildlich zueinander, sind also **diastereomer** und können daher oft durch einfache physikalische Methoden (Umkristallisation, Destillation, Chromatographie an achiralen Phasen) getrennt werden.

Da die **meisten biochemisch wichtigen Naturstoffe chirale Substanzen in Form eines der beiden möglichen Enantiomeren** sind (= chirales Medium B_D), spielen **diastereomere Wechselwirkungen** im biochemischen Geschehen eine wichtige Rolle. So vermögen Enzyme zwischen den beiden Formen eines Enantiomerenpaares zu unterscheiden, indem sie ausschließlich oder bevorzugt mit einem der beiden Enantiomeren reagieren. Aus dem gleichen Grunde ist von chiralen Medikamenten, die als Racemat (Enantiomerenpaar) eingesetzt werden, meist nur eine der beiden enantiomeren Formen im gewünschten Sinne wirksam, während die andere sogar zu unerwünschten Nebenwirkungen führen kann. (Beispiel: teratogene Wirkung des (S)- Enantiomers des Thalidomids – Contergan®)

Um das Prinzip der Chiralität im wahrsten Sinn des Wortes begreifbar zu machen bilden Sie Gruppen von zwei Personen.

1. Die beiden Hände jeder einzelnen Person sind chiral zueinander, die linke Hand ist spiegelbildlich zur rechten Hand.
2. Person A und Person B geben sich die jeweils rechten Hände. Dann geben sich die beiden Personen die jeweils linken Hände. Beide Wechselwirkungen (rechte Hand – rechte Hand und linke Hand – linke Hand) fühlen sich „passend" an. Sie verhalten sich spiegelbildlich, also enantiomer, zueinander.
3. Person A schüttelt mit ihrer rechten Hand Person B abwechselnd beide Hände. Sie merken, dass die beiden „Wechselwirkungen" deutlich unterschiedlich zueinander sind. Der „normale" Händedruck (rechte Hand – rechte Hand) fühlt sich anders (diastereomer) zu dem „anormalen" Händedruck (rechte Hand – linke Hand) an.
4. Wenn die Personen mit ihrer rechten Hand nun jeweils die linke Hand der anderen Person ergreifen, so geben Sie sich wechselseitig einen „anormalen" Händedruck. An beiden Händen fühlen Sie jedoch die gleiche „anormale" Wechselwirkung, die wiederum spiegelbildlich, also enantiomer, zueinander sind.

4. Die D, L-Nomenklatur mit D-Glycerinaldehyd als Bezugssubstanz

Für die Beschreibung der Konfiguration an einem chiralen C-Atom gibt es zwei Möglichkeiten: die *R,S*-Nomenklatur (man lese in den Lehrbüchern nach) und die *D,L*-Nomenklatur. Für die *D,L*-Nomenklatur dient der D-Glycerinaldehyd als Bezugssubstanz. Es wurde folgendes festgelegt: Das Molekül muss so betrachtet werden, dass das chirale C-Atom, OH-Gruppe und H-Atom eine Waagerechte bilden, wobei OH und H nach vorn auf den Betrachter zu weisen. Die beiden anderen Gruppen zeigen dann zwangsläufig nach hinten. Dabei muss sich die höher oxidierte Gruppe (–CH=O) oben, die niedriger oxidierte Gruppe (–CH$_2$OH) unten befinden. In dieser Weise werden die am chiralen C-Atom tetraedrisch angeordneten Substituenten dann in die Papierebene projiziert (**Fischer-Projektion**). Befindet sich in der nach diesen Prämissen aufgestellten Formel die OH-Gruppe rechts, dann liegt der D-Glycerinaldehyd vor, im anderen Falle der L-Glycerinaldehyd (siehe Abb. 1).

Zur Ableitung der Konfiguration an anderen Molekülen werden diese zum D-Glycerinaldehyd in Beziehung gesetzt, d. h. von ihm abgeleitet. Bei dem in Abb. 1 abgebildeten Alanin handelt es sich um die L-Form (COOH oben hinten, CH$_3$ unten hinten, NH$_2$ und H weisen nach vorn, dabei steht NH$_2$ links, das bedeutet L-Konfiguration).

Die D, L-Nomenklatur wird heute nur noch für Substanzen benutzt, die in relativ naher Beziehung zum D-Glycerinaldehyd stehen wie Kohlenhydrate und α-Aminocarbonsäuren. Da die meisten Kohlenhydrate mehr als ein chirales C-Atom besitzen, wurde noch festgelegt, dass die Konfiguration an dem chiralen C-Atom, das am weitesten von der Carbonylgruppe entfernt ist, über die Zuordnung zur D- oder L-Reihe entscheidet. Schließlich sei noch darauf hingewiesen, dass die Bezeichnung D, bzw. L sich lediglich auf die Konfiguration, den räumlichen Bau des Moleküls, bezieht, nicht aber auf den Drehsinn (rechtsdrehend (+) oder linksdrehend (–) für die Polarisationsebene des linear polarisierten Lichts). Eine Verbindung mit D-Konfiguration kann also durchaus linksdrehend (–) sein und umgekehrt.

5. Die Stereoisomerie bei Aldosen und Ketosen

Von Verbindungen mit n chiralen C-Atomen gibt es 2^n Stereoisomere. Schreiben Sie alle möglichen stereoisomeren Aldotetrosen HOH$_2$C–CHOH–CHOH–CHO auf! Welche sind zueinander enantiomer, welche diastereomer?

Die wichtigsten Aldopentosen sind die Ribose und die Desoxyribose (OH an C-2 durch H ersetzt), die als Bestandteile von Ribonucleinsäuren (RNS oder RNA) und Desoxyribonucleinsäuren (DNS oder DNA) überragende Bedeutung haben.

Die Aldohexosen besitzen 4 chirale C-Atome, daher gibt es $2^4 = 16$ Stereoisomere, d. h. 8 Enantiomerenpaare. Die wichtigste Aldohexose ist die D-Glucose. In ihrem Enantiomeren, der L-Glucose (Formel aufschreiben!) sind an allen vier chiralen C-Atomen OH und H miteinander vertauscht. Vertauscht man dagegen nur an einem, zwei oder drei chiralen C-Atomen OH und H, so erhält man Diastereomere, d. h. Aldohexosen mit anderen

Eigenschaften und natürlich auch anderen Namen. Werden in der D-Glucose z. B. am C-Atom 4 OH und H miteinander vertauscht, so kommt man zur D-Galactose.

Da Ketohexosen nur 3 chirale C-Atome besitzen, existieren von diesen nur 8 Isomere, d. h. 4 Enantiomerenpaare.

6. D-Glucose und D-Fructose und ihre cyclischen Halbacetal- bzw. Halbketal-Formen

Tatsächlich liegt die D-Glucose in wässriger Lösung nur zu weniger als 0,1 % in der hier abgebildeten „offenen" Aldehyd-Form vor. Die gleichzeitige Existenz von OH-Gruppen und einer C=O-Gruppe im selben Molekül führt nämlich zur Bildung cyclischer Halbacetale (Halbacetale siehe 8. Kurstag). Grundsätzlich können cyclische Halbacetale in Form von Sechsringverbindungen (Pyranose-Form) oder Fünfringverbindungen (Furanose-Form) vorliegen.

D-Glucose   D-Galactose   D-Fructose

Glucose bildet nur den Sechsring aus. Durch die Umwandlung des trigonalen sp^2-C-Atoms der Carbonylgruppe in ein tetraedrisches C-Atom mit 4 unterschiedlichen Substituenten (die Asymmetrie des Rings ist gleichbedeutend mit zwei unterschiedlichen Substituenten R^1 und R^2) entsteht ein neues Chiralitätszentrum, so dass 2 cyclische Halbacetal-Formen, die α-D-Glucose und die β-D-Glucose, existieren.

64% β-D-Glucose   < 0.1%   36% α-D-Glucose

Aus Gründen der Übersichtlichkeit sind in den Ringformeln die direkt am Ring befindlichen H-Atome weggelassen worden.

Beide Moleküle liegen in der Sesselform vor (vgl. Cyclohexan). Während in der β-D-Glucose alle OH-Gruppen und die CH_2OH-Gruppe sich in äquatorialen Positionen (seitlich wegweisend) befinden, besitzt α-D-Glucose eine OH-Gruppe, nämlich die an C-1, in der energetisch weniger günstigen axialen Stellung (nach unten weisend). An den C-Atomen 2 bis 5 haben beide Moleküle die gleiche Konfiguration, an C-1 ist sie dagegen verschieden. α- und β-D-Glucose sind daher keine Enantiomere sondern Diastereomere. Da β-D-Glucose energieärmer ist, liegt sie auch zu einem größeren Prozentsatz im Gleichgewicht vor.

Als Diastereomere besitzen α- und β-D-Glucose unterschiedliche Drehwerte (+112 bzw. 19°). Nach dem Auflösen der reinen Formen in Wasser ändern sich diese sofort gemessenen Drehwerte sehr rasch, bis der dem Gleichgewicht entsprechende Wert von +53° gemessen wird. Diesen Vorgang bezeichnet man als **Mutarotation**. Die Einstellung des Gleichgewichts erfolgt über die offene Form (Aldehyd-Form). Die Freien Aktivierungsenthalpien für die Halbacetalbildung und die entsprechende Rückreaktion sind nämlich so gering, dass diese sehr rasch ablaufen.

D-Fructose liegt wie D-Glucose in Lösung als cyclisches Halbketal mit Sechsringstruktur (Pyranose) vor. Versuchen Sie, die Formeln der beiden cyclischen Halbketalformen der D-Fructose aufzuschreiben. Dabei müssen Sie darauf achten, dass die Konfigurationen an C-3 bis C-5 erhalten bleiben.

Die Bevorzugung der cyclischen Halbacetale oder Halbketale gegenüber den offenen Aldehyd- bzw. Keto-Formen im Falle der Zucker beruht hauptsächlich darauf, dass es sich hierbei um eine *intra*molekulare Reaktion handelt. Das Gleichgewicht bei der *inter*molekularen Halbacetalbildung liegt in den meisten Fällen auf Seiten der Edukte, weil bei der Umwandlung von zwei Molekülen in ein Produktmolekül der Entropieverlust sehr groß ist ($\Delta G = \Delta H - T \cdot \Delta S$; Entropie S = Maß für die Unordnung. Jedes System strebt ein möglichst hohes Maß an Unordnung an, siehe auch 3. Kurstag). Die *intra*molekulare Halbacetalbildung, bei der ja die Zahl der Moleküle gleich bleibt, ist dagegen nur mit einem relativ geringen Entropieverlust verbunden (die Ringstruktur ist geordneter als die offenkettige). Dieser geringe Entropieverlust wird in diesem Falle jedoch durch den Enthalpiegewinn (ΔH) überkompensiert.

7. Die reduzierende Wirkung von Aldosen und Ketosen (53. bis 55. Aufgabe)

Auch wenn die Aldehyd-Form nur in sehr geringer Konzentration im Gleichgewicht vorhanden ist, so geht doch der reduzierende Charakter der Aldohexosen nicht verloren, da sich das Gleichgewicht immer wieder neu einstellt, bis die gesamte Verbindung umgesetzt ist. Die Aldehydgruppe wird dabei zur Carbonsäuregruppe oxidiert, während der Rest des

Moleküls unverändert bleibt; das Oxidationsprodukt der D-Glucose ist die D-Gluconsäure. Schreiben Sie deren Formel auf!

Da Ketone nicht weiter oxidiert werden, würde man von Ketosen eigentlich keine reduzierenden Eigenschaften erwarten. Tatsächlich reduzieren sie aber genauso wie Aldosen. Der Grund dafür ist, dass unter den Bedingungen der Oxidation eine Umlagerung über die tautomere Endiol-Form, die selbst leicht oxidiert werden kann, in die entsprechende Aldose möglich ist.

Ketose   Endiol   Aldose

8. Die glykosidische Bindung

Grundsätzlich können alle OH-Gruppen der Zucker alkyliert oder acyliert werden. Durch Wegfall der Möglichkeit zur Ausbildung von Wasserstoffbrücken sind die entstehenden Produkte leichter flüchtig (analytische Anwendung bei der gaschromatographischen Untersuchung von Zuckern) und schwerer in Wasser löslich. Infolge besser bestimmbarer Schmelzpunkte können solche Derivate auch zur Identifizierung der Zucker dienen (Aufgabe 56), während die Zucker selbst beim Erhitzen oft verkohlen.

Besonders leicht lässt sich die Halbacetal-OH-Gruppe an C-1 durch eine Alkoxy-Gruppe z. B. $-OCH_3$ ersetzen (siehe Formel des Methyl-β-D-glucosids). Halbacetale werden nämlich mit Alkoholen unter Protonenkatalyse in Acetale überführt. (Sie haben am 8. Kurstag versucht, den Mechanismus dieser Reaktion zu formulieren).

Methyl-β-D-glycosid

Die von Hexosen abgeleiteten cyclischen Acetale bzw. Ketale werden allgemein als Glykoside bezeichnet. Als Acetale oder Ketale sind sie im Gegensatz zu den Halbacetalen bzw.
Halbketalen in Abwesenheit von Säuren stabil. Von wässrigen Säuren werden sie jedoch
wieder glatt in die entsprechenden Hexosen und Alkohole gespalten, wie aus dem Reak-
tionsschema ersichtlich ist (Rückreaktion). Glykoside stellen wichtige Naturstoffe dar, die
besonders im Pflanzenreich vorkommen und die als Medikamente eingesetzt werden. Hier
sind die in der Therapie von Herzerkrankungen verwendeten Digitalisglykoside hervor-
zuheben.

9. Disaccharide – Reduzierende und nicht-reduzierende Zucker (55. Aufgabe)

Anstelle eines einfachen Alkohols kann aber auch ein zweites Hexose-Molekül die Halbacetal-OH-Gruppe des ersten substituieren. Durch eine derartige glykosidische Verknüpfung von Monosaccharid-Molekülen (Einfachzuckern) unter Wasserabspaltung kommt
man zu den Disacchariden:

$$2 \; C_6H_{12}O_6 \quad \underset{+H_2O}{\overset{-H_2O}{\rightleftharpoons}} \quad C_{12}H_{22}O_{11}$$

In der Maltose (= Malzzucker) ist ein α-D-Glucose-Molekül über das C-1 mit dem O an
C-4 eines zweiten D-Glucosemoleküls verknüpft (exakter Name: 4-O-(α-D-Glucopyrano-
syl)-D-glucopyranose). Die zweite Hälfte des Moleküls verfügt dann noch über eine Halb-
acetalgruppe. In wässriger Lösung stehen die beiden an diesem Molekülende möglichen
cyclischen Formen miteinander im Gleichgewicht; daneben liegt zu einem geringen Teil
die offene Aldehyd-Form vor, so dass die Maltose reduzierende Eigenschaften besitzt
(Aufgabe 55). Ist anstelle von α-D-Glucose ein Molekül β-D-Glucose mit einem zweiten
D-Glucosemolekül 1,4-verknüpft, dann handelt es sich um das Disaccharid Cellobiose.
(Formulieren Sie dies!)

Maltose - reduzierender Zucker   Trehalose - **nicht** reduzierender Zucker

Im Gegensatz zur Maltose und Cellobiose sind in der Trehalose zwei α-D-Glucosemoleküle an ihren C-1-Atomen über eine O-Brücke miteinander verbunden. Hier sind also durch die Verknüpfung aus beiden Halbacetalgruppen Acetalgruppen geworden. Da es keine Halbacetalgruppen mehr gibt, kann sich auch keine freie Aldehydgruppe spontan ausbilden, d. h. Trehalose wirkt nicht reduzierend. Das Gleiche gilt für die Saccharose (Rohrzucker), in der ein α-D-Glucose-Molekül und ein β-D-Fructose-Molekül über die beiden ursprünglichen Halbacetal- bzw. Halbketalgruppen miteinander verbunden sind. Saccharose ist daher ebenfalls nicht reduzierend. Bemerkenswert ist, dass in der Saccharose das Fructose-Fragment Fünfringstruktur hat (Furanose), während die freie Fructose die Sechsringstruktur (Pyranose) bevorzugt.

Saccarose - **nicht** reduzierender Zucker

Da sowohl bei Maltose und Cellobiose als auch bei Trehalose und Saccharose die Verbindung zwischen den beiden Molekülhälften über eine bzw. zwei Acetalgruppe(n) erfolgt, sind die Disaccharide wie alle Acetale gegen Säuren unbeständig und werden von ihnen zu Monosacchariden gespalten.

10. Polysaccharide

Hochmolekulare Polysaccharide bestehen aus vielen Monosaccharid-Einheiten. So sind in der Cellulose viele β-D-Glucose-Moleküle in der Art der Cellobiose miteinander verknüpft. In der Amylose, einem Bestandteil der Stärke, sind zwischen 100 und 1400 α-D-Glucose-Einheiten nach dem Muster der Maltose zu langen Ketten miteinander verbunden. Im zweiten Hauptbestandteil der Stärke, dem Amylopektin, gibt es zusätzliche Verzweigungen zwischen den Ketten. (Verknüpfung zwischen den Positionen 1 und 6; siehe Nummerierung der C-Atome in der Glucose).

11. Kurstag: Seifen – Kunststoffe – Proteine

Benutzte Lösungsmittel und Chemikalien mit Gefahrenhinweisen und Sicherheitsratschlägen:

Substanz	H-Sätze	P-Sätze
Platten-Speisefett	–	–
Ethanol	225/302/371	210/260
Natronlauge (25 % NaOH in H_2O sowie 2 molar)	314	280/301 + 330 + 331/305 + 351 + 338/309 + 310
Sebacinsäuredichlorid in 1,1,1-Trichlorethan (12,7 ml/l)	315/319/332/420	305 + 351 + 338
Hexamethylendiamin-Lösung (4,5 g $C_6H_{16}N_2$ + 3,0 g NaOH in 380 ml H_2O)	302/312/314/335[a]	261/280/305 + 351 + 338/310[a]
Paraffin	–	–
Methacrylsäuremethylester, (frisch unter N_2 destilliert)	225/335/315/317	210/243/280/302 + 352/304 + 340/309 + 311

G. Hilt, P. Rinze, *Chemisches Praktikum für Mediziner*, Studienbücher Chemie,
DOI 10.1007/978-3-658-00411-8_11, © Springer Fachmedien Wiesbaden 2015

Substanz	H-Sätze	P-Sätze
Dibenzoylperoxid, phlegmatisiert mit 25 % H_2O	242/317/319	220/280/305 + 351 + 338/410/ 411 + 235/420
Cystein-Lösung 0,1 molar	–	–
Eisen-III-chlorid-Lösung, 1 % in H_2O	290/317/319	261/280/302 + 352/ 305 + 351 + 338
Hühnereiweiß-Lösung, 5 % in H_2O	–	–
Kupfersulfat-Lösung, 1 % in H_2O	410	273/501

[a] H-/P-Sätze für Hexamethylendiamin

Zusätzlich benötigte Geräte

Wasserbad, Gebissabdruck, Stativ mit Klemme. MINIT-Molekülbaukasten-System.

Entsorgung

Die **Reaktionsrückstände und Lösungen aus der 60. Aufgabe** werden getrennt nach festen Rückständen, wässriger Lösung und 1,1,1-Trichlorethan-Lösung in dafür aufgestellten Gefäßen gesammelt. 1,1,1-Trichlorethan wird redestilliert und weiterverwendet; die anderen Rückstände werden als Sonderabfall entsorgt. **Nicht vollständig polymerisierte Rückstände aus der 59. Aufgabe** werden ebenfalls in den für feste Rückstände vorgesehenen Gefäßen gesammelt.

Die weiteren an diesem Kurstag verwandten Lösungen können in den nach den Versuchsbeschreibungen anfallenden Mengen dem Abwasser beigegeben werden.

Aufgaben

58. Aufgabe

▸ Fettverseifung.

Etwa 2 g Platten-Speisefett werden in einem 100 ml Erlenmeyer-Kolben in 6 ml Ethanol bis zum Auflösen auf dem Wasserbad erhitzt. Danach gibt man 1 ml der Lösung als Vergleichsprobe in ein Reagenzglas und füllt dieses mit 5 ml destilliertem Wasser auf. Zum Rest der Lösung im Erlenmeyer-Kolben fügt man dann 2 ml einer 25 %igen NaOH-Lösung hinzu und erhitzt mit dem Heizpilz zum Sieden bis eine homogene, klare Lösung entsteht (etwa 5 min). 1 ml dieser Lösung wird in ein Reagenzglas gegeben, das mit 5 ml Wasser aufgefüllt wird. Dann schüttelt man diese Lösung und die Vergleichsprobe kräftig. Was beobachtet man?

Schreiben Sie die Strukturformel eines Fettes auf, indem Sie für die drei am Aufbau beteiligten Fettsäuren die Formeln R^1-COOH, R^2-COOH und R^3-COOH benutzen. Formulieren Sie dann die mit NaOH ablaufende Reaktion!

59. Aufgabe

▶ Polymerisation von Methacrylsäureester.

In ein Reagenzglas werden unter dem Abzug 5 ml Methacrylsäuremethylester gefüllt. Zu diesem Ester gibt man 0,3 g Dibenzoylperoxid und rührt mit dem Glasstab das Gemisch bis zur vollständigen Lösung des Polymerisationsstarters. Danach wird das Reagenzglas in eine Stativklemme eingespannt und auf dem Wasserbad bei einer Temperatur von etwa 65–75 °C erwärmt. Nach ca. 20 min, wenn der Ester durch einsetzende Polymerisation viskoser geworden ist, gießt man ihn in die Form eines Gebissabdrucks, der anschließend in einen auf 75–80 °C vorgeheizten Trockenschrank gestellt wird. Nach ca. 45 min ist der Ester vollständig polymerisiert; der Gebissabdruck wird aus dem Trockenschrank genommen, unter fließendem kalten Wasser abgekühlt, und anschließend wird das Polymerisat *vorsichtig* aus der Form gelöst.

Formulieren Sie den Polymerisationsvorgang! Dabei geht man von 3 Molekülen Methacrylsäuremethylester und einem Starterradikal R˙aus. Für den Abbruch der Reaktion können Sie eine der drei unter den Erläuterungen angegebenen Möglichkeiten benutzen.

60. Aufgabe

▶ Darstellung von Nylon 6.10.

Ein 100 ml Becherglas wird an der Innenwand mit Paraffin eingerieben. In dieses Becherglas füllt man im Abzug 40 ml einer Lösung von Sebacinsäuredichlorid in 1,1,1-Trichlorethan. Anschließend überschichtet man die organische Phase vorsichtig mit 25 ml einer wässrigen Lösung von Hexamethylendiamin. An der Phasengrenze entsteht eine Haut, die man nach einer Minute mit einer Pipette, Glasstab oder ähnlichem hochziehen kann. Es bildet sich ein Faden, der sich aufwickeln lässt.

Formulieren Sie den Vorgang, der zur Ausbildung des Fadens führt, indem Sie von 2 Molekülen Sebacinsäuredichlorid und 2 Molekülen Hexamethylendiamin ausgehen. Dabei vergegenwärtige man sich, dass die funktionellen Gruppen an den beiden Molekülenden in derselben Weise weiterreagieren und dass die kontinuierliche Wiederholung dieser Reaktion schließlich zur Bildung von Makromolekülen führt.

61. Aufgabe

▶   Aufbau von Molekülmodellen.

Mit dem MINIT-Molekülbaukasten-System erstellt man die folgenden Strukturen:

a. β-Faltblatt-Struktur aus zwei Pentapeptiden bestehend aus Alanin-Bausteinen. Der Ausschnitt aus einem Polypeptid ist unter den Erläuterungen abgebildet.

Zunächst benötigt man 10 Alanin-Bausteine mit je einer freien Valenz am Carbonyl-C- und am N-Atom.

"Alanin-Monomer"   "Alanin-Dimer"   "Alanin-Trimer"

Die folgenden Bausteine sind zu benutzen: sp^3-C-Atome: zwei schwarze vierbindige Zentren; sp^2-C-Atom: schwarzes dreibindiges Zentrum mit 2 Doppelstrichen; sp^2-N-Atom: blaues dreibindiges Zentrum mit 2 Doppelstrichen; O-Atom: rotes zweibindiges Zentrum mit 180° Bindungswinkel (für H-Brücke); H-Atome: 4 weiße einbindige Zentren, 1 weißes zweibindiges Zentrum am N (für H-Brücke).

Für die Verbindung der Zentren benötigt man grüne Röhrchen folgender Länge: 2,5 cm für C–C und C–N-Bindung; 2,0 cm für C=O-Bindung; 1,5 cm für C–H- und N–H-Bindung und weiße Röhrchen von 3,5 cm Länge für H-Brücken.

Wegen der etwas von 120° abweichenden Bindungswinkel müssen die dreibindigen C-Atome so eingebaut werden, dass das O-Atom der Carbonylgruppe von den beiden Doppelstrichen umgeben ist. Beim dreibindigen N-Atom muss das Carbonyl-C-Atom des später anzufügenden nächsten Alanin-Bausteins zwischen den beiden Doppelstrichen angebracht werden.

Man achte darauf, dass Alanin wie alle anderen chiralen Aminosäuren in der L-Konfiguration vorliegt. Die in der Fischer-Projektion angegebene Formel muss also entsprechend auf das Modell übertragen werden (siehe auch 10. Kurstag). Nachdem man sich vergewissert hat, dass alle 10 Fragmente der L-Konfiguration entsprechen, fügt man jeweils 5 dieser Fragmente zu einem Pentapeptid zusammen, wobei an den Enden je eine Valenz frei bleibt. Die Pentapeptid-Ketten werden zickzackförmig angeordnet, so dass für jede –CO–NH-Gruppe eine *trans*-Anordnung von O und H resultiert. Beide Ketten werden dann so aufgebaut, dass jeweils eine CO-Gruppe einer Kette einer NH-Gruppe der anderen Kette gegenüberliegt. Dann verbindet man sechsmal die inneren O- und H-Atome dieser Gruppen mit den weißen Röhrchen (H-Brücken). Die Methylgruppen weisen dann – richtige

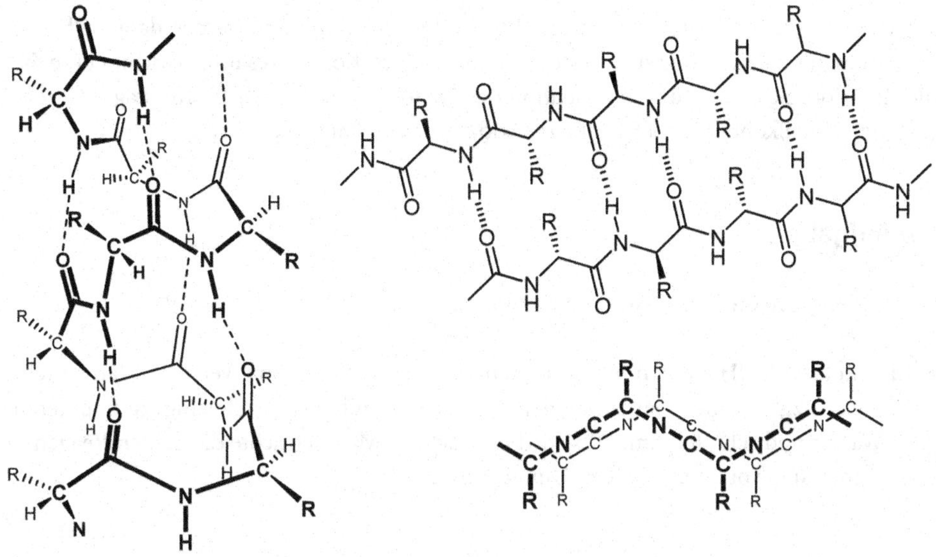

Abb. 1 Darstellung der α-Helix (*links*) und der β-Faltblattstruktur (*rechts*)

Konfiguration vorausgesetzt – nach oben und unten. Die Faltblattstruktur wird am deutlichsten sichtbar, wenn man das Modell einfach auf die unteren 6 Methylgruppen stellt.

b. α-Helix aus einem Decapeptid, bestehend aus Alanin-Bausteinen.

Man entfernt aus dem β-Faltblattmodell die H-Brücken (weiße Röhrchen) und fügt die beiden Pentapeptid-Fragmente zu einem Decapeptid mit freien Valenzen an beiden Enden (andersfarbige Röhrchen) zusammen. Beginnend vom C-terminalen Ende (C=O-Gruppe) faltet man das Decapeptid zu einer rechtsgängigen Spirale (α-Helix). Zu diesem Zwecke verbindet man das H-Atom am ersten N-Atom mit dem O-Atom der 5. C=O-Gruppe (direkt nach N-4) durch eine H-Brücke (weißes Röhrchen), dann NH-2 mit O-6, NH-3 mit O-7, NH-4 mit O-8, NH-5 mit O-9 und NH-6 mit O-10 (Abb. 1).

Man verfolge den spiralenförmigen Verlauf des Polypeptids. Die H-Brücken verlaufen in grober Näherung parallel zur Helixachse.

62. Aufgabe

▶ Oxidation von Cystein zu Cystin.

In einem Reagenzglas löst man eine Spatelspitze Cystein in 10 ml Wasser und fügt ca. 10 Tropfen 1%ige $FeCl_3$-Lösung hinzu. Die blauviolette Färbung zeigt die Bildung eines Komplexes zwischen Fe(III)-Ionen und Cystein an. Nach einiger Zeit ist die Färbung ver-

schwunden. Die Fe(III)-Ionen oxidieren das Cystein zu Cystin und werden dabei selbst zu
Fe(II)-Ionen reduziert, was zur Zerstörung des farbigen Komplexes führt. Formulieren Sie
die Reaktionsgleichung für die Oxidation des Cysteins! (Siehe auch 10. Kurstag – Oxidation von Thioalkoholen und 5. Kurstag Oxidation von Thioglykolsäure).

63. Aufgabe

▶   Bildung von Cu-Komplexen von Proteinen.

4 ml 2 molare NaOH werden mit 5 Tropfen 1 %iger $CuSO_4$-Lösung versetzt. Man verteilt
auf 2 Reagenzgläser und fügt zum einen 2 ml 5 %ige Hühnereiweißlösung, zum anderen
2 ml Wasser und schüttelt um. Was wird beobachtet? Man betrachte die beiden Reagenzgläser am besten vor einem weißen Hintergrund.

Erläuterungen

1. Fette und verwandte Verbindungen (58. Aufgabe)

1.1 Der Aufbau der Fette. Fette sind Ester des dreiwertigen Alkohols Glycerin mit lang-
kettigen Fettsäuren, die jeweils aus einer geraden Zahl von C-Atomen zwischen 4 und 24
bestehen. Am häufigsten sind Fettsäuren mit 16 und 18 C-Atomen anzutreffen (z. B. enthält Butterfett zu rund 30 % Fettsäuren mit 16 C-Atomen, zu 46 % solche mit 18 C-Atomen
und zu ca. 24 % solche mit 4 bis 14 C-Atomen). Neben gesättigten sind auch ungesättigte
Fettsäuren am Aufbau der Fette entscheidend beteiligt. In den meisten Fällen sind die drei
Fettsäurekomponenten eines Moleküls unterschiedlich, wegen der sich daraus ergebenden
vielfältigen Möglichkeiten sind Fette in der Regel Gemische aus verschiedenen Molekül-
sorten. Die langen Alkylreste bedingen ihre hydrophoben Eigenschaften. So sind Fette in
Wasser unlöslich, dagegen in unpolaren organischen Lösungsmitteln gut löslich.

$$
\begin{array}{l}
R^1\!-\!CO\!-\!O\!-\!CH_2 \\
R^2\!-\!CO\!-\!O\!-\!CH \quad +\ 3\ NaOH \\
R^3\!-\!CO\!-\!O\!-\!CH_2
\end{array}
\longrightarrow
\begin{array}{l}
R^1\!-\!COO^{\ominus}\ Na^{\oplus} \\
R^2\!-\!COO^{\ominus}\ Na^{\oplus} \\
R^3\!-\!COO^{\ominus}\ Na^{\oplus}
\end{array}
\ +\
\begin{array}{l}
HO\!-\!CH_2 \\
HO\!-\!CH \\
HO\!-\!CH_2
\end{array}
$$

1.2 Der amphiphile Charakter von Seifen. Als Ester lassen sich Fette sowohl alkalisch als
auch sauer hydrolysieren (siehe 7. Kurstag). Die irreversibel verlaufende alkalische Hydrolyse ergibt neben Glycerin die Alkalisalze der Fettsäuren, die Seifen (Hydrolyse = Verseifung). Die Natriumsalze sind Kernseifen, die Kaliumsalze Schmierseifen. In den Seifen ist
ein langer hydrophober Rest R mit der ionischen und daher hydrophilen Carboxylatgrup-

pe COO⁻ vereinigt. Derartige Verbindungen werden als amphiphil oder amphipathisch bezeichnet (amphi = von beiden Seiten).

In Alkanen ist die (gestaffelte) *anti*-Konformation (zur Bedeutung des Begriffes „Konformation" siehe 6. Kurstag) wegen der geringsten sterischen Wechselwirkungen die energieärmste. Man baue mit Hilfe von MINIT-Modellen ein Butan-Molekül und überführe es durch Drehung um die zentrale C–C-Bindung in die hier abgebildeten Konformationen:

| verdeckt | gestaffelt | verdeckt | gestaffelt |
| ekliptisch | gauche | ekliptisch | anti |

Entsprechend liegen die Fettsäuren und deren Salze bevorzugt in einer *all-anti*-Konformation vor, d. h. ihre langen Alkylreste bilden überwiegend Zickzackketten.

Beim Auflösen in Wasser besetzen die amphiphilen Seifenmoleküle zunächst die Oberfläche und bilden dort eine monomolekulare Schicht. Dabei werden die hydrophilen –COO⁻ Gruppen von Wassermolekülen umgeben, während die hydrophoben „Alkylschwänze" aus dem Wasser herausragen. Dadurch wird die Oberflächenspannung der Seifenlösung erheblich verringert, so dass die Lösung viel leichter in kleine Poren eindringen kann als reines Wasser. Sie wirkt also benetzend. Sobald die Oberfläche der Lösung mit einer monomolekularen Schicht besetzt ist, bilden sich im Innern hochmolekulare wasserlösliche Assoziate aus, sogenannte **Micellen**. In ihnen sind die Moleküle in Form einer Kugel angeordnet, so dass die hydrophilen „Köpfe", die Carboxylatgruppen, nach außen zeigen und mit den Wassermolekülen in Wechselwirkung treten, während die hydrophoben „Schwänze", die Alkylgruppen, nach innen weisen und einen hydrophoben Innenraum bilden. Durch die Bildung derartiger Assoziate sind amphiphile Moleküle um mehrere Größenordnungen besser in Wasser löslich als hydrophobe Moleküle. Im hydrophoben „Innenraum" solcher Micellen können unpolare organische Moleküle gelöst werden. So werden z. B. Fetttröpfchen oder andere organische Schmutzteilchen von Seifenmolekülen im Innern der Micellen eingeschlossen und zerkleinert (Emulsions- und Dispersionswirkung der Seifen).

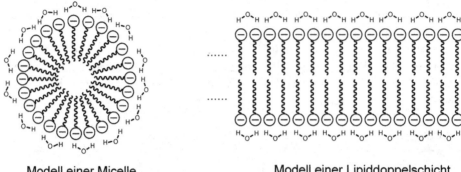

Modell einer Micelle   Modell einer Lipiddoppelschicht

1.3 Phosphoglyceride. Nahe verwandt mit den Fetten (daher Lipoide genannt) sind die sogenannten Phosphoglyceride wie z. B. Lecithin. Bei ihnen handelt es sich um Ester des Glycerins mit zwei Fettsäuregruppen als hydrophoben Schwänzen und einer Phosphorsäureestergruppierung als hydrophilem „Kopf". Im Lecithin ist zusätzlich eine kationische Trimethylammoniumethylgruppe an den Phosphorsäurerest gebunden.

$$R^1-CO-O-CH_2$$
$$R^2-CO-O-CH$$
$$H_2C-O-\overset{O}{\underset{O}{\overset{|}{\underset{||}{P}}}}-O-CH_2-CH_2-\overset{\oplus}{N}(CH_3)_3$$

In Wasser bilden solche Moleküle Doppelschichten mit den hydrophoben Molekülteilen im Innern und den polaren Gruppen an der Grenzfläche zum Wasser. Durch Einbau von Proteinen in derartige Assoziate entstehen biologische Membranen mit ihren spezifischen Eigenschaften.

2. Polymerisation (59. Aufgabe)

Bei der Polymerisation von Verbindungen, die sich vom Ethen (= Ethylen) ableiten, werden hochmolekulare Stoffe (= Polymere) erhalten, die in sehr vielfältiger Weise als Kunststoffe Verwendung finden. In der Regel handelt es sich um lange Kettenmoleküle, die aus Hunderten oder Tausenden von Monomereinheiten aufgebaut sind, doch können auch Verzweigungen zwischen den Ketten auftreten. Grundsätzlich entstehen Moleküle unterschiedlicher Kettenlänge, d. h. man findet eine statistische Verteilung der Molekülgröße (Molekulargewicht). Durch die Wahl der Reaktionsbedingungen kann jedoch die mittlere Molekülgröße beeinflusst werden.

Ganz allgemein lässt sich die Polymerisation folgendermaßen formulieren:

Zu den wichtigsten polymerisationsfähigen Monomeren gehören die folgenden Verbindungen: $X = Cl$: Vinylchlorid, $X = C_6H_5$: Styrol, $X = COOR$: Acrylsäureester, $X = CN$: Acrylnitril, $X = CH_3$: Propylen (= Propen), $X = H$: Ethylen (= Ethen). Die Namen der Polymeren werden einfach durch Voransetzen der Vorsilbe Poly abgeleitet: z. B. Polyvinylchlorid = PVC. Weitere wichtige Ausgangsstoffe für Polymerisationen sind $F_2C = CF_2$ (Tetrafluorethylen ergibt Teflon), $H_2C = C(CH_3) - COOR$ (Methacrylsäureester ergibt z. B. Plexiglas, Zahnprothesen etc. – in Aufgabe 59 wird der Methylester verwendet), $H_2C = CH - CH = CH_2$ (1,3-Butadien ergibt synthetischen Kautschuk), $H_2C = C(CH_3) - CH = CH_2$ (Isopren ergibt Naturkautschuk oder Guttapercha). Im Falle der beiden letzten Monomeren findet die Polymerisation allerdings im Sinne einer 1,4-Addition statt.

Die Polymerisation ist eine Kettenreaktion, die durch Initiatoren ausgelöst wird. Entsprechend ihrer Auslösung kann sie als radikalische, kationische oder anionische Polymerisation oder als Koordinationspolymerisation (Verwendung spezieller Metallkatalysatoren) durchgeführt werden. Am wenigsten polymerisationsfreudig sind die einfachen Alkene wie Ethylen und Propylen. Aus ihnen können durch Koordinationspolymerisation die qualitativ besten Produkte erhalten werden. Auf diese Weise ist es sogar möglich, Polypropylen herzustellen, das entweder an jedem chiralen C-Atom ($X = CH_3$) die gleiche Konfiguration besitzt (isotaktisches Polypropylen) oder bei dem die Konfiguration an den chiralen C-Atomen alterniert (syndiotaktisches Polypropylen). Üblicherweise ist die Konfiguration an den chiralen C-Atomen der Polymeren dagegen unregelmäßig (ataktische Polymere).

Anhand der **radikalischen Polymerisation** wird das Prinzip kurz erläutert:

Startreaktion Bildung eines Radikals R auf thermischem oder photochemischem Wege (Anwendung von UV-Lampen in der Zahnmedizin) oder durch Elektronenübertragung. Im durchgeführten Versuch wird Dibenzoylperoxid durch Erwärmen in zwei Benzoyloxy-Radikale gespalten:

Kettenwachstum. Addition des Startradikals an die C=C-Doppelbindung des Monomeren unter Bildung eines neuen Radikals, das sich dann in derselben Weise wieder an ein weiteres Monomermolekül addiert.

Kettenabbruch. Der radikalische Charakter der Kette geht verloren a) durch Addition eines Startradikals an das Kettenende, b) durch Kombination zweier Radikalketten, c) durch H-Abstraktion aus einer anderen Radikalkette, wobei zusätzlich eine neue Alkengruppe entsteht, die Anlass zu einer Kettenverzweigung bilden kann (Fettgedruckt sind die neu gebildeten Bindungen). Formulieren Sie die analoge Disproportionierung zweier Ethyl-Radikale zu Ethan und Ethen!

Addition von R •:

Kombination:

Disproportionierung:

3. Polykondensation (60. Aufgabe)

Hochpolymere Moleküle lassen sich auch durch Kondensationsreaktionen gewinnen. Dabei geht man entweder von zwei unterschiedlichen Monomeren aus, von denen das eine zwei elektrophile Gruppen und das andere zwei nukleophile Gruppen besitzt, oder man verwendet ein Monomer, das eine elektrophile und eine nukleophile Gruppe enthält. Auf diese Weise lassen sich z. B. Polyester mit sehr unterschiedlichen Eigenschaften erzeugen. Welche Ausgangskomponenten müssten Sie für deren Darstellung auswählen?

Ganz besonders wichtig unter den Polykondensaten sind die Polyamide Nylon (Nylon 6.6) und Perlon (Nylon 6). Die Zahlen geben die Anzahl der direkt aufeinander folgenden C-Atome innerhalb einer Periode des Makromoleküls wieder. Die Herstellung von Nylon erfolgt aus Hexamethylendiamin und der wenig reaktiven Adipinsäure bei hohen Temperaturen (> 200 °C) und unter Druck.

Sie führen einen entsprechenden Versuch mit Sebacinsäuredichlorid Cl–CO–$(CH_2)_8$–CO–Cl und Hexamethylendiamin durch. Warum verwenden Sie das Dicarbonsäuredichlorid anstelle der Dicarbonsäure? (siehe 9. Kurstag)

Bei der Synthese von Perlon wird die ε-Aminocapronsäure intermediär beim Erhitzen des entsprechenden cyclischen Säureamids ε-Caprolactam (versuchen Sie das zu formulieren – Siebenring!) in Gegenwart von wenig Wasser gebildet und kondensiert dann anschließend.

Auch bei den Polyamiden Nylon und Perlon bilden die aus sp^3-hybridisierten C-Atomen (CH_2-Einheiten) bestehenden Abschnitte infolge der Begünstigung der anti-Konformation bevorzugt Zickzack-Ketten. Jetzt sind aber in die Polymerkette Carbonsäureamid-Gruppen –CO–NH– direkt eingebaut, die außer dem sp^2-hybridisierten C-Atom auch ein sp^2-hybridisiertes N-Atom enthalten und somit planar gebaut sind. Delokalisierung der π-Elektronen stabilisiert die Säureamidgruppe und schränkt die freie Drehbarkeit um die formale C–N-Einfachbindung ein (siehe mesomere Grenzformeln).

Die Fähigkeit der NH-Gruppierung als „H-Brücken-Donor" und der C=O-Gruppierung als „H-Brücken-Akzeptor" zu fungieren, bewirkt eine Vernetzung der Ketten durch eine

Vielzahl von H-Brücken und bedingt somit die besonderen Eigenschaften der Polyamide. Auch bei diesen ist das Ausmaß der Ausbildung kristalliner Bereiche, wodurch die Eigenschaften entscheidend bestimmt werden, stark von den Herstellungsbedingungen abhängig.

4. Peptide, Proteine (61. bis 63. Aufgabe)

Peptide sind aus Aminosäurebausteinen aufgebaute Polyamide. Übersteigt die Zahl der Aminosäurebausteine in Polypeptiden eine bestimmte Größe (60–100 Aminosäurebausteine), so spricht man von Proteinen. Die planare Säureamidgruppe (= Peptidgruppe) mit ihrer ausgeprägten Fähigkeit zur H-Brückenbindung spielt auch hier eine wichtige Rolle. Im Unterschied zu den künstlichen Polyamiden Nylon und Perlon, bei denen sich eine Kette von 4 bis 6 CH_2-Einheiten zwischen zwei Säureamidgruppen befindet, werden aber in den Peptiden die Amidgruppen nur durch ein tetraedrisches C-Atom, das noch einen Rest R trägt, getrennt. Da 20 verschiedene Aminosäuren mit unterschiedlichen Resten R als Proteinbausteine auftreten, ergibt sich eine schier unendliche Zahl von Kombinationsmöglichkeiten für die Makromoleküle. Durch eine bestimmte Reihenfolge der unterschiedlichen Reste R, der Aminosäuresequenz(= *Primärstruktur*), sind die Eigenschaften eines Proteins und insbesondere sein räumlicher Aufbau genau festgelegt.

Sind die Reste R relativ klein wie bei der Seide (R = H, CH_3 oder CH_2OH), dann liegen die Polypeptidketten parallel nebeneinander und werden durch intermolekulare H-Brücken zwischen Säureamidgruppen zusammengehalten. Die Reste R stehen dann jeweils nach oben oder unten. Auf diese Weise ergibt sich die so genannte *Faltblattstruktur* als Sekundärstruktur.

Eine noch wichtigere *Sekundärstruktur* als die Faltblattstruktur stellt die α-*Helix* dar. Hier sind die ursprünglich linearen Peptid-Ketten zu einer schraubenförmigen Struktur (rechtsgängige Schraube) aufgespult. Die Helixstruktur wird durch intramolekulare H-Brückenbindungen zwischen benachbarten Windungen der Helix parallel zur Helixachse bewirkt. Die Seitenketten R der Aminosäurebausteine weisen dabei nach außen. Zusätzlich zu den H-Brücken treten Quervernetzungen der Helices durch kovalente Bindungen, insbesondere Disulfid-Brücken zwischen Substituenten R, auf. Solche α-Helices findet man im α-Keratin, dem Hauptbestandteil des menschlichen Haares und von Wolle. Diese sind, ebenso wie Seide (Faltblattstruktur), typische Vertreter der wasserunlöslichen Faserproteine (Skleroproteine).

Im Unterschied zu diesen Proteinen mit geordneten Strukturen enthalten die in Wasser kolloidal löslichen Kugelproteine (globuläre Proteine) neben helicalen Bereichen auch ungeordnete Bereiche. Die für ein bestimmtes Protein (bei festgelegter Aminosäuresequenz) charakteristische Raumstruktur (*Tertiärstruktur*) wird durch Wechselwirkungen bzw. Bindungen zwischen einzelnen Resten R der Seitenketten bewirkt. Dadurch treten ganz typische Faltungen dieser nicht-helicalen Bereiche auf. Dabei können die hydrophilen Reste an die kugelförmige Oberfläche gelangen und so mit dem Wasser in Wechselwirkung treten.

Solche Kräfte zwischen den Resten R, die Protein-Tertiärstrukturen stabilisieren, sind

a. hydrophobe Wechselwirkungen zwischen zwei hydrophoben Gruppen (z. B. zwischen zwei Phenylgruppen von zwei Phenylalanin-Bausteinen).

b. H-Brücken (z. B. zwischen einem Serin-(OH) und einem Histidin-Baustein mit dem zweibindigen Stickstoffatom $-N =$ als H-Brückenakzeptor).

c. Ionenpaar-Wechselwirkungen (z. B. zwischen $-NH_3^+$ eines Lysin- und COO^- eines Glutaminsäure-Bausteins).

d. kovalente S–S-Disulfidbindungen (durch Dehydrierung zweier HS-Gruppen von zwei Cystein-Bausteinen).

Die leichte Dehydrierung (= Oxidation) der Thioalkoholgruppe wird bei der Oxidation von Cystein $HS-CH_2-CH(NH_2)-COOH$ zu Cystin deutlich. (62. Aufgabe)

Die für Verbindungen mit mindestens zwei Peptid-Bindungen charakteristische rot bis blauviolette Färbung bei Zugabe von Cu^{2+}-Ionen wird durch Bildung eines Cu-Komplexes verursacht (63. Aufgabe).

Diese Farbreaktion (Biuret-Reaktion) wird zur quantitativen Bestimmung des Proteingehalts durch photometrische Messungen herangezogen.

Welche Bedeutung die Sekundär- und Tertiärstruktur eines Proteins für die physiologischen Eigenschaften dieser Moleküle hat, ist an den zur Gruppe der „Transmissiblen Sporingoformen Enzephalopathien" (TSE) gehörenden Erkrankungen wie BSE oder Creutzfeldt-Jakob-Krankheit zu erkennen. Diese Krankheiten sind dadurch gekennzeichnet, dass ein insbesondere an der Oberfläche von Neuronen vorkommendes natürliches Protein, das als „Prionprotein PrP^C" bezeichnet wird, in eine pathologische Form, das „Prionprotein PrP^{SC}" umgewandelt wird. PrP^{C}und PrP^{SC} unterscheiden sich dabei nicht in der chemischen Zusammensetzung (Primärstruktur), sondern allein in der Sekundär- und Tertiärstruktur. Mit hoher Wahrscheinlichkeit verläuft die Umwandlung von PrP^C in PrP^{SC} autokatalytisch, d. h. einmal gebildetes PrP^{SC} beschleunigt die Reaktion.

Anhang

Einheiten in der Chemie

1. Präfixe für dezimale Vielfache bzw. Bruchteile von Einheiten:

Mega-	(M) 10^6	Dezi-	(d) 10^{-1}	Mikro-	(μ) 10^{-6}
Kilo-	(k) 10^3	Zenti-	(c) 10^{-2}	Nano-	(n) 10^{-9}
Hekto-	(h) 10^2	Milli-	(m) 10^{-3}	Piko-	(p) 10^{-12}

2. Basiseinheiten des Internationalen Einheitssystems (SI):

Bezeichnung	Symbol (Formelzeichen)	Einheit	Einheitszeichen
Länge (Weg, Radius, Wellenlänge)	L (s, r, λ)	Meter	m
Masse	m	Kilogramm	kg
Zeit	t	Sekunde	s
Elektrische Stromstärke	I	Ampère	A
Thermodynamische Temperatur	T	Kelvin	K
Stoffmenge	n	Mol	mol
Lichtstärke	I_v	Candela	cd

3. Veraltete, aber noch anzutreffende Einheiten, die im amtlichen Verkehr teilweise nicht mehr zulässig sind:

Veraltete Einheit	Umrechnung in SI-Einheiten
Länge in Ångström	$1 \text{Å} = 10^{-10}$ m
Temperatur θ (oder t) in Grad Celsius	$\theta/°C = (T/K) - 273,15$
Druck in Torr (mm Hg)	1 Torr = 1,33 mbar = 1,33 hPa
Druck in Atmosphären	1 atm = 1,013 bar = 1013 hPa

G. Hilt, P. Rinze, *Chemisches Praktikum für Mediziner*, Studienbücher Chemie, DOI 10.1007/978-3-658-00411-8, © Springer Fachmedien Wiesbaden 2015

Veraltete Einheit	Umrechnung in SI-Einheiten
Elektronenvolt	$1\,eV = 1{,}602 \cdot 10^{-19}\,J$
Energie in Kalorien	$1\,cal = 4{,}18\,J$
Mohr'scher Liter (20 °C, Wasser)	$1{,}0028\,l$

4. Abgeleitete SI-Einheiten:

Bezeichnung	Symbol (Formelzeichen)	Einheit	Einheitszeichen
Fläche	$A = l^2$	–	m^2
Volumen	$V = l^3$	–	m^3 ($10^{-3}\,m^3 = 1\,l$)
Dichte	$\rho = m/V$	–	kg/m^3 (g/cm^3)
Geschwindigkeit	$v = s/t$	–	m/s
Beschleunigung	$a = v/t$	–	m/s^2
Kraft, mechanische	$F = m \cdot a$	Newton	$1\,N = 1\,kg \cdot m/s^2$
Druck	$p = F/A$	Pascal	$1\,Pa = 1\,N/m^2$
Frequenz	$f\,(od.v) = 1/t$	Hertz	$1\,Hz = 1/s$
Energie	–	–	–
Mechanische Arbeit	$W = F \cdot s$	Joule	$1\,J = 1\,N \cdot m$
Kinetische Energie	$E = (1/2) \cdot m \cdot v^2$	Joule	$1\,J = 1\,kg \cdot m^2/s^2$
Potentielle Energie	$E = m \cdot g \cdot h$	Joule	$1\,J = 1\,kg \cdot m^2/s^2$
Elektrische Arbeit	$W = I \cdot U \cdot t$	Joule	$1\,J = 1\,W \cdot s$
Wärmemenge	$W\,(auch\,Q)$	Joule	$1\,J = 1\,W \cdot s$
Leistung	$P = W/t$	Watt	$1\,W = 1\,J/s$
Elektrische Ladung	$Q = I \cdot t$	Coulomb	$1\,C = 1\,A \cdot s$
Elektrische Spannung	$U = W/Q$	Volt	$1\,V = 1\,W/A$
Elektrische Kapazität	$C = Q/U$	Farad	$1\,F = 1\,C/V$
Elektrische Leistung	$P = I \cdot U$	Watt	$1\,W = 1\,V \cdot A$
Stoffmengenkonzentration	$c = n/V_{ges}$	(Molarität)	$c = 1\,mol/m^3$ bzw.(**1 mol/l**)
Molare Masse	$M_m = m/n$	(M)	kg/mol (**g/mol**)

Physikalische Konstanten

Konstante	Zeichen	Wert
Avogadro-Konstante („Loschmidtsche Zahl")	N_A oder L	$6{,}0221367 \cdot 10^{23}/mol$
Plancksche Konstante	h	$6{,}6260755 \cdot 10^{-34}\,J \cdot s$
Elektrische Elementarladung	e	$1{,}60217733 \cdot 10^{-19}\,C$

Konstante	Zeichen	Wert
Elektrische Feldkonstante (Permittivität des Vakuums)	ε_0	$8,854187816 \cdot 10^{-12}$ F/m
Gaskonstante	R	$8,314510$ J/(mol·K)
Norm-Schwerebeschleunigung	g_n	$9,80665$ m/s^2
Faraday-Konstante	$F = N_A \cdot e$	$9,6485309 \cdot 10^4$ C/mol
Lichtgeschwindigkeit im Vakuum	c_0	299792458 m/s
Molvolumen eines Idealen Gases bei 273,15 K und 1013,25 hPa	V_0	$22,41383$ l/mol

Siedepunkte (Sdp. angegeben als θ_b in °C) und relative Dielektrizitätskonstanten (= Permittivitätszahl)* ε_r einiger Lösungsmittel

Stoff	Sdp. $(\theta_b/°C)$	ε_r
Aceton	56,2	20,7
Benzol	80,1	2,27
Cyclohexan	80,7	2,02
Diethylether	34,5	4,34 (20 °C)
Essigsäure	117,9	6,15 (20 °C)
Essigsäureethylester	77,1	6,02
Ethan-1,2-diol	197	37,7
Ethanol	78,2	24,3
Toluol	110,6	2,38
Wasser	100,0	78,54

* Das Produkt von Permittivitätszahl ε_r und elektrischer Feldkonstante ε_0 liefert die Permittivität (veraltet: Dielektrizitätskonstante) des jeweiligen Stoffes: $\varepsilon = \varepsilon_r \cdot \varepsilon_0$ (SI-Einheit der Permittivität ε: F/m). Die angegebenen Werte gelten für 25 °C. Die Wechselwirkung zwischen geladenen Teilchen (Ionen) untereinander sind in einem Medium umso geringer, je größer ε_r des Mediums ist

Säurekonstanten anorganischer und organischer Säuren

In wässriger Lösung bei 298 K, angegeben als $pK_S = -\log K_S$ (Die entsprechenden Basenkonstanten der konjugierten Basen werden nach $pK_S + pK_B = 14$ berechnet).

HB $\leftrightarrows$ H$^+$ + B$^-$		pK_S
HCO_2H	(Ameisensäure)	3,75 (293 K)
CH_3CO_2H	(Essigsäure)	4,75

$HB \leftrightarrows H^+ + B^-$		pK_S
$CH_3CH_2CO_2H$	(Propionsäure)	4,87
$CH_3CH_2CH_2CO_2H$	(Buttersäure)	4,81 (293 K)
$C_6H_5CO_2H$	(Benzoesäure)	4,19
CCl_3CO_2H	(Trichloressigsäure)	0,7
HO_2CCO_2H	(Oxalsäure)	1,42
$^-O_2CCO_2H$	(Hydrogenoxalat)	4,21
C_6H_5OH	(Phenol)	9,89
CO_2 eff.	(Kohlendioxid)	6,52
H_2CO_3	(Kohlensäure)	3,3
HCO_3^-	(Hydrogencarbonat)	10,4
HCl	(Chlorwasserstoffsäure)	ca. − 3
HBr	(Bromwasserstoffsäure)	ca. − 6
HI	(Iodwasserstoffsäure)	ca. − 8
$HOCl$	(Unterchlorige Säure)	7,25
$HClO_4$	(Perchlorsäure)	ca. − 9
H_2SO_4	(Schwefelsäure)	ca. − 3
HSO_4^-	(Hydrogensulfat)	1,92
H_2S	(Schwefelwasserstoff)	6,9
HS^-	(Hydrogensulfid)	12,9
H_2O	(Wasser)	15,74
H_3BO_3	(Borsäure)	9,24
H_4SiO_4	(Kieselsäure)	ca. 10
NH_4^+	(AmmoniumKation)	9,25
HNO_3	(Salpetersäure)	1,32
H_3PO_4	(Phosphorsäure)	1,96
$H_2PO_4^-$	(Dihydrogenphosphat)	7,12
HPO_4^{2-}	(Hydrogenphosphat)	12,32
$HOC(CH_2CO_2H)_2CO_2H$	(Zitronensäure) = H_3B	3,14 (291 K)
–	= H_2B^-	4,77 (291 K)
–	= HB^{2-}	6,39 (291 K)
H_4EDTA	(Ethylendiamintetraessigsäure)	2,0
H_3EDTA^-	–	2,77
H_2EDTA^{2-}	–	6,16
$HEDTA^{3-}$	–	10,26

Ausgewählte Standard-Reduktionspotentiale

System $(Ox + n\ e^-$	$\leftrightharpoons$	$Red)$	$E°/V$
$Na^+ + e^-$	$\leftrightharpoons$	Na	$-2{,}71$
$Zn^{2+} + 2\ e^-$	$\leftrightharpoons$	Zn	$-0{,}76$
$Fe^{2+} + 2\ e^-$	$\leftrightharpoons$	Fe	$-0{,}44$
$Pb^{2+} + 2\ e^-$	$\leftrightharpoons$	Pb	$-0{,}12$
$2\ H^+ + 2\ e^-$	$\leftrightharpoons$	H_2	$\pm0{,}00$
$S_4O_6^{2-} + 2\ e^-$	$\leftrightharpoons$	$2\ S_2O_3^{2-}$	$+0{,}09$
$Cu^{2+} + 2\ e^-$	$\leftrightharpoons$	Cu	$+0{,}35$
$I_2 + 2\ e^-$	$\leftrightharpoons$	$2\ I^-$	$+0{,}535$
$MnO_4^- + 2\ H_2O + 3\ e^-$	$\leftrightharpoons$	$MnO_2 + 4\ HO^-$	$+0{,}59$
$BrO_3^- + 3\ H_2O + 6\ e^-$	$\leftrightharpoons$	$Br^- + 6\ HO^-$	$+0{,}61$
$O_2 + 2\ H^+ + 2\ e^-$	$\leftrightharpoons$	H_2O_2	$+0{,}68$
$C_6H_4O_2{}^a + 2\ H^+ + 2\ e^-$	$\leftrightharpoons$	$C_6H_4(OH)_2{}^b$	$+0{,}70$
$Ag^+ + e^-$	$\leftrightharpoons$	Ag	$+0{,}81$
$Cl_2 + 2\ e^-$	$\leftrightharpoons$	$2\ Cl^-$	$+1{,}36$
$Au^{3+} + 3\ e^-$	$\leftrightharpoons$	Au	$+1{,}42$
$BrO_3^- + 6\ H^+ + 6\ e^-$	$\leftrightharpoons$	$Br^- + 3\ H_2O$	$+1{,}42$
$MnO_4^- + 8\ H^+ + 5\ e^-$	$\leftrightharpoons$	$Mn^{2+} + 4\ H_2O$	$+1{,}49$
$ClOH + H^+ + e^-$	$\leftrightharpoons$	$½\ Cl_2 + H_2O$	$+1{,}63$
$MnO_4^- + 4\ H^+ + 3\ e^-$	$\leftrightharpoons$	$MnO_2 + 2\ H_2O$	$+1{,}68$
$H_2O_2 + 2\ H^+ + 2\ e^-$	$\leftrightharpoons$	$2\ H_2O$	$+1{,}78$

Standardbedingungen: $T = 298{,}15$ K, $p = 1013{,}25$ hPa, $c = 1$ mol/l
[a] p-Benzochinon
[b] Hydrochinon

Mittlere Bindungsabstände und mittlere Bindungsenergien

Bindung	Abstand/pm	Bindungsenergie[a]/kJ mol^{-1}
H–H	74	435
C–H	109	414
N–H (in NH_3)	101	389
O–H	96	463
F–H	92	565
Cl–H	127	431

Bindung	Abstand/pm	Bindungsenergie[a]/kJ mol^{-1}
Br–H	141	364
I–H	161	297
C–C	154 (beide sp^3)	347
C–C	146 (beide sp^2)	347
C–C	138 (beide sp)	347
C=C	132	619
C≡C	118	812
N–N	145	159
O–O	148	138
S–S	205 (in RS-SR)	213
F–F	142	155
Cl–Cl	199	243
Br–Br	228	193
I–I	267	151
C–N	147	293
C–O	143	335
C–Cl	179	326
C–Br	195	285
C–I	214	213
C=N	128	616
C=O	122	707
C≡N	114	879
N≡N	110	941
S–H	133 (in H$_2$S)	339
S–C	182	272

[a] Alle Reaktanden und Produkte befinden sich im Gaszustand

Übungsaufgaben

Die folgenden Übungsaufgaben sind nach den Stoffinhalten der Kurs geordnet. Sie entsprechen im Schwierigkeitsgrad und der Art der Fragestellung möglichen Fragen bei schriftlichen Leistungskontrollen. Auf die Frageform der „multiple choice"-Aufgaben wird verzichtet, da diese Art der Fragestellung wenig geeignet ist, naturwissenschaftliche Inhalte zu erkennen und einzuüben.

Ergebnisse der Aufgaben werden nicht beigefügt, da diese Übungsaufgaben auch zu Gesprächen zwischen den Studierenden und den Dozenten bzw. Praktikumsbetreuern anregen sollen.

Allgemeines Was bedeutet der Begriff „Elektronegativität" eines chemischen Elements? Welches Element in den angegebenen Elementpaaren besitzt jeweils die höhere Elektronegativität (ankreuzen)?

K, Ca/F, Cl/Na, Al/O, S/C, N

Wie viel g Stickstoff sind in 20,5 l Luft (78,1 Vol% N_2) bei 273 K und 1013 hPa (= 1 atm = 760 mm Hg) enthalten? M(N) = 14

Ordnen Sie den folgenden 5 reinen Stoffen die Aggregatzustände „fest", „flüssig" und „gasförmig" zu (bei Raumtemperatur).

1) Ammoniumchlorid 2) Iod 3) Brom 4)Ammoniak 5) Schwefelsäure

Definieren Sie die Einheit der Stoffmenge. Wie heißt sie?

Wie viel Sauerstoffmoleküle sind in 32 g Sauerstoff (O_2) enthalten?

$$\left[M\left(O\right) = 16; N_A = 6,022 \cdot 10^{23} \right]$$

1. Kurstag

Wie lautet die allgemeine Definition einer Säure und einer Base

a) nach dem Vorschlag von Brönsted, b) nach dem erweiterten Vorschlag von Lewis?

Welche der unten aufgeführten Moleküle bzw. Ionen stehen über eine Säure/Base-Reaktion miteinander im Gleichgewicht (fünf Gleichgewichte)?

$$HF, HSO_3^-, HClO_3, H_2O, HPO_4^{2-}, F^-, HO^-, H_2PO_4^-, HCO_3^-, SO_3^{2-}; CO_2$$

20 ml einer wässrigen Natriumhydroxidlösung („Natronlauge") unbekannten Gehalts werden mit einer 0,1 molaren wässrigen H_2SO_4-Lösung titriert. Dabei ergibt sich, dass 9,5 ml der H_2SO_4-Lösung äquivalent zur Menge der NaOH sind.

a. Wie groß ist die Molarität der NaOH-Lösung?

b. Wie viel ml der obigen NaOH-Lösung werden benötigt, um 5 ml einer genau 0,1 molaren HCl-Lösung zu neutralisieren?

Eine 20 ml-Probe einer wässrigen Schwefelsäurelösung unbekannten Gehalts ist zu analysieren. Dazu wird die Probe auf 100 ml verdünnt. Von der so erhaltenen Lösung werden jeweils 20 ml mit einer 0,1 molaren NaOH-Lösung mit dem Faktor f = 0,9975 titriert. Dabei ergibt sich ein mittlerer Verbrauch von 11,2 ml NaOH-Lösung. Berechnen Sie die Stoffmenge an Schwefelsäure in der ursprünglichen Probe!

1 kg einer 30 %igen wässrigen H_2SO_4-Lösung wird mit Wasser auf 3 l Lösungsvolumen verdünnt. Berechnen Sie die Molarität der entstandenen Lösung!

$$[M(H) = 1; M(O) = 16; M(S) = 32]$$

Der pH-Wert einer 1 molaren wässrigen Lösung einer schwachen Säure beträgt pH = 3,8. Berechnen Sie näherungsweise die Säurekonstante dieser Säure!

Eine wässrige Essigsäure-Lösung ist bei 298 K zu 0,3 % protolysiert. Berechnen Sie die molare Konzentration der Essigsäure! $[K_S = 1,78 \cdot 10^{-5}$ mol/l$]$.

Eine wässrige Lösung weist bei 310 K (37 °C) einen pH-Wert von 6,9 auf. Reagiert diese Lösung sauer oder basisch? (Begründung!)

$[K_W (298\ K) = 1,0 \cdot 10^{-14}$ mol²/l² $K_W (310\ K) = 2,42 \cdot 10^{-14}$ mol²/l²$]$

2. Kurstag

Berechnen Sie den pH-Wert in einer Lösung, die entsteht, wenn Sie 10 ml 0,1 molare wässrige HCl-Lösung zu einer Lösung geben, die jeweils 0,006 mol Essigsäure ($pK_S = 4,75$) und Natriumacetat enthält!

Eine Lösung von 60 g NaOH in Wasser wird mit 2 l einer 2 molaren Essigsäurelösung versetzt. Berechnen Sie den pH-Wert der so erhaltenen Pufferlösung!

$[M(Na) = 23, pK_S(\text{Essigsäure}) = 4,75]$

Formulieren Sie das Massenwirkungsgesetz für die folgende Reaktion:

$$NH_3 + H_2O \rightleftharpoons NH_4^+ + HO^-$$

Wie groß ist der pK_S-Wert der Säure „Ammonium-Kation", wenn der pH-Wert einer 1 molaren NH_4Cl-Lösung 4,63 beträgt? Welchen Wert besitzt die Basenkonstante K_B der Base Ammoniak?

Sie müssen eine Lösung von NH_3 (pK_S der korrespondierenden Säure $NH_4^+ = 9,25$) mit HCl titrieren. Ihnen stehen als Indikatoren Methylorange ($pK_S = 3,5$) und Phenolphtalein ($pK_S = 9$) zur Verfügung. Welchen dieser Indikatoren müssen Sie benutzen? Begründen Sie dieses!

In welchem molaren Verhältnis muss man eine schwache Säure mit dem pK_S-Wert 6,5 und ihre korrespondierende Base mischen, um einen Puffer zu erhalten, dessen pH-Wert X beträgt?

a) X = 6,5; b) X = 7,5; c) X = 5,5; d) X = 6,0

Welche Konstante gibt Ihnen konzentrationsunabhängig Auskunft über die „Stärke" einer einprotonigen Säure?

Beschreiben Sie ein einfaches Experiment zur Bestimmung dieser Konstante. Für dieses Experiment stehen Ihnen zur Verfügung:

Die entsprechende Säure in einer 1 molaren wässrigen Lösung, eine 1 molare wässrige NaOH-Lösung, eine Bürette sowie ein pH-Messinstrument.

Sie benötigen für ein Experiment eine Pufferlösung mit dem pH-Wert 7,0. Ihnen stehen folgende Substanzen zur Verfügung:

1 molare wässrige Natronlauge, NaOH (M = 40), 1 molare wässrige Essigsäurelösung, CH_3CO_2H (M = 60), 1 molare wässrige Ammoniaklösung, NH_3 (M = 17), festes Kaliumdihydrogenphosphat, KH_2PO_4 (M = 136) und entsalztes Wasser.

Die pK_S-Werte betragen für Essigsäure 4,75, Ammonium (NH_4^+) 9,25 und Dihydrogenphosphat ($H_2PO_4^-$) 7,12.

Welche Stoffe müssen Sie in welchem Mengenverhältnis (g bzw. l) zusammengeben, um 1 l einer Pufferlösung (pH = 7,0) herzustellen, die 0,5 mol Base enthält?

3. Kurstag

Sie geben auf einen mit Protonen beladenen Kationenaustauscher 100 g einer 1%igen wässrigen Lösung eines Ihnen nicht bekannten Erdalkalikations (Ca^{2+} oder Mg^{2+}).

Nach dem Eluieren mit H_2O ergibt die Titration der im Eluat vorhandenen äquivalenten Menge an Protonen einen Verbrauch von 50 ml 1 molarer wässriger NaOH-Lösung. Um welches Erdalkali-Kation hat es sich gehandelt? (Gang der Rechnung!) [M(Ca) = 40; M(Mg) = 24]

Calciumoxalat (CaC_2O_4) (pL = 8,08, L = 8,32 · 10^{-9} mol^2/l^2) ist als schwer lösliche Verbindung Bestandteil von Nierensteinen. Der normale „Calciumspiegel" (die Konzentration des Calciums) im Harn beträgt 3,8 · 10^{-3} mol/l.

a. Welche Oxalatkonzentration darf im Falle des thermodynamischen Gleichgewichts nicht überschritten werden, wenn die Bildung von Oxalatsteinen (Nephrolithiasis) vermieden werden soll? (Gang der Rechnung!)
b. Eine geringe Überschreitung dieses Wertes führt beim Menschen nicht automatisch zur Steinbildung. Wie erklären Sie dieses?

Das Löslichkeitsprodukt von Calciumoxalat (CaC_2O_4) beträgt 8,3 · 10^{-9} mol^2/l^2. In welcher der aufgeführten Säuren b, c, d (jeweils 1 molare wässrige Lösungen) können Sie diesen Feststoff auflösen? Begründen Sie dies anhand einer Reaktionsgleichung für den Auflösungsvorgang!

$$a) \quad HC_2O_4^- + H_2O \;\rightleftharpoons\; C_2O_4^{2-} + H_3O^+ \quad pK_S = 4,21$$

$$b) \quad CH_3CO_2H + H_2O \;\rightleftharpoons\; CH_3CO_2^- + H_3O^+ \quad pK_S = 4,75$$

$$c) \quad HCl + H_2O \;\rightleftharpoons\; Cl^- + H_3O^+ \quad pK_S = -3$$

$$d) \quad NH_4^+ + H_2O \;\rightleftharpoons\; NH_3 + H_3O^+ \quad pK_S = 9,25$$

Skizzieren Sie das Prinzip eines Ionenaustauschers am Beispiel eines Kationenaustauschers. Welches der beiden Kationen Na^+ oder Ca^{2+} besitzt eine höhere Affinität zum Austauscher?

Das Löslichkeitsprodukt von CaC_2O_4, Calciumoxalat, beträgt $L = 2 \cdot 10^{-9}$ mol²/l². Wie viel g dieses Stoffes befinden sich in 2 l einer gesättigten Lösung?

4. Kurstag

Formulieren Sie die Reaktionsgleichung für die Bildung von Komplexen, die bei der Reaktion von Ammoniak mit

a) **Kupfersulfat**, b) **Silberchlorid** entstehen!

Beschreiben Sie die Wirkungsweise eines „Metallindikators" bei der Komplexometrie anhand von Reaktionsgleichungen!

Muss bei komplexometrischen Titrationen mit H_2EDTA^{2-} die Komplexbildungskonstante des Metall-EDTA-Komplexes größer oder kleiner sein als die des Indikatorkomplexes?

Welche der nachstehend aufgeführten Liganden können bei Komplexbildung als Chelatliganden fungieren?

a) $|O{\equiv}C|$ b) $|N{\equiv}C|^-$ c) $H_2\bar{N}-CH_2-CH_2-\bar{N}H_2$

d) $\bar{N}H_3$ e) [Struktur Oxalat-Ion]

Beantworten Sie zu der durch die Reaktionsgleichung beschriebenen Komplexbildungsreaktion die folgenden Fragen:

$$Ca^{2+} + H_2EDTA^{2-} \rightleftharpoons Ca(EDTA)^{2-} + 2H^+$$

a. Welche Koordinationszahl besitzt das Calciumion im Komplexanion?
b. Welche Oxidationszahl weist Calcium im Komplexanion auf?
c. Muss ein hoher oder ein niedriger pH-Wert vorliegen, wenn das Gleichgewicht der Komplexbildung möglichst vollständig auf der Seite des Chelatkomplexes liegen soll?

Welche mathematische Beziehung besteht zwischen der Komplexbildungs- und der Komplexzerfallskonstante einer Komplexverbindung?

Nennen Sie zwei wichtige Naturstoffe, deren aktive Zentren Chelatkomplexe sind!

5. Kurstag

Zur iodometrischen Bestimmung von H_2O_2 geben Sie 2 g KI, Kaliumiodid, in eine wässrige H_2O_2-haltige Probelösung und säuern diese mit 5 ml 2 molarer HCl an.

Nach erfolgter Reaktion titrieren Sie die Probe mit einer 0,1 molaren $S_2O_3^{2-}$Lösung (Indikator: Stärke). Sie messen einen Verbrauch von 20,0 ml dieser Lösung bis zum Äquivalenzpunkt. Stellen Sie die Reaktionsgleichungen auf, und berechnen Sie die in der Probe enthaltene Menge an H_2O_2 in mg! [M(H) = 1; M(O) = 16]

Klassifizieren Sie die nachfolgenden chemischen Reaktionen entweder als Säure-Base-Reaktion oder als Redoxreaktion!

$$
\begin{array}{lrcl}
a) & Al^{3+} + 4Cl^- & \rightleftharpoons & \left[AlCl_4\right]^- \\
b) & CO_2 + H_2O & \rightleftharpoons & H_2CO_3 \\
c) & BrO_3^- + 5Br^- + 6H^+ & \rightleftharpoons & 3Br_2 + 3H_2O \\
d) & 2Fe + 3Cl_2 & \rightleftharpoons & 2FeCl_3 \\
e) & Zn + 2AgCl & \rightleftharpoons & 2Ag + Zn^{2+} + 2Cl^-
\end{array}
$$

Berechnen Sie mit Hilfe der Nernstschen Gleichung den pH-Wert einer Lösung, die je ein mol Hydrochinon, $HO-C_6H_4-OH$ und 1 mol p-Benzochinon, $C_6H_4O_2$ (vgl. 5. Kurstag, Abschn. 5.2) im Liter enthält und das elektrochemische Potential E = 0,64 V aufweist!

Nernstsche Gleichung:

$$
E = E^0 + \frac{R \cdot T}{n \cdot F} \cdot \ln \frac{c(Ox)}{c(Red)}
$$

Berechnen Sie die Oxidationszahlen der Elemente in folgenden Verbindungen bzw. Ionen:
a) BrO_3^- b) Br^- c) $HOCl$ d) K_2SO_4 e) SO_3^{2-} f) $S_4O_6^{2-}$ g) SO_2 h) H_2O i) MnO_4^- j) I_2

Zur Bestimmung von Thioglykolsäure ($HS-CH_2-CO_2H$) geben Sie 10,0 ml einer 1 molaren KI_3-Lösung ($KI_3 = KI + I_2$) in die Probe. Nach erfolgter Reaktion (Gleichung!) titrieren Sie die verbliebene Iodmenge mit Thiosulfat und Stärke als Indikator. Sie messen einen Verbrauch von 7,80 ml der 1 molaren $S_2O_3^{2-}$Lösung.

Berechnen Sie die molare Menge von Thioglykolsäure in der Probe!

Berechnen Sie die Oxidationszahlen der Elemente in den folgenden Molekülen bzw. Ionen:

$$N_2O; \ HNO_3; \ NO_2^-; \ H_2N-NH_2; \ NH_3; \ S_4O_6^{2-}; \ Na_2S_2O_3; \ SO_3; \ S_8; \ H_2SO_4$$

Sie messen bei Normalbedingungen (Temperatur, Druck) das Redox-Potential eines galvanischen Halbelementes, bestehend aus einem Silberstab (Durchmesser 3 mm, Eintauchtiefe 50 mm) in einer 1 molaren $AgNO_3$-Lösung gegenüber einer Normal-Wasserstoff-Elektrode [E°(Ag/Ag$^+$) = +0,8 V].

Welchen Betrag in Volt messen Sie? Wird sich theoretisch dieser Spannungswert ändern (und ggf. auf welche Weise, d. h. ansteigen oder geringer werden), wenn Sie statt des Silberstabes ein Silberblech der Stärke 0,1 mm und der eintauchenden Abmessung 100 mm. 100 mm als Elektrode benutzen?

Wird sich theoretisch dieser Spannungswert ändern (und ggf. auf welche Weise, d. h. ansteigen oder geringer werden), wenn Sie die Lösung mit Natriumchlorid, NaCl, versetzen? [pL(AgCl) = 9,96]

Vervollständigen Sie (stöchiometrisch richtig) die folgende Redox-Gleichung und stellen Sie die Teilgleichungen für den Reduktions- und Oxidationsvorgang auf!

Ist das Redox-Potential des Systems p-Benzochinon/Hydrochinon (Halbreaktion) pH-abhängig?

6. Kurstag

Schreiben Sie die Formeln von Verbindungen oder Ionen auf, auf die jeweils eine der folgenden Eigenschaften zutrifft:

a) hydrophob, b) hydrophil, c) chiral, d) elektrophil, e) nucleophil!

Formulieren Sie die Gleichungen für die Umsetzungen von a) 3-Brompentan, b) 1-Brompentan mit Natriumiodid in Aceton. Welche der beiden Reaktionen läuft schneller ab?

Um welchen Reaktionstyp handelt es sich?

3-Methyl-3-pentanol und 3-Methyl-2-pentanol reagieren mit Lukas-Reagenz (H_2Zn-Cl_4) unterschiedlich schnell. Welcher der beiden Alkohole reagiert schneller und warum? Schreiben Sie die für die Reaktionsgeschwindigkeit entscheidende Zwischenstufe auf.

Bei der Hydrolyse eines der beiden Enantiomeren von 2-Chlorbutan ist ein Racemat des Produkts (welches?) entstanden. Nach welchem Mechanismus ist die Reaktion abgelaufen?

Die Molmassen der folgenden Verbindungen sind vergleichbar: a) 1-Aminopropan, b) Butan, c) Essigsäure, d) 1-Propanol. Trotzdem unterscheiden sich ihre Siedepunkte beträchtlich. Ordnen Sie die Verbindungen nach steigenden Siedepunkten und diskutieren Sie die Ursachen. (Formeln!)

7. Kurstag

Formulieren Sie die Hydrolyse von Benzoesäuremethylester mit Natronlauge (Formeln für die einzelnen Schritte – Benzoesäure = C_6H_5–COOH)!

Schreiben Sie die mesomeren Grenzformeln für die protonierte Form von Pentansäure, die protonierte Form von Butansäureethylester und das Anion der Propionsäure auf!

Propansäure soll mit Methanol verestert werden. Unter welchen Bedingungen müssen Sie arbeiten? Formulieren Sie den Reaktionsablauf in seinen Einzelschritten!

Zeichnen Sie ein Reaktionsdiagramm für die Umsetzungen von 1-Brombutan mit Natriumiodid! Welchen entscheidenden Unterschied weist das Reaktionsdiagramm der entsprechenden Reaktion mit 2-Brombutan auf?

Was versteht man unter a) einer Reaktion 2. Ordnung b) einer Reaktion 1. Ordnung c) einer Reaktion pseudo-erster Ordnung?

8. Kurstag

Geben Sie die Produkte der folgenden Reaktionen an (Reaktionsgleichungen!) a) Cyclopentanon und Hydroxylamin, b) Pentanal und Phenylhydrazin, c) Methylphenylketon und Semicarbazid.

Die Verbindung $CH_3-CH(OC_2H_5)_2$ wird mit Wasser in Gegenwart von Säure als Katalysator umgesetzt. Welche Produkte entstehen? Geben Sie Namen und Formeln derselben an und versuchen Sie, den Reaktionsmechanismus zu formulieren.

Formulieren Sie die Keto-Enol-Tautomerie für 2,4-Hexandion und 1,3-Cyclohexandion. Bei welcher der beiden Verbindungen ist die Enolform stärker begünstigt und warum? (vgl. Ursachen der Keto-Enol-Tautomerie).

Die Verbindung $C_6H_5-CH(OH)-CH_2-COOH$ wird oxidiert. Welche Produkte werden gebildet? Formulieren Sie den Prozess!

Cyclohexanon gehört zu den CH-aciden Verbindungen. Mit welchen Formeln lässt sich das daraus gebildete Anion beschreiben?

9. Kurstag

Geben Sie vier Derivate der Propionsäure (= Propansäure) an und ordnen Sie diese nach abnehmender Reaktivität (Formeln!)

Gegeben sind drei Aminosäuren $R-CH(NH_2)-COOH$: Glycin (R=H), Alanin (R=CH_3) und Lysin (R=$-CH_2-CH_2-H_2-CH_2-NH_2$). Schreiben Sie die Strukturformeln der Verbindungen auf, als die die drei Aminosäuren unter sauren Bedingungen (pH ca. 2) vorliegen!

In welcher Reihenfolge wandern diese drei Aminosäuren bei der dünnschichtchromatographischen Trennung (Fließmittel: Butanol/Eisessig/Wasser 4:1:1) unter diesen Bedingungen?

Bei pH 6 liegt ein Gemisch der beiden Aminosäuren Alanin $CH_3-CH(NH_2)-COOH$ und Glutaminsäure $HOOC-CH_2-CH_2-CH(NH_2)-COOH$ vor.

Schreiben Sie jeweils die Form auf (Formeln!), in der die Verbindungen bei diesem pH-Wert hauptsächlich vorliegen! Welches ist die überwiegend vorliegende Form der beiden Aminosäuren, wenn der pH-Wert auf 10 erhöht wird?

Welches Produkt erwarten Sie bei der Umsetzung von Benzolsulfonsäurechlorid ($C_6H_5-SO_2-Cl$) mit 1-Propanol? (Reaktionsgleichung!)

Wie könnte man ein gemischtes Anhydrid von Essigsäure und Propionsäure herstellen? Reaktionsgleichung!

10. Kurstag

Geben Sie zunächst die allgemeine Formel für eine Ketopentose an! Wie viele isomere Ketopentosen gibt es? (Mögliche ringförmige Halbketal-Formen sollen nicht berücksichtigt werden). Schreiben Sie für alle die Formeln in der üblichen Schreibweise (Fischer-Projektion!) auf!

Von der 2,3-Dichlorbutansäure CH_3–CHClCHClCOOH gibt es vier Stereoisomere. Zeichnen Sie die Strukturformeln der vier Formen auf und geben Sie die stereochemische Beziehungen der Formen untereinander an (enantiomer oder diastereomer)!

Wie lautet die Summenformel des Disaccharids Rohrzucker (= Saccharose).

Aus welchen Grundbausteinen (Monosacchariden) sind aufgebaut: die Disaccharide A Maltose, B Saccharose, C Cellobiose die Polysaccharide, D Amylose (= ein Bestandteil der Stärke), E Cellulose.

Geben Sie zu A-E die Namen der Grundbausteine an.

In der D-Allose (Aldohexose) ist an allen vier chiralen C-Atomen die D-Konfiguration realisiert. Schreiben Sie zunächst die Strukturformel der Aldehydform auf. Formulieren Sie dann die beiden möglichen Pyranose-Halbacetalformen unter Berücksichtigung der Stereochemie.

Schreiben Sie die Formel einer L-Aldopentose (Aldehydform) auf. Formulieren Sie dazu a) das entsprechende Enantiomere b) ein Diastereomeres.

11. Kurstag

Schreiben Sie die Formeln von 1,6-Hexandisäure und 1,6-Diaminohexan auf. Welches wichtige Produkt wird aus diesen beiden Verbindungen hergestellt? Zeichnen Sie einen kleinen Ausschnitt aus diesem Produkt, aus dem hervorgeht, in welcher Weise die beiden Edukte miteinander reagieren!

Aus den Aminosäuren R–CH(NH_2)COOH Alanin (R = CH_3), Glycin (R = H) und Methionin (R = CH_2–CH_2–S–CH_3) soll ein Tripeptid gebildet werden, in dem Methionin N-terminal und Alanin C-terminal stehen soll. Schreiben Sie die Formel des Tripeptids auf!

Geben Sie Namen und Formeln zweier Verbindungen an, die durch radikalische Polymerisation leicht (bei Normaldruck) in Polymere überführt werden können!

Welche Substanzen kann man als Polymerisationsstarter benutzen (1 Beispiel)? Formulieren Sie die Startreaktion!

Geben Sie Namen und Formeln von drei Fettsäuren an, die am Aufbau von Fetten beteiligt sind!

Das Reaktionsverhalten von Radikalen bestimmt die Kettenabbruchreaktionen von radikalischen Polymerisationsreaktionen. Welche Reaktionen können zum Verlust des Radikalcharakters von 1-Butyl-Radikalen führen (bitte formulieren!)?

Der Umgang mit Gefahrstoffen

Im medizinischen Alltag wird mit einer Vielzahl von Stoffen und Stoffgemischen bzw. Lösungen („Zubereitungen") umgegangen, die aufgrund toxikologischer, bakteriologischer, chemischer oder physikalischer Eigenschaften als **Gefahrstoffe** zu bezeichnen sind.

Zu den Lernzielen eines Chemischen Praktikums gehört nicht zuletzt der sichere und ordnungsgemäße Umgang mit Gefahrstoffen.

Dieser Umgang ist durch eine Vielzahl von Verordnungen und Richtlinien der Europäischen Gemeinschaften, Gesetzen, Verordnungen, Satzungen und Regeln geordnet. Verstöße gegen die Gesetze sind strafbewehrt.

Im Dezember 2006 hat die Europäische Gemeinschaft die **REACH**[1]**-Verordnung** beschlossen, die am 1.7.2007 in allen Mitgliedsstaaten als unmittelbar geltendes Recht in Kraft getreten ist.

Für den Umgang mit Gefahrstoffen ebenso bedeutsam ist das **GHS**[2] der Vereinten Nationen zur Einstufung und Kennzeichnung von Chemikalien sowie deren Sicherheitsdatenblätter, das zusammen mit REACH eingeführt wurde.

In diesem Zusammenhang wurden neue Gefahrenbezeichnungen und Piktogramme eingeführt, wie z. B. eins für „krebserregend" und eins für das bisherige Andreaskreuz („gesundheitsschädlich" oder „reizend"). Es sind rotumrandete Rauten mit schwarzem Symbol auf weißem Grund:

Die bis dahin gültigen Symbole auf orangegelbem Grund wurden mit der Einführung des neuen Systems in der EU durch diese neuen Symbole ersetzt. In vielen Sicherheitsdatenblättern sind neben den neuen Einstufungen auch noch die alten Hinweise mit den R- und S-Sätzen aufgeführt.

Eine wichtige Aufgabe für Ärztinnen und Ärzte ist es, in der eigenen Praxis als „**Arbeitgeber**" diese Vorschriften einzuhalten bzw. deren Einhaltung durch die „**Arbeitnehmer**" zu überwachen. In Krankenhäusern, Polikliniken usw. nimmt die Leitung die Aufgaben des „Arbeitgebers" wahr. Es darf darüber jedoch nicht vergessen werden, **dass jede und jeder Verantwortung für die Angelegenheiten trägt, die von ihr oder ihm maßgeblich beeinflusst werden.**

---

[1] Registrierung, Evaluierung und Autorisierung von Chemikalien

[2] Globally Harmonised System (zur Einstufung und Kennzeichnung von Chemikalien sowie deren Sicherheitsdatenblätter). Durch einheitliche Einstufung, Piktogramme usw. sollen die Gefahren für die menschliche Gesundheit und die Umwelt bei der Herstellung, beim Transport und bei der Verwendung von Chemikalien minimiert werden. Die neuen Piktogramme finden Sie im Anhang im Merkblatt des Bundesinstituts für Risikobewertung zu „Neue Gefahrenkennzeichnungen auf Verpackungen".

Auf die geltenden Regeln zum ordnungsgemäßen Umgang mit Chemikalien wird im Rahmen von Sicherheitseinweisungen hingewiesen. Die aktuellen geltenden Regelungen können auf der Website zum Buch http://www.springer.com/chemistry/book/978-3-658-00410-1 oder im Praktikum eingesehen werden.

Betriebsanweisung
für das Chemische Praktikum für Studierende der Medizin und Zahnmedizin

GEFAHREN FÜR MENSCH UND UMWELT

Im Chemischen Praktikum gehen Sie mit gasförmigen, flüssigen oder festen Gefahrstoffen um, sowie mit solchen, die als Stäube auftreten können. Dabei haben Sie besondere Verhaltensregeln und Schutzvorschriften einzuhalten bzw. zu beachten.

Die Aufnahme der Stoffe in den menschlichen Körper kann durch Einatmen über die Lunge, durch Resorption durch die Haut sowie über die Schleimhäute und den Verdauungstrakt erfolgen.

Gefahrstoffe sind Stoffe und Zubereitungen, die

- explosionsgefährlich, brandfördernd, hochentzündlich, leichtentzündlich, entzündlich,
- sehr giftig, giftig, gesundheitsschädlich, ätzend, reizend, sensibilisierend,
- krebserzeugend, fruchtschädigend oder erbgutverändernd sind oder
- umweltgefährlich sind.

Stoffe, Zubereitungen und Erzeugnisse, die explosionsfähig sind bzw. aus denen bei der Herstellung oder Verwendung gefährliche oder explosionsfähige Stoffe oder Zubereitungen entstehen oder freigesetzt werden können, sind ebenfalls Gefahrstoffe.

Die gefährlichen Eigenschaften der im Praktikum eingesetzten bzw. entstehenden Stoffe sind den Hinweisen zum jeweiligen Versuch zu entnehmen. Diese Hinweise sind Bestandteil dieser Betriebsanweisung.

SCHUTZMASSNAHMEN UND VERHALTENSREGELN

1. Grundregeln:
Vor dem Umgang mit Gefahrstoffen müssen Sie anhand der Hinweise zum jeweiligen Versuch die Risikogruppen ermitteln, zu denen die einzelnen eingesetzten Stoffe gehören.

Die ermittelten besonderen Gefahren (H-Sätze) und Sicherheitsratschläge (P-Sätze) sind als Bestandteil dieser Betriebsanweisung verbindlich.

- Gefahrstoffe dürfen nicht in Behältnissen aufbewahrt oder gelagert werden, die zu Verwechslungen mit Lebensmitteln führen können.
- Sehr giftige und giftige Stoffe bzw. Zubereitungen werden von den sachkundigen Praktikumsbetreuern ausgegeben und ansonsten unter Verschluss gehalten.

- Sämtliche Standgefäße sind mit dem Namen des Stoffes und den Gefahrensymbolen zu kennzeichnen; größere Gefäße sind vollständig zu kennzeichnen, d. h. auch mit R- und S-Sätzen.
- Das Einatmen von Dämpfen und Stäuben sowie der Kontakt von Gefahrstoffen mit Haut und Augen sind zu vermeiden. Beim offenen Umgang mit gasförmigen, staubförmigen oder solchen Gefahrstoffen, die einen hohen Dampfdruck besitzen, ist grundsätzlich im Abzug zu arbeiten.
- Im Labor muss ständig eine Schutzbrille getragen werden; Brillenträger müssen eine optisch korrigierte Schutzbrille oder aber eine Überbrille nach W DIN 2 über der eigenen Brille tragen.
- Das Essen, Trinken und Rauchen im Labor ist untersagt.
- Die in den Sicherheitsratschlägen (P-Sätzen) und speziellen Anweisungen zum jeweiligen Versuch vorgesehenen Körperschutzmittel – wie Korbbrillen, Gesichtsschutz und geeignete Handschuhe – sind zu benutzen.
- Im Labor ist zweckmäßige Kleidung, z. B. ein Baumwoll-Laborkittel, zu tragen. Aufgrund des Brenn- und Schmelzverhaltens sind Kittel aus Synthesefasern ungeeignet. Bestimmte Mischgewebe besitzen jedoch ebenfalls ein günstiges Brandverhalten. Die Kleidung soll den Körper und die Arme ausreichend bedecken. Es darf nur festes, geschlossenes und trittsicheres Schuhwerk getragen werden.
- Die Hausordnung des Fachbereichs bzw. Instituts ist einzuhalten.

2. Allgemeine Schutz- und Sicherheitseinrichtungen

Die Frontschieber von Abzügen sind zu schließen; die Funktionsfähigkeit der Abzüge ist zu kontrollieren. Defekte Abzüge dürfen nicht benutzt werden.

Sie haben sich über den Standort und die Funktionsweise der Notabsperrvorrichtungen für Gas und Strom sowie der Wasserversorgung zu informieren. Nach Eingriffen in die Gas-, Strom-, und Wasserversorgung ist unverzüglich die Praktikumsleitung zu informieren. Eingriffe sind auf Notfälle zu beschränken, und die betroffenen Verbraucher sind zu warnen.

Feuerlöscher, Löschsandbehälter und Behälter für Aufsaugmaterial sind nach jeder Benutzung zu befüllen. Feuerlöscher, auch solche mit verletzter Plombe, sind dazu bei der Praktikumsleitung abzugeben.

SACHGERECHTE ABFALLVERMINDERUNG UND -ENTSORGUNG

Die Menge gefährlicher Abfälle ist dadurch zu vermindern, dass nur kleine Mengen von Stoffen in Reaktionen eingesetzt werden. Der Weiterverwendung und der Wiederaufarbeitung, z. B. von Lösungsmitteln, ist der Vorzug vor der Entsorgung zu geben. Reaktive Reststoffe, z. B. Alkalimetalle, Peroxide, Hydride, sind sachgerecht zu weniger gefährlichen Stoffen umzusetzen.

Anfallende Reststoffe, die aufgrund ihrer Eigenschaften Sonderabfall sind, müssen entsprechend der gesondert ausgegebenen Richtlinie für die Sammlung und

Beseitigung von Sonderabfällen an der Hochschule verpackt, beschriftet, deklariert, der zuständigen Stelle gemeldet und zur Entsorgung übergeben werden.

VERHALTEN IN GEFAHRENSITUATIONEN

Beim Auftreten gefährlicher Situationen, z. B. Feuer, Austreten gasförmiger Schadstoffe, Auslaufen von gefährlichen Flüssigkeiten, sind die folgenden Anweisungen einzuhalten:

- **Ruhe bewahren und überstürztes, unüberlegtes Handeln vermeiden!**
- Gefährdete Personen warnen, gegebenenfalls zum Verlassen der Räume auffordern.
- Versuche abstellen, Gas, Strom und ggf. Wasser abstellen (Kühlwasser muss weiterlaufen!).
- Aufsichtsperson und/oder *** Verantwortlichen *** benachrichtigen.
- Beim Ausfall von Lüftungsanlagen ist das Arbeiten mit Gefahrstoffen, die in die Atemluft eintreten können, einzustellen. Nach dem Abschalten der Geräte ist das Labor zu verlassen und die **** zuständige Stelle *** zu benachrichtigen.
- Bei Unfällen mit Gefahrstoffen, die Langzeitschäden auslösen können, oder die zu Unwohlsein oder Hautreaktionen geführt haben, ist ein Arzt aufzusuchen. Die Praktikumsleitung oder stellvertretend die Assistentin oder der Assistent sind darüber zu informieren. Eine Unfallmeldung ist möglichst schnell bei der zuständigen Stelle zu erstellen.

ERSTE-HILFE

Bei allen Hilfeleistungen auf die eigene Sicherheit achten!

- So schnell wie möglich einen notwendigen NOTRUF tätigen.
- Personen aus dem Gefahrenbereich bergen und an die frische Luft bringen.
- Kleiderbrände löschen.
- Notduschen benutzen; mit Chemikalien verschmutzte Kleidung vorher entfernen, notfalls bis auf die Haut ausziehen; mit Wasser und Seife reinigen; bei schlecht wasserlöslichen Substanzen diese mit Polyethylenglykolen (BASF, oder Roticlean E der Fa. Roth) von der Haut abwaschen und mit Wasser nachspülen.
- Bei Augenverätzungen mit weichem, Wasserstrahl (am besten mit einer am Trinkwassernetz fest installierten Augendusche) beide Augen von außen her zur Nasenwurzel bei gespreizten Augenlidern 10 min oder länger spülen.
- Atmung und Kreislauf prüfen und überwachen.
- Beim Verschlucken ätzender Stoffe kein Erbrechen herbeiführen. Stattdessen sehr viel Wasser zu trinken geben. Falls spontan erbrochen wird, Kopf tief legen, damit Erbrochenes nicht in Luftröhre gelangt.
- Beim Verschlucken nichtätzender Giftstoffe ebenfalls viel Wasser zu trinken geben sowie Medizinalkohle verabreichen.

- Bei Bewusstsein gegebenenfalls Schocklage erstellen: Beine nur leicht (max. 10 cm) über Herzhöhe mit entlasteten Gelenken lagern.
- Bei Bewusstlosigkeit und vorhandener Atmung in die stabile Seitenlage bringen; sonst sofort mit der Beatmung beginnen. Tubus benutzen und auf Vergiftungsmöglichkeiten achten. (Bei Herzstillstand: Herz-Lungen-Wiederbelebung).
- Blutungen stillen, Verbände anlegen, dabei Einmalhandschuhe benutzen.
- Brandwunden steril abdecken. Keine „Brandsalben" oder ähnliches anwenden. Wegen der Infektionsgefahr ist auch bei kleineren Brandwunden ein Arzt aufzusuchen.
- Verletzte Person bis zum Eintreffen des Rettungsdienstes nicht allein lassen.
- Information des Arztes sicherstellen. Angabe der Chemikalien möglichst mit Hinweisen für den Arzt aus entsprechenden Büchern oder Vergiftungsregistern.
- Erbrochenes und Chemikalien sicherstellen.

NOTRUF UND GEFAHRENSIGNALE

Feuer/Unfall: ☎***

setzen Sie einen NOTRUF gemäß folgendem Schema ab:

WO geschah der Unfall	Ortsangabe
WER ruft an	Name der/des Anrufenden
WAS geschah	Feuer, Verätzung, Vergiftung, Sturz, usw.
WELCHE Verletzungen	Art und betroffener Körperteil
WIEVIELE Verletzte	Anzahl
WARTEN	Niemals auflegen, bevor die Rettungsleitstelle das Gespräch beendet hat, es können wichtige Fragen zu beantworten sein.

Wichtige Rufnummern:

Krankentransport	***
Unfallchirurgie	***
Augenklinik	***
Hautklinik	***
Poliklinik	***
Giftinformationszentrum:	***
Feueralarm	*** **Signalkennung** ***

Alarmort ermitteln.

Entstehungsbrand mit Eigenmitteln löschen (Feuerlöscher, Sand); dabei auf eigene Sicherheit achten; **Panik vermeiden.**

wenn notwendig:

Arbeitsplatz sichern, möglichst Strom und Gas abschalten, Gebäude auf dem kürzesten Fluchtweg verlassen, keine Aufzüge benutzen

*** *ggf. weitere Alarmsignale, ihre Bedeutung und Handlungshinweise* ***

PERSONENSCHUTZ GEHT IMMER VOR SACHSCHUTZ

** Ort **, den *** (Unterschrift)

Neue Gefahrensymbole

Kennzeichnung ab 2008	Beschreibung	Bis 2017 noch erlaubt
	Tödliche Vergiftung Produkte können selbst in kleinen Mengen auf der Haut, durch Einatmen oder Verschlucken zu schweren oder gar tödlichen Vergiftungen führen. Die meisten dieser Produkte sind Verbrauchern nur eingeschränkt zugänglich. Lassen Sie keinen direkten Kontakt zu.	Sehr giftig **oder** Giftig
	Schwerer Gesundheitsschaden, bei Kindern möglicherweise mit Todesfolge Produkte können schwere Gesundheitsschäden verursachen. Dieses Symbol warnt vor einer Gefährdung der Schwangerschaft, einer krebserzeugenden Wirkung und ähnlich schweren Gesundheitsrisiken. Produkte sind mit Vorsicht zu benutzen.	**oder** Gesundheitsschädlich
	Zerstörung von Haut oder Augen Produkte können bereits nach kurzem Kontakt Hautflächen mit Narbenbildung schädigen oder in den Augen zu dauerhaften Sehstörungen führen. Schützen Sie beim Gebrauch Haut und Augen!	Ätzend **oder** Reizend
	Gesundheitsgefährdung Vor allen Gefahren, die in kleinen Mengen nicht zum Tod oder einem schweren Gesundheitsschaden führen, wird so gewarnt. Hierzu gehört die Reizung der Haut oder die Auslösung einer Allergie. Das Symbol wird aber auch als Warnung vor anderen Gefahren, wie der Entzündbarkeit genutzt.	Gesundheitsschädlich **oder** Reizend
	Gefährlich für Tiere und die Umwelt Produkte können in der Umwelt kurz- oder langfristig Schäden verursachen. Sie können kleine Tiere (Wasserflöhe und Fische) töten oder auch längerfristig in der Umwelt schädlich wirken. Keinesfalls ins Abwasser oder den Hausmüll schütten!	Umweltgefährlich
	Entzündet sich schnell Produkte entzünden sich schnell in der Nähe von Hitze oder Flammen. Sprays mit dieser Kennzeichnung dürfen keineswegs auf heiße Oberflächen oder in der Nähe offener Flammen versprüht werden.	Hochentzündlich **oder** Leichtentzündlich

© Bundesinstitut für Risikobewertung; www.bfr.bund.de.

H-Sätze, P-Sätze

H200 Instabil, explosiv.

H201 Explosiv, Gefahr der Massenexplosion.

H202 Explosiv; große Gefahr durch Splitter, Spreng- und Wurfstücke.

H203 Explosiv; Gefahr durch Feuer, Luftdruck oder Splitter, Spreng- und Wurfstücke.

H204 Gefahr durch Feuer oder Splitter, Spreng- und Wurfstücke.

H205 Gefahr der Massenexplosion bei Feuer.

H220 Extrem entzündbares Gas.

H221 Entzündbares Gas.

H222 Extrem entzündbares Aerosol.

H223 Entzündbares Aerosol.

H224 Flüssigkeit und Dampf extrem entzündbar.

H225 Flüssigkeit und Dampf leicht entzündbar.

H226 Flüssigkeit und Dampf entzündbar.

H228 Entzündbarer Feststoff.

H240 Erwärmung kann Explosion verursachen.

H241 Erwärmung kann Brand oder Explosion verursachen.

H242 Erwärmung kann Brand verursachen.

H250 Entzündet sich in Berührung mit Luft von selbst.

H251 Selbsterhitzungsfähig; kann in Brand geraten.

H252 In großen Mengen selbsterhitzungsfähig; kann in Brand geraten.

H260 In Berührung mit Wasser entstehen entzündbare Gase, die sich spontan entzünden können.

H261 In Berührung mit Wasser entstehen entzündbare Gase.

H270 Kann Brand verursachen oder verstärken; Oxidationsmittel.

H271 Kann Brand oder Explosion verursachen; starkes Oxidationsmittel.

H272 Kann Brand verstärken; Oxidationsmittel.

H280 Enthält Gas unter Druck; kann bei Erwärmung explodieren.

H281 Enthält tiefkaltes Gas; kann Kälteverbrennungen oder -Verletzungen verursachen.

H290 Kann gegenüber Metallen korrosiv sein.

H300 Lebensgefahr bei Verschlucken.

H301 Giftig bei Verschlucken.

H302 Gesundheitsschädlich bei Verschlucken.

H304 Kann bei Verschlucken und Eindringen in die Atemwege tödlich sein.

H310 Lebensgefahr bei Hautkontakt.

H311 Giftig bei Hautkontakt.

H312 Gesundheitsschädlich bei Hautkontakt.

H314 Verursacht schwere Verätzungen der Haut und schwere Augenschäden.

H315 Verursacht Hautreizungen.

H317 Kann allergische Hautreaktionen verursachen.

H318 Verursacht schwere Augenschäden.

H319 Verursacht schwere Augenreizung.

H330 Lebensgefahr bei Einatmen.

H331   Giftig bei Einatmen.

H332   Gesundheitsschädlich bei Einatmen.

H334   Kann bei Einatmen Allergie, asthmaartige Symptome oder Atembeschwerden verursachen.

H335   Kann die Atemwege reizen.

H336   Kann Schläfrigkeit und Benommenheit verursachen.

H340   Kann genetische Defekte verursachen *<Expositionsweg angeben, sofern schlüssig belegt ist, dass diese Gefahr bei keinem anderen Expositionsweg besteht>*.

H341   Kann vermutlich genetische Defekte verursachen *<Expositionsweg angeben, sofern schlüssig belegt ist, dass diese Gefahr bei keinem anderen Expositionsweg besteht>*.

H350   Kann Krebs erzeugen *<Expositionsweg angeben, sofern schlüssig belegt ist, dass diese Gefahr bei keinem anderen Expositionsweg besteht>*.

H351   Kann vermutlich Krebs erzeugen *<Expositionsweg angeben, sofern schlüssig belegt ist, dass diese Gefahr bei keinem anderen Expositionsweg besteht>*.

H360   Kann die Fruchtbarkeit beeinträchtigen oder das Kind im Mutterleib schädigen *<konkrete Wirkung angeben, sofern bekannt> <Expositionsweg angeben, sofern schlüssig belegt ist, dass die Gefahr bei keinem anderen Expositionsweg besteht>*.

H361   Kann vermutlich die Fruchtbarkeit beeinträchtigen oder das Kind im Mutterleib schädigen *<konkrete Wirkung angeben, sofern bekannt> <Expositionsweg angeben, sofern schlüssig belegt ist, dass die Gefahr bei keinem anderen Expositionsweg besteht>*.

H362   Kann Säuglinge über die Muttermilch schädigen.

H370   Schädigt die Organe *<oder alle betroffenen Organe nennen, sofern bekannt> <Expositionsweg angeben, sofern schlüssig belegt ist, dass diese Gefahr bei keinem anderen Expositionsweg besteht>*.

H371   Kann die Organe schädigen *<oder alle betroffenen Organe nennen, sofern bekannt> <Expositionsweg angeben, sofern schlüssig belegt ist, dass diese Gefahr bei keinem anderen Expositionsweg besteht>*.

H372   Schädigt die Organe *<alle betroffenen Organe nennen>* bei längerer oder wiederholter Exposition *<Expositionsweg angeben, wenn schlüssig belegt ist, dass diese Gefahr bei keinem anderen Expositionsweg besteht>*.

H373   Kann die Organe schädigen *<alle betroffenen Organe nennen, sofern bekannt>* bei längerer oderwiederholter Exposition *<Expositionsweg angeben, wenn schlüssig belegt ist, dass diese Gefahr bei keinem anderen Expositionsweg besteht>*.

H400   Sehr giftig für Wasserorganismen.

H410   Sehr giftig für Wasserorganismen mit langfristiger Wirkung.

H411   Giftig für Wasserorganismen, mit langfristiger Wirkung.

H412   Schädlich für Wasserorganismen, mit langfristiger Wirkung.

H413   Kann für Wasserorganismen schädlich sein, mit langfristiger Wirkung.

P101   Ist ärztlicher Rat erforderlich, Verpackung oder Kennzeichnungsetikett bereithalten.

P102	Darf nicht in die Hände von Kindern gelangen.
P103	Vor Gebrauch Kennzeichnungsetikett lesen.
P201	Vor Gebrauch besondere Anweisungen einholen.
P202	Vor Gebrauch alle Sicherheitshinweise lesen und verstehen.
P210	Von Hitze/Funken/offener Flamme/heißen Oberflächen fernhalten. Nicht rauchen.
P211	Nicht gegen offene Flamme oder andere Zündquelle sprühen.
P220	Von Kleidung/brennbaren Materialien fernhalten/entfernt aufbewahren.
P221	Mischen mit brennbaren Stoffen unbedingt verhindern.
P222	Kontakt mit Luft nicht zulassen.
P223	Kontakt mit Wasser wegen heftiger Reaktion und möglichem Aufflammen unbedingt verhindern.
P230	Feucht halten mit …
P231	Unter inertem Gas handhaben.
P232	Vor Feuchtigkeit schützen.
P233	Behälter dicht verschlossen halten.
P234	Nur im Originalbehälter aufbewahren.
P235	Kühl halten.
P240	Behälter und zu befüllende Anlage erden.
P241	Explosionsgeschützte elektrische Betriebsmittel/Lüftungsanlagen/Beleuchtung/… verwenden.
P242	Nur funkenfreies Werkzeug verwenden.
P243	Maßnahmen gegen elektrostatische Aufladungen treffen.
P244	Druckminderer frei von Fett und Öl halten.
P250	Nicht schleifen/stoßen/…/reiben.
P251	Behälter steht unter Druck: Nicht durchstechen oder verbrennen, auch nicht nach der Verwendung.
P260	Staub/Rauch/Gas/Nebel/Dampf/Aerosol nicht einatmen.
P261	Einatmen von Staub/Rauch/Gas/Nebel/Dampf/Aerosol vermeiden.
P262	Nicht in die Augen, auf die Haut oder auf die Kleidung gelangen lassen.
P263	Kontakt während der Schwangerschaft/und der Stillzeit vermeiden.
P264	Nach Gebrauch … gründlich waschen.
P270	Bei Gebrauch nicht essen, trinken oder rauchen.
P271	Nur im Freien oder in gut belüfteten Räumen verwenden.
P272	Kontaminierte Arbeitskleidung nicht außerhalb des Arbeitsplatzes tragen.
P273	Freisetzung in die Umwelt vermeiden.
P280	Schutzhandschuhe/Schutzkleidung/Augenschutz/Gesichtsschutz tragen.
P281	Vorgeschriebene persönliche Schutzausrüstung verwenden.
P282	Schutzhandschuhe/Gesichtsschild/Augenschutz mit Kälteisolierung tragen.
P283	Schwer entflammbare/flammhemmende Kleidung tragen.
P284	Atemschutz tragen.
P285	Bei unzureichender Belüftung Atemschutz tragen.

P301   BEI VERSCHLUCKEN:

P302   BEI BERÜHRUNG MIT DER HAUT:

P303   BEI BERÜHRUNG MIT DER HAUT (oder dem Haar):

P304   BEI EINATMEN:

P305   BEI KONTAKT MIT DEN AUGEN:

P306   BEI KONTAMINIERTER KLEIDUNG:

P307   BEI Exposition:

P308   BEI Exposition oder falls betroffen:

P309   BEI Exposition oder Unwohlsein:

P310   Sofort GIFTINFORMATIONSZENTRUM oder Arzt anrufen.

P311   GIFTINFORMATIONSZENTRUM oder Arzt anrufen.

P312   Bei Unwohlsein GIFTINFORMATIONSZENTRUM oder Arzt anrufen.

P313   Ärztlichen Rat einholen/ärztliche Hilfe hinzuziehen.

P314   Bei Unwohlsein ärztlichen Rat einholen/ärztliche Hilfe hinzuziehen.

P315   Sofort ärztlichen Rat einholen/ärztliche Hilfe hinzuziehen.

P320   Besondere Behandlung dringend erforderlich (siehe … auf diesem Kennzeichnungsetikett).

P321   Besondere Behandlung (siehe … auf diesem Kennzeichnungsetikett).

P322   Gezielte Maßnahmen (siehe … auf diesem Kennzeichnungsetikett).

P330   Mund ausspülen.

P331   KEIN Erbrechen herbeiführen.

P332   Bei Hautreizung:

P333   Bei Hautreizung oder -ausschlag:

P334   In kaltes Wasser tauchen/nassen Verband anlegen.

P335   Lose Partikel von der Haut abbürsten.

P336   Vereiste Bereiche mit lauwarmem Wasser auftauen. Betroffenen Bereich nicht reiben.

P337   Bei anhaltender Augenreizung:

P338   Eventuell vorhandene Kontaktlinsen nach Möglichkeit entfernen. Weiter ausspülen.

P340   Die betroffene Person an die frische Luft bringen und in einer Position ruhigstellen, die das Atmen erleichtert.

P341   Bei Atembeschwerden an die frische Luft bringen und in einer Position ruhigstellen, die das Atmen erleichtert.

P342   Bei Symptomen der Atemwege:

P350   Behutsam mit viel Wasser und Seife waschen.

P351   Einige Minuten lang behutsam mit Wasser ausspülen.

P352   Mit viel Wasser und Seife waschen.

P353   Haut mit Wasser abwaschen/duschen.

P360   Kontaminierte Kleidung und Haut sofort mit viel Wasser abwaschen und danach Kleidung ausziehen.

P361   Alle kontaminierten Kleidungsstücke sofort ausziehen.

P362	Kontaminierte Kleidung ausziehen und vor erneutem Tragen waschen.
P363	Kontaminierte Kleidung vor erneutem Tragen waschen.
P370	Bei Brand:
P371	Bei Großbrand und großen Mengen:
P372	Explosionsgefahr bei Brand.
P373	KEINE Brandbekämpfung, wenn das Feuer explosive Stoffe/Gemische/Erzeugnisse erreicht.
P374	Brandbekämpfung mit üblichen Vorsichtsmaßnahmen aus angemessener Entfernung.
P375	Wegen Explosionsgefahr Brand aus der Entfernung bekämpfen.
P376	Undichtigkeit beseitigen, wenn gefahrlos möglich.
P377	Brand von ausströmendem Gas: Nicht löschen, bis Undichtigkeit gefahrlos beseitigt werden kann.
P378	… zum Löschen verwenden.
P380	Umgebung räumen.
P381	Alle Zündquellen entfernen, wenn gefahrlos möglich.
P390	Verschüttete Mengen aufnehmen, um Materialschäden zu vermeiden.
P391	Verschüttete Mengen aufnehmen.
P301 + P310	BEI VERSCHLUCKEN: Sofort GIFTINFORMATIONSZENTRUM oder Arzt anrufen.
P301 + P312	BEI VERSCHLUCKEN: Bei Unwohlsein GIFTINFORMATIONSZENTRUM oder Arzt anrufen.
P301 + P330 + P331	BEI VERSCHLUCKEN: Mund ausspülen. KEIN Erbrechen herbeiführen.
P302 + P334	BEI KONTAKT MIT DER HAUT: In kaltes Wasser tauchen/nassen Verband anlegen.
P302 + P350	BEI KONTAKT MIT DER HAUT: Behutsam mit viel Wasser und Seife waschen.
P302 + P352	BEI KONTAKT MIT DER HAUT: Mit viel Wasser und Seife waschen.
P303 + P361 + P353	BEI KONTAKT MIT DER HAUT (oder dem Haar): Alle beschmutzten, getränkten Kleidungsstücke sofort auszuziehen. Haut mit Wasser abwaschen/duschen.
P304 + P340	BEI EINATMEN: An die frische Luft bringen und in einer Position ruhigstellen, die das Atmen erleichtert.
P304 + P341	BEI EINATMEN: Bei Atembeschwerden an die frische Luft bringen und in einer Position ruhigstellen, die das Atmen erleichtert.
P305 + P351 + P338	BEI KONTAKT MIT DEN AUGEN: Einige Minuten lang behutsam mit Wasser spülen. Vorhandene Kontaktlinsen nach Möglichkeit entfernen. Weiter spülen.

P306 + P360	BEI KONTAKT MIT DER KLEIDUNG: Kontaminierte Kleidung und Haut sofort mit viel Wasser abwaschen und danach Kleidung ausziehen.
P307 + P311	BEI Exposition: GIFTINFORMATIONSZENTRUM oder Arzt anrufen.
P308 + P313	BEI Exposition oder falls betroffen: Ärztlichen Rat einholen/ärztliche Hilfe hinzuziehen.
P309 + P311	BEI Exposition oder Unwohlsein: GIFTINFORMATIONSZENTRUM oder Arzt anrufen.
P332 + P313	Bei Hautreizung: Ärztlichen Rat einholen/ärztliche Hilfe hinzuziehen.
P333 + P313	Bei Hautreizung oder -ausschlag: Ärztlichen Rat einholen/ärztliche Hilfe hinzuziehen.
P335 + P334	Lose Partikel von der Haut abbürsten. In kaltes Wasser tauchen/nassen Verband anlegen.
P337 + P313	Bei anhaltender Augenreizung: Ärztlichen Rat einholen/ärztliche Hilfe hinzuziehen.
P342 + P311	Bei Symptomen der Atemwege: GIFTINFORMATIONSZENTRUM oder Arzt anrufen.
P370 + P376	Bei Brand: Undichtigkeit beseitigen, wenn gefahrlos möglich.
P370 + P378	Bei Brand: ... zum Löschen verwenden.
P370 + P380	Bei Brand: Umgebung räumen.
P370 + P380 + P375	Bei Brand: Umgebung räumen. Wegen Explosionsgefahr Brand aus der Entfernung bekämpfen.
P371 + P380 + P375	Bei Großbrand und großen Mengen: Umgebung räumen. Wegen Explosionsgefahr Brand aus der Entfernung bekämpfen.
P401	... aufbewahren.
P402	An einem trockenen Ort aufbewahren.
P403	An einem gut belüfteten Ort aufbewahren.
P404	In einem geschlossenen Behälter aufbewahren.
P405	Unter Verschluss aufbewahren.
P406	In korrosionsbeständigem/... Behälter mit korrosionsbeständiger Auskleidung aufbewahren.
P407	Luftspalt zwischen Stapeln/Paletten lassen.
P410	Vor Sonnenbestrahlung schützen.
P411	Bei Temperaturen von nicht mehr als ...°C/...aufbewahren.
P412	Nicht Temperaturen von mehr als 50 °C aussetzen.
P413	Schüttgut in Mengen von mehr als ... kg bei Temperaturen von nicht mehr als ...°C aufbewahren.
P420	Von anderen Materialien entfernt aufbewahren.
P422	Inhalt in/unter ... aufbewahren
P402 + P404	In einem geschlossenen Behälter an einem trockenen Ort aufbewahren.

P403 + P233	Behälter dicht verschlossen an einem gut belüfteten Ort aufbewahren.
P403 + P235	Kühl an einem gut belüfteten Ort aufbewahren.
P410 + P403	Vor Sonnenbestrahlung geschützt an einem gut belüfteten Ort aufbewahren.
P410 + P412	Vor Sonnenbestrahlung schützen und nicht Temperaturen von mehr als 50 °C aussetzen.
P411 + P235	Kühl und bei Temperaturen von nicht mehr als …°C aufbewahren.
P501	Inhalt/Behälter … zuführen.
EUH 001	In trockenem Zustand explosionsgefährlich.
EUH 006	Mit und ohne Luft explosionsfähig
EUH 014	Reagiert heftig mit Wasser.
EUH 018	Kann bei Verwendung explosionsfähige/entzündbare Dampf/Luft-Gemische bilden.
EUH 019	Kann explosionsfähige Peroxide bilden.
EUH 044	Explosionsgefahr bei Erhitzen unter Einschluss.
EUH 029	Entwickelt bei Berührung mit Wasser giftige Gase.
EUH 031	Entwickelt bei Berührung mit Säure giftige Gase
EUH 032	Entwickelt bei Berührung mit Säure sehr giftige Gase.
EUH 066	Wiederholte Kontakte kann zu spröder oder rissiger Haut führen.
EUH 070	Giftig bei Berührung mit den Augen.
EUH 071	Wirkt ätzend auf die Atemwege.
EUH 059	Die Ozonschicht schädigend.
EUH 201	Enthält Blei. Nicht für den Anstrich von Gegenständen verwenden, die von Kindern gekaut oder gelutscht werden könnten.
EUH 201A	Achtung! Enthält Blei.
EUH 202	Cyanacrylat. Gefahr. Klebt innerhalb von Sekunden Haut und Augenlider zusammen. Darf nicht in die Hände von Kindern gelangen.
EUH 203	Enthält Chrom (VI). Kann allergische Reaktionen hervorrufen.
EUH 204	Enthält Isocyanate. Kann allergische Reaktionen hervorrufen.
EUH 205	Enthält epoxidhaltige Verbindungen. Kann allergische Reaktionen hervorrufen.
EUH 206	Achtung! Nicht zusammen mit anderen Produkten verwenden, da gefährliche Gase (Chlor)freigesetzt werden können.
EUH 207	Achtung! Enthält Cadmium. Bei der Verwendung entstehen gefährliche Dämpfe. Hinweise des Herstellers beachten. Sicherheitsanweisungen einhalten.
EUH 208	Kann allergische Reaktionen hervorrufen.
EUH 209	Kann bei Verwendung leicht entzündbar werden.
EUH 209A	Kann bei Verwendung entzündbar werden.
EUH 210	Sicherheitsdatenblatt auf Anfrage erhältlich.
EUH 401	Zur Vermeidung von Risiken für Mensch und Umwelt die Gebrauchsanleitung einhalten.

TRGS (Technische Regeln für Gefahrstoffe)

Technische Regeln für Gefahrstoffe

Umgang mit Gefahrstoffen in Einrichtungen zur humanmedizinischen Versorgung

TRGS 525

Ausgabe Mai 1998 (BArbBl. 5/98 S. 99)

Die Technischen Regeln für Gefahrstoffe (TRGS) geben den Stand der sicherheitstechnischen, arbeitsmedizinischen, hygienischen sowie arbeitswissenschaftlichen Anforderungen an Gefahrstoffe hinsichtlich Inverkehrbringen und Umgang wieder. Sie werden vom

Ausschuss für Gefahrstoffe (AGS)

aufgestellt und von ihm regelmäßig der Entwicklung entsprechend angepasst.

Die TRGS werden vom Bundesministerium für Arbeit und Sozialordnung im Bundesarbeitsblatt bekannt gegeben. Vorschriften der Verordnung über gefährliche Stoffe (GefStoffV) sind eingearbeitet und durch senkrechte Randstriche gekennzeichnet.

1 Anwendungsbereich

(1) Diese TRGS legt fest und erläutert, welche Maßnahmen in Einrichtungen zur humanmedizinischen Versorgung zum Schutz der Beschäftigten nach dem Stand der Technik zu treffen sind, wenn in diesen Bereichen mit Gefahrstoffen umgegangen wird.

(2) Folgende Arbeitsverfahren und Arbeitsbereiche werden im Rahmen dieser TRGS nicht behandelt:

- Sterilisation und Desinfektion mit Gasen (siehe TRGS 513 „Begasungen mit Ethylenoxid und Formaldehyd in Sterilisations- und Desinfektionsanlagen" und TRGS 522 „Raumdesinfektion mit Formaldehyd")
- Umgang mit biologischen Arbeitsstoffen (siehe EG-Richtlinie Nr. 90/679/EWG bzw. nationale Umsetzung)
- Umgang mit ionisierenden Strahlen (siehe Atomgesetz, Strahlenschutzverordnung, Röntgenverordnung)
- Reinigungsarbeiten, die für Einrichtungen zur humanmedizinischen Versorgung nicht spezifisch sind.

2 Begriffsbestimmungen und -erläuterungen

(1) Einrichtungen zur humanmedizinischen Versorgung im Sinne dieser TRGS sind Unternehmen bzw. Teile von Unternehmen, deren Beschäftigte bestimmungsgemäß

1. Menschen stationär oder ambulant medizinisch untersuchen, behandeln oder pflegen,

2. Körpergewebe, Körperflüssigkeiten und Ausscheidungen von Menschen untersuchen und entsorgen,

3. Rettungs- und Krankentransporte ausführen,

4. Hauskrankenpflege durchführen

5. und Apotheken.

(2) Gefahrstoffe im Sinne der Gefahrstoffverordnung (GefStoffV) und des § 19 Abs. 2 Chemikaliengesetz (ChemG) sind u. a.:

1. gefährliche Stoffe und Zubereitungen nach § 3a ChemG sowie Stoffe und Zubereitungen, die sonstige chronisch schädigende Eigenschaften besitzen,

2. Stoffe, Zubereitungen und Erzeugnisse, die explosionsfähig sind,

3. Stoffe, Zubereitungen und Erzeugnisse, aus denen bei der Herstellung oder Verwendung Stoffe oder Zubereitungen nach Nr. 1 und 2 entstehen oder freigesetzt werden können.

(3) Gefahrstoffe sind auch Arzneistoffe und Arzneimittel, die im Hinblick auf den vor gesehenen Umgang Eigenschaften entsprechend § 19 Abs. 2 ChemG aufweisen. Arzneimittel, die einem Zulassungs- oder Registrierungsverfahren nach dem Arzneimittelgesetz oder nach dem Tierseuchengesetz unterliegen, sowie sonstige Arzneimittel, soweit sie nach § 21 Abs. 2 des Arzneimittelgesetzes einer Zulassung nicht bedürfen, sind gemäß § 2 ChemG von den Kennzeichnungsvorschriften der GefStoffV auf Verbraucherpackungen ausgenommen. Die Umgangsvorschriften nach § 19 ChemG bzw. nach dem 5. und 6. Abschnitt der GefStoffV gelten auch für entsprechende Arzneimittel.

(4) Umgang ist das Herstellen einschließlich Gewinnen oder das Verwenden. Verwenden beinhaltet Gebrauchen, Verbrauchen, Lagern, Aufbewahren, Be- und Verarbeiten, Abfüllen, Umfüllen, Mischen, Entfernen, Vernichten und Befördern. Umgang mit Gefahrstoffen schließt alle Tätigkeiten in deren Gefahrenbereich ein.

(5) Arbeitgeber ist, wer Personen beschäftigt, einschließlich der zu ihrer Berufsbildung Beschäftigten. Dem Arbeitgeber steht gleich, wer in sonstiger Weise selbständig tätig wird. Beschäftigten gleichgestellt sind alle Personen, die in Einrichtungen der humanmedizinischen Versorgung mit Gefahrstoffen umgehen, z. B. Schüler, Studenten, Praktikanten, Famulanten, Doktoranden, Diplomanden, ehrenamtlich Tätige sowie Medizinstudenten im Praktischen Jahr und Ärzte im Praktikum.

3 Allgemeine Regeln

Die Pflichten des Arbeitgebers beim Umgang mit Gefahrstoffen sind im 5. und 6. Abschnitt der GefStoffV dargestellt und gelten uneingeschränkt auch für die in Nr. 4 genannten Arzneimittel.

3.1 Ermittlungspflicht

(1) Der Arbeitgeber, der mit einem Stoff, einer Zubereitung oder einem Erzeugnis umgeht, hat festzustellen, ob es sich im Hinblick auf den vorgesehenen Umgang um einen Gefahrstoff handelt. Der Arbeitgeber, der nicht über andere Erkenntnisse

verfügt, kann davon ausgehen, dass eine Kennzeichnung, die sich auf der Verpackung befindet, und dass Angaben, die in einer beigefügten Mitteilung oder einem Sicherheitsdatenblatt enthalten sind, zutreffend sind. Das Ergebnis der Ermittlung nach Satz 1 ist, soweit dabei Gefahrstoffe festgestellt worden sind, der zuständigen Behörde auf Verlangen darzulegen.

(2) Zur Informationsgewinnung bei nicht gekennzeichneten Arzneimitteln siehe Nr. 4.1.

(3) Näheres zu Ermittlungspflichten regelt die TRGS 440 „Ermitteln und Beurteilen der Gefährdungen durch Gefahrstoffe am Arbeitsplatz: Vorgehensweise (Ermittlungspflichten)".

3.2 Ersatzstoffprüfung und Prüfung alternativer Verfahren

(1) Der Arbeitgeber muss prüfen, ob Stoffe, Zubereitungen, Erzeugnisse oder Verfahren mit einem geringeren gesundheitlichen Risiko als die von ihm in Aussicht genommenen erhältlich oder verfügbar sind.

(2) Auch wenn die Ersatzstoffprüfung und die Prüfung alternativer Verfahren in Einrichtungen der humanmedizinischen Versorgung aufgrund von Therapiefreiheit und Hygienevorschriften nur eingeschränkt vorgenommen werden können, wird darauf hingewiesen, dass Beschäftigte Gefahrstoffen nicht ausgesetzt sein sollen. Emissionsreiche Verfahren müssen vor ihrer Anwendung bzgl. der Verfahrenstechnik und der Anwendungsform überprüft werden. Es muss geprüft werden, ob das Ziel nicht durch weniger gefährdende Anwendungsformen erreicht werden kann.

(3) Das Ergebnis der Überlegungen zur Ersatzstoffprüfung und zur Prüfung alternativer Verfahren ist schriftlich festzuhalten und der zuständigen Behörde auf Verlangen vorzulegen. Es ist sinnvoll, diese Dokumentationspflicht in Einrichtungen der humanmedizinischen Versorgungverfahrens- oder stoffbezogen zu erfüllen, z. B.
- bei der Auswahl von Desinfektions-, Therapie- und Anästhesieverfahren
- bei der Neueinführung von Arznei- und Desinfektionsmitteln, die unter die Nummern 4 bis 7 fallen.

(4) In regelmäßigen Abständen ist zu prüfen, ob das Ergebnis der Ersatzstoffprüfung und der Prüfung alternativer Verfahren noch dem Stand der Technik entspricht.

3.3 Gefahrstoffverzeichnis

(1) Der Arbeitgeber ist verpflichtet, ein Verzeichnis aller Gefahrstoffe zu führen. Näheres regelt die TRGS 440 (Ermittlungspflichten).

(2) Das Gefahrstoffverzeichnis hat den Zweck, einen Überblick über die Gefahrstoffe zu geben, mit denen Beschäftigte in Einrichtungen der humanmedizinischen Versorgung umgehen. Es dokumentiert das Ergebnis der Ermittlung nach § 16 Abs. 1 und 3 GefStoffV. Das Verzeichnis kann als eine Grundlage für die Arbeitsbereichsanalyse, die Erstellung von Betriebsanweisungen und die Festlegung von Schutzmaßnahmen am Arbeitsplatz dienen.

(3) Das Verzeichnis ist bei wesentlichen Änderungen fortzuschreiben und mindestens einmal jährlich zu überprüfen. Wesentliche Änderungen können sein:
- Neuaufnahme von Gefahrstoffen,

- Änderung der Einstufung,
- Änderung der Mengenbereiche,
- Änderung des Arbeitsbereiches, in dem mit dem Gefahrstoff umgegangen wird.

(4) Auch Arzneimittel im Sinne von Nr. 2 Abs. 2 dieser TRGS sind in das Verzeichnis aufzunehmen.

(5) Absatz 1 gilt nicht für Gefahrstoffe, die im Hinblick auf ihre Eigenschaften und Menge oder Verwendung keine Gefahr für die Beschäftigten darstellen. Dabei sind die Mengen je nach Gefährdungsgrad (z. B. giftig oder gesundheitsschädlich) unterschiedlich zu bewerten. Zu berücksichtigen ist auch, ob es sich lediglich um Kleinstmengen oder Mengen für den Handgebrauch durch fachkundiges Personal (z. B. in Laboratorien) handelt (TRGS 440-Ermittlungspflichten).

3.4 Allgemeine Schutzpflicht

Der Arbeitgeber, der mit Gefahrstoffen umgeht, hat zum Schutz des menschlichen Lebens, der menschlichen Gesundheit und der Umwelt erforderliche Maßnahmen nach den allgemeinen und besonderen Vorschriften der GefStoffV einschließlich ihrer Anhänge und den für ihn geltenden Arbeitsschutz- und Unfallverhütungsvorschriften zu treffen. Die Rangfolge der Schutzmaßnahmen nach § 19 GefStoffV ist zu beachten.

3.5 Persönliche Schutzausrüstung

(1) Werden nach Durchführung von technischen Schutzmaßnahmen der Luftgrenzwert oder der Biologische Arbeitsplatztoleranzwert nicht unterschritten, hat der Arbeitgeber wirksame und hinsichtlich ihrer Trageeigenschaften geeignete persönliche Schutzausrüstungen zur Verfügung zu stellen.

(2) Nähere Einzelheiten dazu ergeben sich aus den berufsgenossenschaftlichen „Regeln für den Einsatz von Schutzausrüstung" (ZH 1/700 ff und GUV 20.X), siehe auch Verordnung über „Sicherheit und Gesundheitsschutz bei der Benutzung persönlicher Schutzausrüstungen bei der Arbeit" (PSA-Benutzungsverordnung – PSA-BV).

(3) Bezüglich der Anwendung spezieller persönlicher Schutzausrüstung beim Umgang mit Gefahrstoffen, wird auf die einzelnen Abschnitte dieser TRGS verwiesen.

(4) Bei üblichem OP-Mundschutz handelt es sich nicht um Atemschutz, der zum Schutz von Beschäftigten gegen Gefahrstoffe (Gase, Stäube, Rauche, Dämpfe, Aerosole) eingesetzt werden kann. Bei solchen Expositionen richtet sich die Auswahl nach den berufsgenossenschaftlichen „Regeln für den Einsatz von Atemschutzgeräten" (ZH 1/701 und GUV 20.14).

(5) Medizinische Einmalhandschuhe bieten oft keinen ausreichenden Schutz gegenüber Gefahrstoffeinwirkungen. Deshalb ist zu prüfen, ob beim Umgang industrieüblicher Schutzhandschuhe gemäß der DIN/EN-Vorschriften im Anhang der berufsgenossenschaftlichen „Regeln für den Einsatz von Schutzhandschuhen" (ZH 1/706 und GUV 20.17) verwendet werden können.

(6) Zum Einsatz von medizinischen Einmalhandschuhen wird auf die TRGS 540 „Sensibilisierende Stoffe" und die DIN/EN 455 (in Vorbereitung) verwiesen.

(7) Die bereichsbezogene persönliche Schutzausrüstung (z. B. zum Zubereiten von Zytostatika) muss beim Verlassen des jeweiligen Arbeitsbereiches abgelegt wer-

den. Der Arbeitgeber hat für eine geeignete Aufbewahrungsmöglichkeit zu sorgen (PSA-BV).

3.6 Arbeitshygienische Schutzmaßnahmen

(1) Nährungs-, Genuss- und Körperpflegemittel, die für den Verbrauch durch Beschäftigte im Betrieb bestimmt sind, dürfen nur so aufbewahrt werden, dass sie mit Gefahrstoffen nicht in Berührung kommen.

(2) Beschäftigte, die beim Umgang mit sehr giftigen, giftigen, krebserzeugenden, erbgutverändernden und fortpflanzungsgefährdenden Gefahrstoffen umgehen, dürfen in ihren Arbeitsräumen keine Nahrungs- und Genussmittel zu sich nehmen. Für diese Beschäftigten sind unter Berücksichtigung der Verhältnisse in Einrichtungen der humanmedizinischen Versorgung leicht erreichbare Räume einzurichten, in denen sie Nahrungs- und Genussmittel ohne Beeinträchtigung ihrer Gesundheit durch Gefahrstoffe zu sich nehmen können.

(3) Beschäftigten, die mit sehr giftigen, giftigen, krebserzeugenden, erbgutverändernden und fortpflanzungsgefährdenden Gefahrstoffen umgehen, sind Waschräume sowie Räume mit getrennten Aufbewahrungsmöglichkeiten für Straßen- und Arbeitskleidung zur Verfügung zu stellen. Schutzkleidung und Schutzausrüstung sind vom Arbeitgeber zu stellen. Arbeits- und Schutzkleidung ist vom Arbeitgeber zu reinigen. Erforderlichenfalls ist sie sachgerecht zu entsorgen und vom Arbeitgeber zu ersetzen.

(4) An Handwaschplätzen in hautbelastenden Arbeitsbereichen ist ein Hautschutzplan gut sichtbar auszuhängen. In ihm sind in übersichtlicher und leicht verständlicher Form die erforderlichen Hautschutz-, Reinigungs- und Pflegemaßnahmen den unterschiedlichen Tätigkeiten zuzuordnen. Es ist sinnvoll den Hautschutzplan mit dem Hygiene- und Desinfektionsplan zu kombinieren. Geeignete Hautschutz- und Hautpflegemittel sind vom Arbeitgeber nach fachkundiger Beratung z. B. durch den Betriebsarzt zur Verfügung zu stellen.

3.7 Überwachungspflicht

(1) Ist das Auftreten gefährlicher Stoffe in der Luft am Arbeitsplatz nicht sicher auszuschließen, so ist zu ermitteln, ob die Luftgrenzwerte oder die Biologischen Arbeitsplatztoleranzwerte unterschritten sind. Die Gesamtwirkung verschiedener gefährlicher Stoffe in der Luft am Arbeitsplatz ist zu beurteilen (siehe hierzu TRGS 403 „Bewertung von Stoffgemischen in der Luft am Arbeitsplatz").

(2) Grundlage für die Arbeitsplatzüberwachung ist die Arbeitsbereichsanalyse gemäß TRGS 402 „Ermittlung und Beurteilung der Konzentrationen gefährlicher Stoffe in der Luft in Arbeitsbereichen". Diese ist immer in Zusammenarbeit zwischen dem verantwortlichen Leiter einer Einrichtung und den innerbetrieblichen oder soweit erforderlich den außerbetrieblich verpflichteten Fachleuten zu erstellen.

(3) Für die Arbeitsbereichsanalyse ist die TRGS 402 anzuwenden.

(4) Werden für die Gefahrstoffe die Luftgrenzwerte oder die biologischen Arbeitsplatztoleranzwerte nach Anhang VI Gef-StoffV überschritten, sind arbeitsmedizinische Vorsorgeuntersuchungen durchzuführen.

3.8 Betriebsanweisungen und mündliche Unterweisung

(1) Der Arbeitgeber hat eine arbeitsbereichs- und stoffgruppen- oder stoffbezogene Betriebsanweisung zu erstellen. Bzgl. Form und Ausführung einer Betriebsanweisung wird auf die TRGS 555 „Betriebsanweisung und Unterweisung nach § 20 GefStoffV" verwiesen.

(2) Beschäftigte, die mit Gefahrstoffen umgehen, müssen vor Aufnahme der Tätigkeit und danach mindestens einmal jährlich anhand der Betriebsanweisung über die auftretenden Gefahren sowie über die Schutzmaßnahmen unterwiesen werden. Dies gilt auch bei Einführung neuer Verfahren oder Stoffe/Zubereitungen. Die Unterweisungen sind grundsätzlich mündlich und arbeitsplatzbezogen von den jeweiligen betrieblichen Vorgesetzten durchzuführen.

(3) Die jährlichen Unterweisungen sollten durch praktische Übungen der mit möglichen Gefahrstoffexpositionen einhergehenden Arbeitsgänge ergänzt werden.

4 Arzneimittel

Dieser Abschnitt gilt für Arzneimittel, bei denen beim Umgang Stoffe freigesetzt werden können, die Gefährlichkeitsmerkmale gemäß § 4 GefStoffV aufweisen. Für den Umgang mit Inhalationsanästhetika, krebserzeugenden, erbgutverändernden und fortpflanzungsgefährdenden Arzneimitteln gelten darüber hinaus die weitergehenden Regelungen der Nummern 5 und 6 dieser TRGS.

4.1 Grundsatz

(1) Gegenüber Arzneimitteln, bei denen beim Umgang Stoffe freigesetzt werden können, die Gefährlichkeitsmerkmale gemäß § 4 GefStoffV aufweisen, ist die Exposition der Beschäftigten nach dem Stand der Technik zu vermeiden.

(2) Für den Umgang mit diesen Arzneimitteln müssen Betriebsanweisungen vorliegen und die Beschäftigten müssen unterwiesen werden. Gebrauchsinformationen und ggf. Sicherheitsdatenblätter müssen für die Beschäftigten arbeitsplatznah zugänglich sein. Für die fachkundige Beratung zu den Gefährdungen kommen z. B. Apotheker und Ärzte in Betracht, die anhand von Gebrauchsinformationen, Fachinformationen und ggf. Sicherheitsdatenblättern Auskunft über Gefährdungen geben können.

4.2 Verteilung von festen Arzneimitteln

(1) Bei den nachstehend aufgeführten festen Darreichungsformen (Systematik Europäisches Arzneibuch 1997), die Stoffe mit Gefährlichkeitsmerkmalen gemäß § 4 Gef-StoffV enthalten, ist eine Exposition der Beschäftigten nicht zu erwarten:

a) Tabletten/Granulate:
- überzogene Tabletten/überzogene Granulate,
- magensaftresistente Tabletten/magensaft-resistente Granulate,
- überzogene Tabletten mit modifizierter Wirkstofffreisetzung/ überzogene Granulate mit modifizierter Wirkstofffreisetzung.

b) Kapseln:
- Hartkapseln,
- Weichkapseln.

(2) Bei den nachstehend aufgeführten Darreichungsformen, die Stoffe mit Gefährlichkeitsmerkmalen gemäß § 4 GefStoffV enthalten, ist eine Exposition der Beschäftigten nach dem Stand der Technik zu vermeiden:

a) Tabletten/Granulate:
- nicht überzogene Tabletten/nicht überzogene Granulate,
- nicht überzogene Tabletten mit modifizierter Wirkstofffreisetzung,
- nicht überzogene Granulate mit modifizierter Wirkstofffreisetzung.

b) Pulver:
- Pulver zur Einnahme und zur Herstellung von Lösungen und Suspensionen zur Einnahme,
- Pulver zur kutanen Anwendung,
- Pulver zur Herstellung von Parenteralia.

(3) Bei der Arzneimittelverteilung in die für die Patienten vorgesehenen Gefäße, z. B. Dispenser, sind geeignete Schutzmaßnahmen vorzusehen (z. B. Tragen von Schutzhandschuhen, Gebrauch von Pinzetten oder Löffeln). Wenn keine passende Dosierung bzw. Arzneiform verfügbar ist, soll eine Zerkleinerung (Teilen von Tabletten, Zerreiben u.ä.) unter Anwendung entsprechender Hilfsmittel vorgenommen werden.

(4) Bei der Reinigung und Handhabung von Gefäßen und Gegenständen, die bei der Arzneimittelverteilung zur Anwendung kommen, muss eine Exposition der Beschäftigten vermieden werden. Es ist im Einzelfall zu prüfen, ob kontaminierte Gefäße und Gegenstände gesondert zu reinigen sind. Näheres hierzu ist in der Betriebsanweisung zu regeln.

4.3 Verabreichen von flüssigen und halbfesten Arzneimitteln

(1) Bei dem Verabreichen von flüssigen und halbfesten Externa sowie Ovula und Suppositorien sind geeignete Schutzhandschuhe zu tragen bzw. Applikatoren zu verwenden.

(2) Absatz 1 gilt nicht für Anwendungen, die ausschließlich der Hautpflege dienen sowie für die Anwendung von Franzbranntwein und ähnlichen alkoholischen Präparaten.

(3) Beim Umgang mit brennbaren Stoffen sind die einschlägigen Brand- und Explosionsschutzmaßnahmen zu beachten (siehe ZH 1/31 „Regeln für Sicherheit und Gesundheitsschutz bei Desinfektionsarbeiten im Gesundheitsdienst") Nach den vorliegenden Erfahrungen kann beim sachgerechten Umgang mit alkoholischen Präparaten von einer Einhaltung der Luftgrenzwerte für Ethanol und höheren Alkohole ausgegangen werden.

4.4 Anwendungen von Inhalaten

(1) Zum Zwecke der Therapie erzeugte Inhalate (Aerosole, Dämpfe) sind so anzuwenden oder zu verabreichen, dass die Mitarbeiter den Wirkstoffen möglichst nicht ausgesetzt sind.

(2) Sofern durch technische Maßnahmen nicht verhindert werden kann, dass die Beschäftigten gegenüber Aerosolen oder Dämpfen von Arzneimitteln mit Gefähr-

lichkeitsmerkmalen gemäß § 4 GefStoffV exponiert werden, muss geprüft werden, ob das Therapieziel nicht durch andere Anwendungsformen erreicht werden kann.

(3) Bei Dosieraerosolen und Arzneimitteln zur Verwendung in Inhalationsgeräten sind die Anwendungshinweise der Gebrauchsinformationen zu beachten. Expositionsmindernd kann sich z. B. die Verwendung von Inhalationshilfen auswirken.

(4) Zur Inhalationstherapie dürfen nur solche Geräte eingesetzt werden, die nach dem Stand der Technik möglichst keine Aerosole oder Dämpfe direkt an die Umgebungsluft abgeben, z. B. bei patientengetriggerten Geräten. Dies gilt nicht für die alleinige Anwendung von Sole oder für Geräte zur Luftbefeuchtung, wie z. B. Ultraschallvernebler.

4.5 Vorbereitung und Verabreichen von Infusionen und Injektionen

Bei der Vorbereitung und dem Verabreichen von Infusionen bzw. Injektionen ist folgendes zu beachten:

- Eine Aerosolbildung ist zu vermeiden. Dazu sind ggf. technische Hilfsmittel (z. B. Druckentlastungssysteme mit Aerosolfilter) zu verwenden.
- Beim Wechseln, Entlüften bzw. Entfernen von Infusionssystemen ist eine Exposition der Beschäftigten zu verhindern und eine Verunreinigung des Raumes zu vermeiden.

4.6 Entsorgung von Arzneimitteln

Arzneimittel und Arzneimittelreste, die nicht mehr verabreicht werden sollen oder dürfen, sind gemäß den örtlich geltenden abfallrechtlichen Bestimmungen zu entsorgen. Weitere Hinweise für die sachgerechte Entsorgung geben die berufsgenossenschaftlichen „Regeln für das Einsammeln, Befördern und Lagern von Abfällen in Einrichtungen des Gesundheitsdienstes" (ZH 1/176) und das LAGA-Merkblatt „über die Vermeidung und die Entsorgung von Abfällen aus öffentlichen und privaten Einrichtungen des Gesundheitsdienstes". Bezüglich der Keimzeichnung von Abfüllen wird auf die TRGS 201 „Kennzeichnung von Abfällen beim Umgang" verwiesen.

5 Krebserzeugende, erbgutverändernde und fortpflanzungsgefährdende Arzneimittel

5.1 Begriffsbestimmungen und -erläuterungen

(1) Krebserzeugende, erbgutverändernde und fortpflanzungsgefährdende Arzneimittel (CMR-Arzneimittel) sind Stoffe gemäß Anhang I Nr. 1.4.2 oder Zubereitungen gemäß Anhang II Nr. 1.5.6 GefStoffV, die nach § 4a GefStoffV oder nach TRGS 905 „Verzeichnis krebserzeugender, erbgutverändernder oder fortpflanzungsgefährdender Stoffe" als

- krebserzeugende Stoffe,
- erbgutverändernde Stoffe,
- reproduktionstoxische (fortpflanzungsgefährdende) Stoffe mit Beeinträchtigung der Fortpflanzungsfähigkeit (Fruchtbarkeit) und fruchtschädigender (entwicklungsschädigender) Wirkung einzustufen sind
- oder aufgrund sonstiger Erkenntnisse des Arbeitgebers so einzustufen waren.

(2) Zu diesen Stoffgruppen zählen insbesondere zahlreiche Arzneimittel aus der Gruppe der Zytostatika und Virustatika. Nähere Hinweise sind den entsprechenden Fachinformationen zu entnehmen.

(3) Der im Arzneimittelgesetz definierte Begriff des Herstellens ist hier nicht zur Abgrenzung eines mit bestimmten Schutzmaßnahmen verbundenen Tätigkeitsspektrums geeignet. Die Begriffe des Zubereitens und der Applikation im Sinne dieses Abschnitts sind nicht identisch mit den entsprechenden Begriffen aus dem Arzneimittelrecht.

(4) Unter Zubereiten im Sinne dieses Abschnitts sind alle Bearbeitungsvorgänge bis zum Erreichen einer applikationsfertigen Darreichungsform zu verstehen. Dazu gehört das Auflösen der Trockensubstanz mit dem dafür vorgesehenen Lösungsmittel, das Aufziehen von Spritzen mit CMR-Arzneimittel, das Dosieren eines aufgelösten Arzneimittels z. B. in eine Infusionslösung.

(5) Unter Applikation oder Verabreichen werden im Sinne dieses Abschnitts alle Tätigkeiten zur Anwendung des zubereiteten Arzneimittels am Patienten verstanden. Dazu gehört z. B. das Anstechen der Infusion, das Anbringen (Konnektieren) des Infusionsbestecks an den Patienten, die Abnahme und die Beseitigung der Infusion.

5.2 Ermittlungspflicht

(1) Der Arbeitgeber hat alle Arbeitsbereiche, in denen Beschäftigte Umgang mit CMR-Arzneimitteln haben, zu erfassen. Alle CMR-Arzneimittel sind im Gefahrstoffverzeichnis aufzuführen und entsprechend einzustufen.

(2) In Bereichen, in denen mit CMR-Arzneimitteln umgegangen wird, muss mit einer Gefährdung der Beschäftigten gerechnet werden. Das betrifft insbesondere folgende Bereiche:
  - Zubereiten von CMR-Arzneimitteln
  - Applikation (Verabreichen) von Injektionen, Infusionen, Instillationen, Aerosolen, Salben
  - Beseitigung und Entsorgung von Erbrochenem nach oraler Aufnahme von CMR-Arzneimitteln
  - Umgang mit Ausscheidungen von Patienten unter CMR-Hochdosistherapien
  - Entsorgung von CMR-Arzneimitteln und -resten sowie entsprechend verunreinigter Materialien
  - Handhabung von mit CMR-Arzneimitteln verunreinigten Textilien
  - Reinigung verunreinigter Flächen und Geräte

(3) Vor Einsatz von CMR-Arzneimitteln hat der Arbeitgeber die Gefährdungen zu ermitteln und die erforderlichen Schutzmaßnahmen festzulegen.

(4) Körperflüssigkeiten von Patienten unter CMR-Therapien sind analog Anhang I und Anhang II GefStoffV nicht als Gefahrstoffe einzustufen.

(5) Der Umgang mit Tabletten beinhaltet in der Regel keine Gefährdung, da eine Freisetzung des Wirkstoffes bei der Handhabung nicht zu erwarten ist (vgl. Nummer 4.2 Abs. 1).

5.3 Schutzmaßnahmen

5.3.1 Allgemeines

(1) Dem zentralen Zubereiten von CMR-Arzneimitteln ist der Vorrang vor dem dezentralen Zubereiten zu geben.

(2) Die Zahl der jeweils tätigen Beschäftigten ist in dem Arbeitsbereich, in dem CMR-Arzneimittel zubereitet werden, so gering wie möglich zu halten.

(3) Weitere Hinweise zum Umgang mit dieser Stoffgruppe finden sich in den berufsgenossenschaftlichen „Regeln für Sicherheit und Gesundheitsschurz beim Umgang mit krebserzeugenden und erbgutverändernden Gefahrstoffen" (ZH 1/513).

5.3.2 Technische Schutzmaßnahmen beim Zubereiten von CMR-Arzneimitteln

(1) Jedes Zubereiten ist in einer geeigneten Sicherheitswerkbank durchzuführen.

(2) Werkbänke, die eine gleichwertige Sicherheit bieten wie Werkbänke gemäß DIN 12980, können eingesetzt werden. Die Sicherheitstechnik des Arbeitsverfahrens ist in angemessener Frist der technischen Fortentwicklung anzupassen.

(3) Zur Verhinderung der Freisetzung von CMR-Arzneimitteln sind geeignete Hilfsmittel zu verwenden z. B.:
- Druckentlastungssysteme,
- Überleitsysteme

(4) Zur Verhinderung der Verunreinigung von Arbeitsflächen etc. sind
- Arbeiten nur auf einer saugfähigen und nach unten undurchlässigen Unterlage durchzuführen, wobei darauf zu achten ist, dass die Strömungsverhältnisse der Werkbank nicht beeinträchtigt werden,
- Infusionsbestecke nur mit Trägerlösungen zu entlüften.

(5) Bei der Applikation von CMR-Arzneimitteln ist zu beachten, dass Zu- und Abläufe keine Undichtigkeiten aufweisen, die zu einer Verunreinigung der Umgebung führen. Beim offenen Umgang sind Schutzmaßnahmen gemäß Nr. 5.4 zu ergreifen.

5.3.3 Anforderungen an Aufstellung und Betrieb von Sicherheitswerkbänken

(1) Das Zubereiten von CMR-Arzneimitteln darf nur in abgetrennten, deutlich gekennzeichneten Arbeitsräumen durchgeführt werden. Unbefugten ist der Zutritt zu untersagen. Durch organisatorische oder bauliche Maßnahmen ist sicherzustellen, dass die Funktion der Werkbank beim Öffnen der Tür zum Arbeitsraum nicht beeinträchtigt wird; ebenso dürfen Fenster grundsätzlich während der Arbeiten an der Werkbank nicht geöffnet werden.

(2) Der Arbeitsraum muss nach der Arbeitsstättenverordnung ausreichend belüftet sein. Bei Bedarf ist die Raumluft zu klimatisieren. Die Luftführung und der Luftdruck dürfen keine negativen Rückwirkungen auf die Werkbank haben (siehe „Behördlich und berufsgenossenschaftlich anerkanntes Verfahren bei Arbeiten an Zytostatikawerkbänken", in Vorbereitung).

(3) Sicherheitswerkbänke sind sachgerecht aufzustellen, zu betreiben, zu warten und zu überprüfen.

(4) Die Sicherheitswerkbank und der Raum, in dem sie aufgestellt wird, muss unter lüftungstechnischen Gesichtspunkten vor Erstinbetriebnahme, nach Änderung des

Aufstellungsortes und nach Veränderungen des Raumes durch fachkundiges Personal überprüft werden.

(5) Beim Zubereiten von krebserzeugenden Arzneimitteln muss die Sicherheitswerkbank eine Fortluftführung nach außen haben, es sei denn es wird ein nach § 36 Abs. 7 GefStoffV und Nr. 4.2. der TRGS 560 „Luftrückführung beim Umgang mit krebserzeugenden Gefahrstoffen" anerkanntes Verfahren (s. Absatz 2) eingesetzt.

5.4 Persönliche Schutzausrüstungen

(1) Beim Zubereiten von CMR-Arzneimitteln in einer Sicherheitswerkbank sind folgende persönliche Schutzausrüstungen zu tragen und bei Verunreinigung oder Beschädigung sofort zu wechseln:

1. Schutzhandschuhe ggf. mit Stulpen und
2. hochgeschlossener Kittel mit langen Ärmeln und enganliegenden Armbündchen.

(2) Reinigungsarbeiten in der Sicherheitswerkbank, die über das bloße Abwischen der Arbeitsfläche hinausgehen, sind mit folgender persönlicher Schutzausrüstung auszuführen:

1. flüssigkeitsdichter Schutzkittel mit langem Arm und enganliegendem Bündchen,
2. Schutzbrille mit Seitenschutz,
3. Schutzhandschuhe ggf. mit Stulpen,
4. Atemschutzmaske mindestens der Schutzstufe P 2 gemäß den berufsgenossenschaftlichen Regeln für den Einsatz von Atemschutzgeräten„ (ZH 1/701 und GUV 20.14).

(3) Zur Beseitigung von unbeabsichtigten Verunreinigungen, die beim Zubereiten oder der Applikation auftreten, sind mindestens bereitzuhalten:

1. Überschuhe, flüssigkeitsdichte Schutzkittel mit langem Arm und enganliegendem Bündchen, Schutzbrille, und Schutzhandschuhe,
2. Atemschutzmaske mindestens der Schutzstufe P 2 gemäß den berufsgenossenschaftlichen "Regeln für den Einsatz von Atemschutzgeräten„ (ZH 1/701 und GUV 20.14),
3. geschnittener Zellstoff in ausreichender Menge,
4. Aufnahme- und Abfallbehältnis, Handschaufel.

5.5 Maßnahmen bei unbeabsichtigter Freisetzung von CMR-Arzneimitteln

(1) Verunreinigungen durch verschüttete CMR-Arzneimittel (Trockensubstanzen, zerbrochene Tabletten, Zubereitungen) sind unverzüglich sachgerecht zu beseitigen. Zur Aufnahme der Substanzen eignen sich Einmaltücher oder Zellstoff Bei Verschütten von Trockensubstanz müssen die aufnehmenden Materialien angefeuchtet werden.

(2) Bei Verunreinigung der Haut mit CMR-Arzneimitteln ist die betreffende Stelle sofort unter reichlich fließendem, kaltem Wasser zu spülen.

(3) Bei Spritzern in die Augen sind diese sofort mit reichlich Wasser oder isotonischer Kochsalzlösung mindestens 10 min gründlich zu spülen. Danach ist umgehend ein Augenarzt aufzusuchen.

(4) Zum Aufnehmen von verunreinigtem Glasbruch sind geeignete Hilfsmittel zu benutzen und ein zusätzliches Paar Schutzhandschuhe gegen mechanische Risiken überzuziehen.

(5) Die verunreinigten Bächen sind anschließend zu reinigen.

5.6 Innerbetrieblicher Transport

(1) Der Transport von Zubereitungen muss in bruchsicheren, flüssigkeitsdichten und verschließbaren Behältnissen erfolgen.

(2) Die Transportbehältnisse von CMR-Arzneimitteln sollen mit einem Hinweis z. B. „Vorsicht Zytostatika" gekennzeichnet sein.

5.7 Entsorgung

(1) Bei der Entsorgung von CMR-Arzneimitteln, von deren Resten und von verunreinigten Materialien sind die abfallrechtlichen Bestimmungen des jeweiligen Bundeslandes einzuhalten.

(2) Restsubstanzen und Restlösungen sind als besonders überwachungsbedürftiger Abfall im Einklang mit dem Abfallrecht in gekennzeichneten, ausreichend widerstandsfähigen, dichtschließenden Behältnissen zu sammeln und der Entsorgung zuzuführen.

(3) Mehrwegwäsche oder alternativ textile Mehrwegmaterialien ist/sind nach Verunreinigung unverzüglich zu wechseln, ohne weitere Manipulation zu sammeln und in der Wäscherei aufzubereiten.

(4) Hinweise für die Kennzeichnung von Abfallsammel- und -transportbehältern gibt die TRGS 201 „Kennzeichnung von Abfällen beim Umgang".

(5) Weitere Hinweise auf den sachgerechten Umgang mit Abfällen im Bereich des Gesundheitsdienstes gibt das LAGA-Merkblatt „Vermeidung und Entsorgung von Abfällen aus öffentlichen und privaten Einrichtungen des Gesundheitsdienstes".

(6) Da eine Belastung der Filter nicht auszuschließen sind, sollten aus Vorsorgegründen beim Filterwechsel Schutzmaßnahmen mindestens analog Nr. 5.4 Abs. 2 ergriffen werden. Der Schutzkittel braucht nicht flüssigkeitsdicht zu sein.

(7) Bei der Beschaffung neuer Werkbänke ist darauf zu achten, dass die Filter bei der Entsorgung nicht zerteilt werden müssen.

5.8 Arbeitsmedizinische Vorsorgemaßnahmen

(1) Sowohl für die Beschäftigten, die CMR-Arzneimittel zubereiten, als auch für die, die diese verabreichen, können radiologische Untersuchungen und Analysen im biologischen Material als Routineuntersuchungen nicht empfohlen werden. Im Einzelfall können z. B. nach großflächigem Hautkontakt mit oder Inkorporation von CMR-Arzneimitteln Analysen im biologischen Material sinnvoll sein.

(2) Für Beschäftigte, die CMR-Arzneimittel zubereiten bzw. verabreichen, sind zusätzliche spezielle arbeitsmedizinische Untersuchungen aufgrund des Umgangs mit CMR-Arzneimitteln arbeitsmedizinisch nicht zu begründen.

6 Inhalationsanästhetika

Dieser Abschnitt regelt den Umgang mit flüchtigen Anästhetika und Lachgas zu Narkosezwecken in Einrichtungen der humanmedizinischen Versorgung. Er enthält Prinzipien zum Umgang mit Narkosegasen. Weiterführende Erläuterungen dazu finden sich u. a. in dem „Merkblatt für den Umgang mit Narkosegasen" herausgegeben vom Amt für Arbeitsschutz Hamburg.

6.1 Begriffsbestimmungen und -erläuterungen

6.1.1 Bestandteile des Narkosesystems

(1) Das Hochdrucksystem umfasst folgende Bestandteile:
- die zentrale Gasversorgung für Sauerstoff, Lachgas (N_2O) und Druckluft,
- die dazugehörigen Zuleitungen zu den einzelnen operativen Einheiten,
- die Wandsteckdosen,
- Flaschensysteme direkt am Narkosegerät,
- die Zuleitungen zum Narkosegerät,
- die gasführenden Teile der Narkosegeräte bis hin zum Reduzierventil.

(2) Das Niederdrucksystem umfasst:
- das Beatmungssystem,
- das patientennahe Kreissystem mit Ventilsystemen,
- Verdampfer für volatile Anästhetika,
- Messeinheiten, Kohlendioxid(CO_2)-Absorber usw.

6.1.2 Narkosegasabsaugungen sind:

1. Absaugeinrichtungen an Narkosegeräten, die direkt mit dem Ausatemventil oder dem Überdruckventil verbunden sind. Durch sie wird überschüssiges Narkosegas, das von dem Patienten während der Ausatemphase abgegeben wird, aus dem Arbeitsraum entfernt.
2. Lokalabsaugungen wie z. B. abgesaugte Doppelmaskensysteme oder
3. mobile Einzelabsaugungen

6.2 Ermittlungspflicht

(1) Alle Räume in denen bestimmungsgemäß mit Inhalationsanästhetika umgegangen wird (Lager-, Operations-, Aufwachräume, Ambulanzen usw.) sind systematisch zu erfassen. Weiterhin ist zu ermitteln, ob in anderen Räumen Beschäftigte Narkosegasen ausgesetzt sind, z. B. durch die Umluft von rezirkulierenden RLT-Anlagen (zum Begriff „ausgesetzt sein" siehe Nr. 1 der TRGS 101 „Begriffsbestimmungen"). Für diese Arbeitsbereiche ist eine Arbeitsbereichsanalyse nach TRGS 402 „Ermittlung und Beurteilung der Konzentrationen gefährlicher Stoffe in der Luft in Arbeitsbereichen" durchzuführen.

(2) Im Rahmen des Gefahrstoffverzeichnisses ist ein Verzeichnis aller N_2O-Leitungssysteme (Installationspläne) und Entnahmedosen zu erstellen.

(3) Die Explosionsgefahren der eingesetzten Narkosegase und ihrer Mischungen sind zu beachten.

6.3 Sicherheitstechnische Maßnahmen und ihre Überwachung
6.3.1 Leitungssysteme für N$_2$O

(1) Betriebsvorschriften für Hochdruckleitungen für Lachgas (N2O) ergeben sich aus der TRG 280 „Allgemeine Anforderungen an Druckgasbehälter – Betreiben von Druckgasbehältern" und der UVV „Gase". Folgende Punkte sind besonders zu beachten:

baulicher Bestandteil	UVV Gase	Titel
Leitungssysteme für N$_2$O	§ 8	Betrieb von Anlagen
–	§ 12	Dichtheit von Anlagen
–	§ 19	Dichtheitsüberwachung
–	§ 53	Prüfung von Anlagen und Anlagenteilen
–	§ 54	Dichtheitsprüfung
–	§ 55	Prüfung von Schlauchleitungen und Gelenkrohren
–	§ 56	Prüfung von Gaswarneinrichtungen

(2) Durch regelmäßige mindestens jährliche Überprüfung von Lachgas (N$_2$O)-Leitungssystemen muss deren technische Dichtheit gewährleistet werden. Der Begriff technische Dichtheit wird verwendet, da eine absolute Dichtheit für Gase nicht zu erreichen ist. Technisch dicht sind Anlagenteile, wenn bei einer für den Anwendungsfall geeigneten Dichtheitsprüfung oder Dichtheitsüberwachung bzw. -kontrolle, z. B. mit schaumbildenden Mitteln oder mit Lecksuch- oder Anzeigegeräten, eine Undichtheit nicht erkennbar ist.

(3) Lachgas (N$_2$O)-Entnahmedosen sind mindestens jährlich im Ruhe- und Betriebszustand (mit Stecker) auf Dichtheit zu überprüfen. Täglich benutzte N$_2$O-Entnahmedosen sollten in kürzeren Abständen (vierteljährlich) vom Klinikpersonal durch Gasspürgeräte oder andere geeignete Methoden auf Dichtheit überprüft werden. Um den Aufwand für die jährlichen Prüfungen zu reduzieren, kann es sinnvoll sein, nicht mehr benutzte N$_2$O-Entnahmedosen dauerhaft dicht zu verschließen.

(4) Der Arbeitgeber hat dafür zu sorgen, dass die Ergebnisse der o. a. Funktions- und Dichtheitsprüfungen in ein Prüfbuch eingetragen werden. Das Prüfbuch ist auf Verlangen der zuständigen Behörde zur Einsichtnahme vorzulegen.

(5) Instandsetzungen und Wartungen dürfen gemäß DIN 13260 und UVV „Gase" nur von sachkundigen Personen durchgeführt werden. Die Arbeiten müssen gemäß DIN 13260.9.6 dokumentiert werden.

6.3.2 Narkosegeräte

(1) Narkosegeräte müssen vor der ersten Inbetriebnahme, nach Instandsetzung und Wartung entsprechend den Angaben des Herstellers geprüft werden. Soweit der Hersteller keine Angaben macht, müssen sie mindestens zweimal im Jahr mittels geeigneter Prüfverfahren auf Dichtheit überprüft werden. Die Geräte müssen im Rahmen der gerätetypischen Toleranzen technisch dicht sein. Die Überprüfung ist zu dokumentieren.

(2) Nach jeder Gerätereinigung und erneuten Bereitstellung, bzw. vor jeder Narkose nach dem Wechsel des Patientensystems ist eine Dichtheitsprüfung des Niederdrucksystems vorzunehmen. Bei einem Systeminnendruck von 3 kPa (30 cm H_2O) darf die Leckagerate im Niederdrucksystem nach dem Stand der Technik nicht mehr als 150 ml pro Minute betragen. Die Prüfung ist manuell durchzuführen, sofern das Narkosegerät keinen automatischen Selbsttest durchführt.

(3) Leckagen größer als 150 ml pro Minute bei 3 kPa (30 cm H_2O) im Niederdrucksystem sollten nicht toleriert werden. Auch Geräte älterer Bauart weisen bei guter Pflege und Wartung selten höhere Leckagen auf. Ggf. ist auch zu überprüfen, ob ältere Geräte nachgerüstet werden können. Finden sich bei ausreichender Pflege und Wartung und ggf. Nachrüstung höhere Leckagen, so ist durch ausreichende Raumlüftung die Einhaltung von Luftgrenzwerten zu gewährleisten. Bei neuen Geräten ist die technische erreichbare minimale Leckagerate einzuhalten.

6.4 Narkosegasabsaugungen

(1) Die Abführung überschüssiger Narkosegase ist über eine Narkosegasabsaugung sicherzustellen.

(2) Vor Beginn jeder Narkose mit Inhalationsnarkotika muss sichergestellt werden, dass die Narkosegasabsaugung angeschlossen und angeschaltet wurde.

(3) Der Arbeitgeber hat zu gewährleisten, dass Narkosesystem und Absaugungssystem so aufeinander abgestimmt sind, dass in allen Betriebszuständen überschüssige Narkosegase vollständig abgesaugt werden.

(4) Narkosegase aus Nebenstrommessgeräten müssen erfasst werden und dürfen nicht in die Raumluft gelangen.

(5) Die ausreichende Wirksamkeit von Absauganlagen ist über regelmäßige Wartung und Kontrolle nach Angaben des Herstellers, mindestens aber jährlich zu gewährleisten. Dieses ist zu dokumentieren.

(6) Nach Beendigung des OP-Betriebes sind die Narkosegasabsaugeinrichtungen aus dem Wandanschluss zu nehmen, da durch ständigen Betrieb der Absauganlagen die Gefahr besteht, dass die Anlagen durch Fremdkörper verstopfen.

(7) Absaugschläuche sind durch regelmäßige Sichtkontrolle auf Beschädigungen und Defekte zu überprüfen.

6.5 Maßnahmen zur Einhaltung der Luftgrenzwerte bei bestimmten Narkoseverfahren und Operationstechniken

(1) Da bei manchen Narkoseverfahren (z. B. Maskennarkosen) oder bestimmten Operationstechniken frei abströmende Narkosegase zu hohen Narkosegasbelastungen der Beschäftigten fuhren können, ist durch geeignete Maßnahmen (indikationsabhängig) eine Einhaltung der Luftgrenzwerte zu gewährleisten.

Als geeignete Maßnahmen sind anzusehen:

- Medizinische Ersatzverfahren (z. B. i.v. Narkose),

- emissionsarme Ersatzverfahren (z. B Ersatz des Kuhnschen Bestecks durch Kreissysteme),

- lokale Absaugungen wie Doppelmaskensysteme, Absaugung am Tubus, abgesaugte Doppelbeutelsysteme (Säuglingsnarkosen), Tischabsaugungen oder andere lokale Absaugsysteme, die frei abströmende Narkosegase soweit wie möglich erfassen,
- ausreichende Außenluft über die raumlufttechnischen Anlagen,
- ausreichender Luftwechsel am Arbeitsplatz des Anästhesie- und des Operationspersonals.

(2) Die Abluft von lokalen Absauganlagen darf grundsätzlich nicht in raumlufttechnische Anlagen mit Umluftanteil gelangen. Ausnahmen sind über eine Arbeitsbereichsanalyse für alle betroffenen Arbeitsbereiche zu beurteilen und zu begründen.

6.6 Raumlufttechnische Anlagen

(1) Aufgrund der heute nach pr EN 740 „Narkosegeräte" zulässigen Leckagen ist mit einer natürliche Lüftung keine ausreichende Sicherheit für die Einhaltung der Luftgrenzwerte von Narkosegasen gewährleistet. In Operations-, Ein-, Ausleit- und Aufwachräumen, in denen regelmäßig mit Narkosegasen umgegangen wird, sind die Grenzwerte für Narkosegase durch geeignete (lüftungs-) technische Maßnahmen einzuhalten. Eine RLT-Anlage nach DIN 1946 Teil 4 kann eine geeignete Maßnahme darstellen, um die Luftgrenzwerte einzuhalten.

(2) Die Wirksamkeit raumlufttechnischer Anlagen im Arbeitsbereich des Anästhesiepersonals muss unter den üblichen Arbeitsbedingungen (auch nach Abdeckung des Operationsfeldes) und bei Änderung des Arbeitsverfahrens überprüft werden, um lokale Anreicherungen von Narkosegasen durch mangelnden Luftaustausch zu vermeiden. Ggf. ist durch geeignete Maßnahmen für einen ausreichenden Luftwechsel am Arbeitsplatz des Anästhesisten zu sorgen.

6.7 Überwachung der Arbeitsbereiche

(1) Die Konzentration von Narkosegasen in der Luft im Arbeitsbereich ist nach TRGS 402 „Ermittlung und Beurteilung der Konzentrationen gefährlicher Stoffe in der Luft am Arbeitsbereichen" und der TRGS 403 „Bewertung von Stoffgemischen in der Luft am Arbeitsplatz" zu überwachen.

(2) Die Wirksamkeit technischer Maßnahmen gemäß Nr. 6.3 bis 6.6 muss durch regelmäßige Wartung und Instandhaltung und durch regelmäßige Kontrolle des technischen Raumstatus gewährleistet werden. Unter Erhebung eines technischen Raumstatus ist folgendes zu verstehen: Mittels geeigneter Messsysteme wird im Rahmen systematischer Messprogramme die Grundverunreinigung aller lachgasführenden Räume ermittelt. Alle potentiellen N_2O-Leckagepunkte werden direkt überprüft. Die Messprogramme sind einmal jährlich und vor jeder Kontrollmessung außerhalb des laufenden OP-Betriebes durchzuführen.

(3) Auf regelmäßige Kontrollmessungen gemäß TRGS 402 kann verzichtet werden, wenn folgende Bedingungen eingehalten werden:

1. Nachweis der Einhaltung der Maßnahmen gemäß Nr. 6.6 und 6.8,
2. Nachweis der dauerhaft sicheren Einhaltung der Luftgrenzwerte gemäß TRGS 402. In Aufwachräumen kann von einer dauerhaft sicheren Einhaltung der Luftgrenzwerte für Narkosegase ausgegangen werden, wenn die Bedingungen

der BIA/BG-Empfehlung zur „Überwachung von Arbeitsbereichen/Aufwach-
räumen" erfüllt sind. Eine entsprechende BG/BIA-Empfehlung zur „Überwachung von Operationsräumen" befindet sich in Vorbereitung.

3. Nachweis, dass die Bedingungen, die zur Aussetzung der Kontrollmessungen
geführt haben, noch gültig sind (hierzu gehören auch Änderungen der Luftgrenzwerte, Wechsel in den Operationsprogrammen etc.).

6.8 Betriebsanweisung und Unterweisung

(1) Gemäß § 20 GefStoffV ist eine Betriebsanweisung für das Anästhesiepersonal zu
erstellen. Es ist sinnvoll, gefahrstoffbezogene Betriebsanweisungen in Arbeitsan-
weisungen zu integrieren, die alle sicherheitstechnischen Anforderungen an Anäs-
thesiearbeitsplätze umfassend abhandeln. Nähere Hinweise gibt die TRGS 555
„Betriebsanweisung und Unterweisung nach § 20 GefStoffV".

(2) Beschäftigte, die im Anästhesiebereich arbeiten, müssen arbeitsplatzbezogen vom
jeweiligen betrieblichen Vorgesetzten vor Aufnahme ihrer Tätigkeit und danach
mindestens einmal jährlich unterwiesen werden.

(3) Die Unterweisungen sollten zusätzlich beinhalten:

1. Gerätekunde: Unterweisung in Dichtheitsprüfungen, Leckagesuche, Anwendung
von lokalen Absaugmaßnahmen, Anschließen der zentralen Absaugung usw.,

2. Unterweisung in arbeitsschutzgerechter Narkoseführung,

3. Hinweise an gebärfähige Arbeitnehmerinnen auf die Gefährdungen durch
Inhalationsanästhetika,

4. praktische Übungen, z. B. unter Einsatz direkt anzeigender Narkosegasmessgeräte.

7 Desinfektionsmittel

7.1 Begriffsbestimmungen und -erläuterungen

(1) Desinfektion ist die gezielte Abtötung oder Inaktivierung von Krankheitserregern
mit dem Ziel deren Übertragung zu verhindern.

(2) Desinfektionsverfahren sind alle gezielten physikalischen, chemischen oder kombi-
nierten Verfahren zur Durchführung einer Desinfektion.

(3) Desinfektionsmittel sind chemische Stoffe oder Zubereitungen, die Mikroorganis-
men auf Oberflächen, in Flüssigkeiten oder Gasen abtöten oder inaktivieren.

(4) Im folgenden werden nur solche Desinfektionsmittel berücksichtigt, die für Einrichtungen der humanmedizinischen Versorgung spezifisch sind und für die besondere
Maßnahmen im Sinne der GefStoffV erforderlich sind. Für sonstige Desinfektionsmittel und -verfahren wird auf andere Regelungen verwiesen (z. B. UVV „Chlorung
von Wasser", UVV „Wäscherei").

(5) Die für Einrichtungen der humanmedizinischen Versorgung spezifischen Desinfektionsmittel werden eingesetzt z. B. bei der

- Händedesinfektion

- Haut-/Schleimhautdesinfektion,

- Flächendesinfektion,

- Instrumentendesinfektion.

7.2 Ermittlungspflichten bei Auswahl und Anwendung von Desinfektionsmitteln und -verfahren für die Flächen- und Instrumentendesinfektion

7.2.1 Grundsatz

(1) Vor der Entscheidung über den Einsatz von Desinfektionsmitteln ist zu prüfen, ob eine Desinfektion erforderlich ist.

(2) Die Auswahl des Desinfektionsmittels richtet sich nach dem Spektrum der zu erwartenden Infektionserreger unter Einbeziehung des medizinischen und technischen Arbeitsschutzes. Umweltaspekte sind bei der Auswahl zu berücksichtigen.

7.2.2 Prüfung von Ersatzstoffen und -verfahren

(1) Es ist zunächst zu prüfen, ob der Einsatz von Desinfektionsmitteln durch thermische Verfahren ganz oder teilweise ersetzt werden kann. Ist dies nicht möglich, ist zu prüfen, ob Gefährdungen durch Verfahrensänderung (z. B. Automatisierung, Verzicht auf Ausbringungsverfahren mit Aerosolbildung wie z. B. Besprühen mit Desinfektionsmitteln) verringert werden können.

(2) Bei der Auswahl von Desinfektionsmitteln und -verfahren ist unter Abwägen von hygienischen Erfordernissen das mit dem geringstem gesundheitlichen Risiko für die Beschäftigten auszuwählen (siehe hierzu Nr. 5 der TRGS 440).

7.2 3 Dokumentation

Das Ergebnis der Prüfung von Ersatzstoffen und -verfahren ist zu dokumentieren und auf Anforderung den Arbeitsschutzbehörden zur Verfügung zu stellen.

7.3 Schutzmaßnahmen beim Umgang mit Desinfektionsmitteln

7.3.1 Allgemeine Schutzmaßnahmen

Unnötiger Haut- und Schleimhautkontakt ist zu vermeiden. Zur Erläuterung bzgl. der spezifischen Schutzmaßnahmen wird auf die „Regeln für Sicherheit und Gesundheitsschutz bei Desinfektionsarbeiten im Gesundheitsdienst" (ZH 1/31) und auf die TRGS 531„Gefährdung der Haut durch Arbeiten im feuchten Milieu (Feuchtarbeit) sowie auf die TRGS 540 „Sensibilisierende Stoffe" verwiesen.

7.3.2 Schutzmaßnahmen beim Umgang mit Desinfektionsmittelkonzentraten

(1) Zur Verdünnung von Desinfektionmittelkonzentraten mit Wasser darf dieses maximal Raumtemperatur haben.

(2) Zur Herstellung der Gebrauchslösungen sind möglichst automatische Dosiergeräte zu verwenden. Bei Handdosierung sind technische Dosierhilfen (z. B. Dosierpumpen, Dosierbeutel) zu verwenden. Die erforderliche Anwendungskonzentration ist strikt einzuhalten.

(3) Ein Mischen verschiedener Produkte ist zu unterlassen, es sei denn, der Hersteller weist ausdrücklich auf die Kompatibilität hin.

(4) Da die Erfahrung zeigt, dass ein Verspritzen der Konzentrate nicht auszuschließen ist, sind beim Herstellen der Gebrauchslösungen

Schutzbrille und geeignete Handschuhe zu tragen.

7.3.3 Schutzmaßnahmen beim Umgang mit Gebrauchslösungen

7.3.3.1 Aldehydhaltige Desinfektionsmittel

(1) Beim Umgang mit aldehydhaltigen Lösungen ist der direkte Kontakt mit der Haut und Schleimhaut und das Einatmen der Dämpfe zu vermeiden. Deshalb sind Gefäße mit aldehydhaltigen Lösungen, die nicht zum unmittelbaren Verbrauch bestimmt sind, dicht zu verschließen.

(2) Bei der Scheuer- und Wischdesinfektion von Oberflächen ist darauf zu achten, dass keine Pfützen verbleiben, aus denen Alde-hyde über längere Zeit an die Raumluft abgegeben werden. Für eine ausreichende Raumbelüftung bei und direkt nach der Flächendesinfektion ist zu sorgen.

7.3.3.2 Alkoholische Desinfektionsmittel

(1) Als alkoholische Desinfektionsmittel bezeichnet man Zubereitungen, deren primäre wirksame Bestandteile Alkohole sind.

(2) Alkoholische Desinfektionsmittel dürfen zur Flächendesinfektion nur verwendet werden, wenn eine schnell wirkende Desinfektion notwendig ist und ein Ersatzstoff oder -verfahren nicht zur Verfügung steht. Hierbei ist folgendes zu beachten:
- Die ausgebrachte Menge der Gebrauchslösung darf aus Gründen des Explosionsschutzes 50 ml je m^2 zu behandelnden Fläche nicht überschreiten. Die ausgebrachte Gesamtmenge pro Raum darf nicht mehr als 100 ml je m^2 Raumgrundfläche betragen.
- Aerosolbildung muss so weit wie möglich vermieden werden.
- Heiße Flächen müssen vor der Desinfektion abgekühlt sein.
- Mit der Desinfektion darf erst begonnen werden, wenn keine brennbaren Gase oder Dämpfe in gefahrbringender Menge in der Raumluft vorhanden sind.

(3) Wegen der Brand- und Explosionsgefahr können zusätzlich Schutzmaßnahmen erforderlich sein. Besonders vor dem Einsatz elektrischer Geräte ist das Abtrocknen des alkoholischen Desinfektionsmittels auf Haut und Flächen abzuwarten. Die Händedesinfektion mit alkoholischen Desinfektionsmitteln ist im näheren Umkreis von offenen Flammen und anderen Zündquellen nicht zulässig. Gefäße mit alkoholischen Desinfektionsmitteln sind nach Gebrauch wieder zu verschließen. Näheres ist den berufsgenossenschaftlichen Regeln „für Sicherheit und Gesundheitsschutz bei Desinfektionsarbeiten im Gesundheitsdienst" (ZH 1/31) zu entnehmen.

7.4 Betriebsanweisung

Die arbeitsbereichs- und stoffgruppen- oder stoffbezogene Betriebsanweisung ist sinnvollerweise mit den Vorgaben des Hygiene- und Desinfektionsplans sowie dem Hautschutzplan in einer Arbeitsanweisung zusammenzufassen und an geeigneter Stelle bekannt zu geben.

Literaturverzeichnis

Gesetz über die friedliche Verwendung der Kernenergie und den Schutz gegen ihre Gefahren (Atomgesetz – AtomG)

Strahlenschutzverordnung (StrlSchV)

Röntgenverordnung (RöV)

Gesetz zum Schutz vor gefährlichen Stoffen (Chemikaliengesetz -ChemG)

Verordnung zum Schutz vor gefährlichen Stoffen (Gefahrstoffverordnung – GefStoffV)

Gesetz über die Durchführung von Maßnahmen des Arbeitsschutzes zur Verbesserung der Sicherheit und des Gesundheitsschutzes der Beschäftigten bei der Arbeit (Arbeitsschutzgesetz – ArbSchG)

Verordnung über Sicherheit und Gesundheitsschutz bei der Benutzung persönlicher Schutzausrüstungen bei der Arbeit (PSA-Benutzerverordnung – PSA-BV)

Verordnung über Arbeitsstätten (Arbeitsstättenverordnung – ArbStättV)

Medizinproduktegesetz (MPG)

Medizingeräteverordnung (MedGV)

Wasserhaushaltsgesetz – WHG

Kreislaufwirtschafts- und Abfallgesetz (sowie entsprechende Verordnungen)

EG-Richtlinie Nr. 90/679/EWG

TRGS 003 „Allgemein anerkannte sicherheitstechnische arbeitsmedizinische und hygienische Regeln (Hinweise des Bundesministeriums für Arbeit und Sozialordnung)"

TRGS 101 „Begriffsbestimmungen"

TRGS 201 „Einstufung und Kennzeichnung von Abfallen beim Umgang

TRGS 402 „Ermittlung und Beurteilung der Konzentrationen gefährlicher Stoffe in der Luft in Arbeitsbereichen"

TRGS 403 „Bewertung von Stoffgemischen in der Luft am Arbeitsplatz"

TRGS 440 „Ermitteln und Beurteilen der Gefährdungen durch Gefahrstoffe am Arbeitsplatz: Vorgehensweise (Ermittlungspflichten)"

TRGS 513 „Begasungen mit Ethylenoxid und Formaldehyd in Sterilisations- und Desinfektionsanlagen"

TRGS 522 „Raumdesinfektion mit Formaldehyd"

TRGS 531 „Gefährdung der Haut durch Arbeiten im feuchten Milieu (Feuchtarbeit)"

TRGS 540 „Sensibilisierende Stoffe"

TRGS 555 „Betriebsanweisung und Unterweisung nach § 20 GefStoffV"

TRGS 560 „Luftrückführung beim Umgang mit krebserzeugenden Gefahrstoffen"

TRGS 900 „Grenzwerte in der Luft am Arbeitsplatz (Luftgrenzwerte)"

TRGS 903 „Biologische Arbeitsplatztoleranzwerte (BAT-Werte)"

TRGS 905 „Verzeichnis krebserzeugender, erbgutverändernder oder fortpflanzungsgefährdender Stoffe"

TRGS 907 „Verzeichnis sensibilisierender Stoffe"

TRG 280 „Allgemeine Anforderungen an Druckgasbehälter – Betreiben von Druckgasbehältern"

Europäisches Arzneibuch 1997

UVV „Chlorung von Wasser"

UVV „Gase"

UVV „Gesundheitsdienst"

UVV „Wäscherei"

Behördlich und berufsgenossenschaftlich anerkanntes Verfahren bei Arbeiten an Zytostatikawerkbänken (in Vorbereitung)

ZH 1/31 „Regeln für Sicherheit und Gesundheitsschutz bei Desinfektionsarbeiten im Gesundheitsdienst" (z. Zt. im Entwurf)

ZH 1/124 „Betriebsanweisungen für den Umgang mit Gefahrstoffen" ZH 1/513 „Regeln für Sicherheit und Gesundheitsschutz beim Umgang mit krebserzeugenden und erbgutverändernden Gefahrstoffen" ZH 1/700 und GUV 20.19 „Regeln für den Einsatz von Schutzkleidung"

ZH 1/701 und GUV 20.14 „Regeln für den Einsatz von Atemschutzgeräten"

ZH 1/706 und GUV 20.17 „Regeln für den Einsatz von Schutzhandschuhen"

DIN/EN 374

DIN/EN 455 Teil 1 und Teil 2 (Teil 3 z. Zt. im Entwurf)

DIN/EN 740

DIN 1946

DIN 12950

DIN 12980

DIN 13260

BG/BIA-Empfehlung zur Überwachung von Arbeitsbereichen- Aufwachräumen

BG/BIA-Empfehlung zur Überwachung von Operationsräumen (z. Zt. in Vorbereitung)

Merkblatt „Umgang mit Narkosegasen" (Amt für Arbeitsschutz Hamburg)

Merkblatt „Umgang mit Zytostatika – Arbeitsschutz bei der Herstellung und Zubereitung" (Arbeitsschutzverwaltung Nordrhein-Westfalen)

LAGA-Merkblatt „über die Entsorgung von Abfällen aus privaten und öffentlichen Einrichtungen des Gesundheitsdienstes"

Liste der vom Bundesgesundheitsamt geprüften und anerkannten Desinfektionsmittel und -verfahren (12. Ausgabe Bundesgesundheitsblatt 37 (1994) 3, 128–142)

Liste der nach den Richtlinien für die Prüfung chemischer Desinfektionsmittel geprüften und von der Deutschen Gesellschaft für Hygiene und Mikrobiologie als wirksam befundene Desinfektionsverfahren (m p h – Verlag, Wiesbaden)

Schrift GP 2 „Umgang mit Gefahrstoffen im Krankenhaus" (Berufsgenossenschaft für Gesundheitsdienst und Wohlfahrtspflege)

Bemerkung

Diese gegenwärtig geltende Technische Regel wurde noch nicht der Gefahrstoffverordnung vom 23.12.2004 angepasst.

Deshalb kann sie falsche Zitate in Bezug auf die Rechtsnorm enthalten.

Es gilt die aktuelle Gefahrstoffverordnung:

http://bundesrecht.juris.de/bundesrecht/gefstoffv_2005/gesamt.pdf

Sachverzeichnis

G. Hilt, P. Rinze, *Chemisches Praktikum für Mediziner*, Studienbücher Chemie,
DOI 10.1007/978-3-658-00411-8, © Springer Fachmedien Wiesbaden 2015